21 世纪高等院校创新课程规划教材

浙江省普通高校"十三五"新形态教材

U0149961

园林工程概预算

舒美英　李文博　著

中国财经出版传媒集团

经济科学出版社

Economic Science Press

图书在版编目（CIP）数据

园林工程概预算/舒美英，李文博著．—北京：
经济科学出版社，2021.7（2024.8 重印）
21 世纪高等院校创新课程规划教材
ISBN 978 - 7 - 5218 - 2532 - 9

Ⅰ．①园…　Ⅱ．①舒…　②李…　Ⅲ．①园林 - 工程施
工 - 建筑概算定额 - 高等学校 - 教材 ②园林 - 工程施工 -
建筑预算定额 - 高等学校 - 教材　Ⅳ．①TU986.3

中国版本图书馆 CIP 数据核字（2021）第 080506 号

责任编辑：周胜婷
责任校对：李　建
责任印制：张佳裕

园林工程概预算

舒美英　李文博　著

经济科学出版社出版、发行　新华书店经销
社址：北京市海淀区阜成路甲 28 号　邮编：100142
总编部电话：010 - 88191217　发行部电话：010 - 88191522
网址：www. esp. com. cn
电子邮箱：esp@ esp. com. cn
天猫网店：经济科学出版社旗舰店
网址：http：//jjkxcbs. tmall. com
北京季蜂印刷有限公司印刷
787 × 1092　16 开　19 印张　420000 字
2021 年 8 月第 1 版　2024 年 8 月第 2 次印刷
ISBN 978 - 7 - 5218 - 2532 - 9　定价：58.00 元
（图书出现印装问题，本社负责调换。电话：010 - 88191545）
（版权所有　侵权必究　打击盗版　举报热线：010 - 88191661
QQ：2242791300　营销中心电话：010 - 88191537
电子邮箱：dbts@ esp. com. cn）

前言

近年来，随着移动互联技术的高速发展与快速普及，在"互联网＋"背景下，传统纸质教材与数字化教学资源融合形成的新形态教材开始成为教材建设的一种新趋势。

笔者遵循"一本书"带走"一个课堂"理念，结合实践应用，探索纸质教材、电子教材、网络资源、教学终端一体化，打造新形态《园林工程概预算》教材。本教材依托优质资源，从教材出版向教学服务延伸，实现教学内容、教学技术与教学管理的紧密结合，既突破了传统教材的局限，又为传统课堂教学模式的创新提供了辅助工具，以二维码资源的互动特性支撑教师教学与学生自学的实时交互，将教材、课堂、教学资源三者融合，营造教材即课堂、教材即教学服务、教材即教学环境的模式，极大地增强了教学资源的丰富性、动态性及学生学习的实效性。

本教材每章前面设有"学习思维导图"和"学习目标"；每章中都设置有利于理解本章原理的二维码资源链接学习包，并穿插"即问即答"以加强对理论知识的理解；每章后附有"练习题""自我测试""项目实训"等模块，以促进知识的吸收与内化。教材各章节内容翔实，图片丰富，文字精练，并有适当的工程案例解析。在编写中力求抓住重点，简明扼要，通俗易懂。

为了配合本教材，笔者借助浙江省高等学校在线开放课程共享平台（www.zjooc.cn）构建了园林工程概预算课程网站。学习者可以登录该平台，获取相关章节中的知识视频、文本、测验等内容，同时学习者也可以在该网站上交流学习心得，探讨学习中遇到的问题，碰撞思想火花，促进深度学习。

在教材编写过程中，笔者既考虑到初学者的需要，又顾及造价从业人员的实践应用需求。本书可以作为高等院校园林、风景园林、环境设计专业本科生的教材或教学参考书，也可作为高等职业院校园林技术、园林工程技术专业学生的教材或教学参考书，还可作为建设单位、设计单位、施工单位、咨询单位、监理单位等企事业单位的工程技术、管理人员的培训教材或参考书。

本教材于 2019 年 6 月开始撰写，2021 年 3 月成书，历时一年有余。撰写过程中，参考了一些教材和规范，也得到了浙江农林大学园林设计院有限公司的大力支持，经济科学出版社的倾力合作，在此特别表示感谢。

由于笔者水平有限，本书难免存在不足之处，敬请专家和读者批评指正。

作者

2021 年 3 月

目录

第1章 概 论

学习思维导图

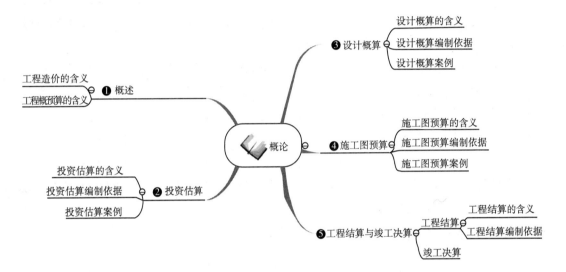

学习目标

知识目标	能力目标	相关知识
(1) 掌握工程造价的含义 (2) 掌握工程概预算的含义	理解工程造价与工程概预算的区别和联系	1.1 概述
(1) 掌握投资估算的含义 (2) 了解投资估算的编制依据	理解投资估算的内涵	1.2 投资估算
(1) 掌握设计概算的含义 (2) 了解设计概算的编制依据	理解设计概算的内涵	1.3 设计概算
(1) 掌握施工图预算的含义 (2) 了解施工图预算的编制依据	理解施工图预算的内涵	1.4 施工图预算
(1) 掌握工程结算的含义 (2) 了解竣工决算的含义	理解工程结算的内涵	1.5 工程结算与竣工决算

1.1 概述

1.1.1 工程造价的含义

根据国家住房城乡建设部发布的《工程造价术语标准》（GB/T 50875 – 2013）的规定，工程造价是指工程项目在建设期预计或实际支出的建设费用。建设期又称工程项目的建设周期，是指从项目筹建开始至项目竣工验收投产使用为止的全部时间，包括工程项目从设想、选择、评估、决策、设计、施工至竣工验收、投入生产或交付使用的整个建设过程。每个工程项目因建设规模、建设内容、建设难易程度、施工条件等的不同，建设期表现出很大的差异，短则半年至一年，长则五年以上。

工程造价由建设投资和建设期利息两大部分构成。建设投资是为完成工程项目建设，在建设期内投入且形成现金流出的全部费用。根据 2006 年国家发改委和建设部发布的《建设项目经济评价方法与参数（第三版)》的规定，建设投资包括工程费用、工程建设其他费用和预备费三部分。工程费用是指建设期内直接用于工程建造、设备购置及其安装的建设投资，可以分为建筑安装工程费用和设备及工器具购置费用；工程建设其他费用是指建设期发生的为项目建设或运营必须发生的但不包括在工程费用中的费用。预备费是在建设期内为各种不可预见因素的变化而预留的可能增加的费用，包括基本预备费和价差预备费。工程造价的具体构成内容如图 1.1.1 所示。

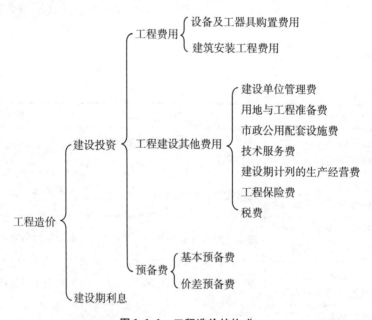

图 1.1.1 工程造价的构成

1.1.2　工程概预算的含义

工程概预算是指在工程建设过程中，根据不同建设阶段的设计文件的具体内容和有关指标、定额及取费标准，预先计算和确定的建设项目全部工程费用的技术经济文件。这份技术经济文件必须由相应的具有执业资格的造价工程师签字、加盖执业印章方可有效。

1.1.2.1　建设阶段

一个基本建设项目可分为项目建议书和可行性研究、工程设计、发承包、工程施工、竣工验收等五大阶段。

项目建议书，又称立项报告，是项目筹建单位，根据国民经济的发展、国家和地方中长期规划、产业政策等提出的某一具体项目的建议文件，是对拟建项目提出的框架性、概略性的总体设想。项目建议书主要论证项目建设的必要性，其建设方案比较粗。

可行性研究，是在项目建议书被批准后、项目投资决策前，对项目的建设方案从技术上和经济上是否可行所进行的技术经济论证，对环境影响、社会效益和经济效益的分析与评价，以及对项目抗风险能力的科学评估，其为投资决策提供科学依据。同时，可行性研究也为后期工程设计提供依据和基础资料。

工程设计是根据建设工程的要求，对可行性研究的深入和继续，对建设工程所需的技术、经济、资源、环境等条件进行更加深入细致的分析，编制工程项目设计文件。一般工程设计可分为初步设计和施工图设计两个阶段，大型工程或技术难度高的工程，分为初步设计、技术设计和施工图设计三个阶段。

工程发承包是在施工图设计完成后、工程项目开工前，由发包人或其委托的招标代理单位，在工程建设交易中心平台发布相应的招标信息，由市场上数量众多的潜在投标人公平参与竞争，评标委员会按照事先确定的招投标规则从中择选一家中标单位，从而确定发包人与承包人之间的经济合作关系。

工程施工是指工程建设实施阶段的生产活动，是将施工图纸上的设计内容，在一定的空间、时间内通过人工、材料、机械设备的投入转化为实物的过程。园林工程施工包括场地平整、绿地整理、绿化苗木工程施工、园路园桥工程施工、园林景观工程施工等工作。

竣工验收是指由发包人、承包人和项目验收委员会，以项目批准的设计任务书和设计文件，以及国家或有关部门颁发的施工验收规范和质量检验标准为依据，按照一定的程序和手续，在项目建成并试运行后，对工程项目的总体进行检验和认证、综合评价和鉴定的活动。按照我国建设程序的规定，竣工验收是建设工程的最后阶段，是全面检验建设项目是否符合设计要求和工程质量检验标准的重要环节，是审查投资使用是否合理的重要环节，是投资成果转入生产或使用的标志。

1.1.2.2 编制依据

工程概预算的编制依据主要有四大类：规章规程、标准规范、定额指标、造价信息。

1. 规章规程

工程概预算编制的规章规程主要有《建设项目投资估算编审规程》（CECA/GC 1 – 2015）、《建设项目设计概算编审规程》（CECA/GC 2 – 2015）、《建设项目施工图预算编审规程》（CECA/GC 5 – 2010）、《建设工程招标控制价编审规程》（CECA/GC 6 – 2011）、《建设工程造价咨询成果文件质量标准》（CECA/GC 7 – 2012）、《建设项目工程竣工决算编制规程》（CECA/GC 9 – 2013）。

2. 标准规范

工程概预算编制的标准规范主要有《建设工程工程量清单计价规范》（GB50500 – 2013）、《房屋建筑与装饰工程工程量计算规范》（GB50854 – 2013）、《仿古建筑工程工程量计算规范》（GB50855 – 2013）、《通用安装工程工程量计算规范》（GB50856 – 2013）、《市政工程工程量计算规范》（GB50857 – 2013）、《园林绿化工程工程量计算规范》（GB50858 – 2013）、《矿山工程工程量计算规范》（GB50859 – 2013）、《构筑物工程工程量计算规范》（GB50860 – 2013）、《城市轨道交通工程工程量计算规范》（GB50861 – 2013）、《爆破工程工程量计算规范》（GB50862 – 2013）。

3. 定额指标

工程概预算编制的定额指标主要是各地的计价规则与概算定额、预算定额等。以浙江省为例，定额指标主要有《浙江省建设工程计价规则》（2018 版）、《浙江省房屋建筑与装饰工程概算定额》（2018 版）、《浙江省通用安装工程概算定额》（2018 版）、《浙江省市政工程概算定额》（2018 版）、《浙江省房屋建筑与装饰工程预算定额》（2018 版）、《浙江省通用安装工程预算定额》（2018 版）、《浙江省市政工程预算定额》（2018 版）、《浙江省园林绿化及仿古建筑工程预算定额》（2018 版）、《浙江省城市轨道交通工程预算定额》（2018 版）、《浙江省市政设施养护维修预算定额》（2018 版）、《浙江省园林绿化养护预算定额》（2018 版）、《浙江省房屋建筑安装工程修缮预算定额》（2018 版）、《浙江省建设工程施工机械台班费用定额》（2018 版）、《浙江省建筑安装材料基期价格》（2018 版）、《浙江省工程建设其他费用定额》（2018 版）。

4. 造价信息

工程造价信息是指一切有关工程计价的工程特征、状态及其变动的消息的组合。在工程发承包市场和工程建设过程中，工程造价总是不停地运动着、变化着，并呈现出种种不同的特征。工程造价信息具有区域性、多样性、专业性、系统性和动态性等特点。工程造价信息主要包括价格信息、工程造价指数和工程造价指标三类，通常各个地区造价主管部门会定期发布造价信息期刊。以浙江省为例，造价信息主要有《浙江造价信息》《杭州造价信息》《宁波造价信息》《绍兴造价信息》《温州造价信息》等。

1.1.2.3 技术经济文件

不同建设阶段相对应的技术经济文件如图 1.1.2 所示。

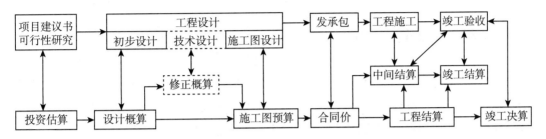

图 1.1.2 技术经济文件

注：竖向箭头表示对应关系，横向箭头表示多次计价流程及逐步深化过程。

（1）投资估算是指在项目建议书和可行性研究阶段通过编制估算文件预先测算和确定的工程造价。投资估算是进行建设项目决策、筹集资金和合理控制造价的主要依据。

（2）设计概算是指在初步设计阶段，根据设计意图，通过编制设计概算文件，预先测算的工程造价。与投资估算造价相比，设计概算的准确性有所提高，但受投资估算的控制。设计概算一般可分为：建设项目总概算、各个单项工程综合概算、各个单位工程设计概算。

（3）修正概算是指在技术设计阶段，根据技术设计的要求，通过编制修正概算文件预先测算的工程造价。修正概算是对初步设计概算的修正和调整，比设计概算准确，但受设计概算控制。

（4）施工图预算是指在施工图设计阶段，根据施工图纸，通过编制预算文件预先测算的工程造价。施工图预算比设计概算或修正概算更为详尽和准确，但同样要受前一阶段工程造价的控制。目前，有些工程项目在招标时需要确定招标控制价，以限制最高投标报价。

（5）合同价是指在工程发承包阶段通过签订总承包合同、建筑安装工程承包合同、设备材料采购合同以及技术和咨询服务合同所确定的价格。合同价属于市场价格，它是由发承包双方根据市场行情通过招投标等方式达成一致、共同认可的成交价格。但应注意：合同价并不等同于最终结算的实际工程造价。根据计价方法不同，建设工程合同有许多类型，不同类型合同的合同价内涵也会有所不同。

（6）工程结算包括施工过程中的中间结算和竣工验收阶段的竣工结算。工程结算需要按实际完成的合同范围内合格工程量考虑，同时按合同调价范围和调价方法，对实际发生的工程量增减、设备和材料价差等进行调整后确定结算价格。工程结算反映的是工程项目实际造价。工程结算文件一般由承包单位编制，由发包单位审查，也可以委托具有相应资质的工程造价咨询机构进行审查。

（7）竣工决算是指工程竣工决算阶段，以实物数量和货币指标为计量单位，综合反映竣工项目从筹建开始到项目竣工交付使用为止的全部建设费用。工程决算文件一般是由建设单位编制，上报相关主管部门审查。

1.1.3　工程造价咨询从业人员

根据《造价工程师职业资格制度规定》，国家设置造价工程师准入类职业资格，工程造价咨询企业应配备造价工程师，工程建设活动中有关工程造价管理岗位按需配备造价工程师。根据《注册造价工程师管理办法》的规定，注册造价工程师是指通过土木建筑工程或安装工程专业造价工程师职业资格考试取得造价工程师职业资格证书或通过资格认定、资格互认，并按本法注册后，从事工程造价活动的专业人员。注册造价工程师分为一级注册造价工程师和二级注册造价工程师。

一级注册造价工程师执业范围包括建设项目全过程的工程造价管理与工程造价咨询等，具体工作内容有：项目建议书、可行性研究投资估算与审核，项目评价造价分析；建设工程设计概算、施工图预算编制和审核；建设工程招标投标文件工程量和造价的编制与审核；建设工程合同价款、结算价款、竣工决算价款的编制与管理；建设工程审计、仲裁、诉讼、保险中的造价鉴定，工程造价纠纷调解；建设工程计价依据、造价指标的编制与管理；与工程造价管理有关的其他事项。

二级注册造价工程师协助一级注册造价工程师开展相关工作，并可以独立开展以下工作：建设工程工料分析、计划、组织与成本管理，施工图预算、设计概算编制；工程量清单、最高投标限价、投标报价编制；建设工程合同价款、结算价款和竣工决算价款的编制。

注册造价工程师享有以下权利：使用注册造价工程师名称，依法从事工程造价业务，在本人执业活动中形成的工程造价成果文件上签字并加盖执业印章；发起设立工程造价咨询企业；保管和使用本人的注册证书和执业印章；参加继续教育等。

即问即答（即问即答解析见二维码）：

1. 根据 2006 年国家发改委和建设部发布的《建设项目经济评价方法与参数（第三版）》的规定，建设投资包括（　　　）。

A. 工程费用和建设期利息

B. 工程费用、工程建设其他费用和建设期利息

C. 工程费用、工程建设其他费用和预备费

D. 预备费和建设期利息

2. 工程设计阶段对应的技术经济文件有（　　　）。

A. 投资估算　　　　B. 设计概算　　　　C. 修正概算　　　　D. 施工图预算

1.2　投资估算

1.2.1　投资估算的含义

投资估算是在投资决策阶段，以项目建议书或可行性研究文件为依据，按照规定的程序、方法和依据，对拟建项目从筹建开始至竣工验收交付使用为止的预测和估计。投资估算是进行建设项目技术经济评价和投资决策的基础，在项目建议书、预可行性研究、可行性研究中应编制投资估算。投资估算书是项目建议书或可行性研究报告的重要组成部分，是项目决策的重要依据之一。投资估算的内涵如图 1.2.1 所示。

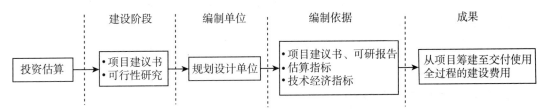

图 1.2.1　投资估算内涵

投资估算应委托有相应工程造价资质的单位编制，这类单位通常是承担项目建议书和可行性研究报告编制的各类研究院、规划院和设计院。投资估算单位应在投资估算成果文件上签字和盖章，对成果质量负责并承担相应的责任；工程造价人员在投资估算文件上签字和盖章，并承担相应责任。

工程造价咨询单位或工程造价人员接受委托承担建设项目投资估算审核，应对其审查修改结果和审查报告负责，应在其审定成果文件上加盖企业执业印章或个人执业印章，并承担相应责任。

在项目建议书阶段，工程造价人员按项目建议书中的建设方案、建设规模、项目选址等，估算建设项目所需投资额。此阶段项目投资估算是审批项目建议书的依据，是判断项目是否需要进入下一个阶段工作的依据。对此投资估算的精度要求是误差控制在 ±30% 以内。

在可行性研究阶段，工程造价人员按可行性研究报告中确定的建设方案与建设规模，预先测算项目投资额。此阶段的投资估算经审查批准后，作为后期工程设计任务书中规定的项目投资限额，对工程设计概算起着控制作用。对此投资估算的精度要求是误差控制在 ±10% 以内。

1.2.2 投资估算编制依据

投资估算应参考相应工程造价管理部门发布的投资估算指标，依据工程所在地市场价格水平，结合项目具体情况及科学合理的建造工艺，全面反映建设项目前期和建设期的全部投资。投资估算的编制依据具体有以下几类：

（1）国家、行业和地方政府的有关法律、法规或规定；政府有关部门、金融机构等发布的价格指数、利率、汇率、税率等有关参数。

（2）行业部门、项目所在地工程造价管理机构或行业协会等编制的投资估算指标、概算指标、概算定额、工程建设其他费用定额、综合单价、价格指标和有关造价文件等。

（3）类似工程的各种技术经济指标和参数。

（4）工程所在地同期的人工、材料、机械市场价格，建筑、工艺及附属设备的市场价格和有关费用。

（5）与建设项目相关的工程地质资料、设计文件、设计图纸或有关设计专业提供的主要工程量和主要设备清单等。

（6）委托单位提供的其他技术经济资料。

1.2.3 投资估算案例

1.2.3.1 项目建议书和可行性研究报告封面示例

××× 森林公园建设工程

项目建议书和可行性研究报告

××× 规划院

编制日期：×× 年 ×× 月 ×× 日

1.2.3.2 项目建议书和可行性研究报告扉页示例

项目名称：××× 森林公园建设工程

编制阶段：项目建议书和可行性研究报告

委托单位：×××建设开发有限公司

编制单位：×××规划院

资质证书：国家发改委工咨甲 11220070070 号

项目负责人：×××（工程师）

编制人：×××（工程师）

校核：×××（工程师）

审核：×××（注册咨询工程师）

1.2.3.3　目录示例

第1章　总论

第2章　项目建设背景及必要性

第3章　项目选址与建设条件

第4章　建设规模与建设方案

第5章　环境保护、水土保护与节能

第6章　项目实施进度与建设管理

第7章　投资估算与资金筹措

第8章　社会评价

1.2.3.4　内容示例

第7章　投资估算与资金筹措

7.1　投资估算

7.1.1　工程概况

　　本项目总用地面积为 892238.91m² （折合约为 1338.36 亩）。建设内容包括建筑、道路、广场、绿化景观、园林小品、室外工程等。

工程概况一览表

序号	项目名称	单位	一期规模	二期规模	总规模
1	公园规划用地面积	m²	140430.00	751808.91	892238.91
		亩	210.65	1127.71	1338.36
	建筑占地面积	m²	210.00	—	210.00

续表

序号	项目名称	单位	一期规模	二期规模	总规模
1	车行道面积	m^2	13230.00	20370.00	33600.00
	游步道面积	m^2	5331.00	1540.00	6871.00
	景点铺装面积	m^2	2235.00	871.00	3106.00
	绿化面积	m^2	119424.00	—	119424.00
	林相改造面积	m^2	—	729027.91	729027.91
2	总建筑面积	m^2	210.00		210.00
3	建筑密度	%	0.15	—	0.02
4	绿化比例	%	85.00	97.00	95.10

7.1.2 编制依据

（1）国家发改委和建设部颁布的《建设项目经济评价方法与参数（第三版）》、中国国际工程咨询公司《投资项目可行性研究报告指南》中规定的有关投资估算编制方法；

（2）类似工程概、预算价格及相关技术经济指标价格；

（3）×××森林公园建设工程建议书和可行性研究报告。

7.1.3 投资估算说明

本项目投资估算在拟定建设规模和建设内容的基础上，参考类似工程的造价指标，结合当地人工、材料价格和本项目实际情况进行调整。设备、工器具购置费用根据市场价格和运输安装费费率确定机械设备投资。

（1）工程采用单价指标进行估算；

（2）建设单位管理费采用差额分档累进制计算；

（3）建设单位其他费采用差额分档累进制计算；

（4）工程监理费按照发改价格［2007］670号计取；

（5）勘察设计费按照计价格［2002］10号计取；

（6）可行性研究费采用差额分档累进制计算；

（7）环境影响评价费采用差额分档累进制计算；

（8）水土保持方案报告编制费采用差额分档累进制计算；

（9）场地准备及临时设施费按工程费用的0.80%计算；

（10）工程保险费按工程费用的0.42%计算；

（11）基本预备费按工程费用和工程建设其他费用的5%计算；

（12）价差预备费，依据计投资［1999］1340号及浙计经基［1999］1465号文件执行，暂按零计算；

（13）建设期利息暂按编制当年1~3期基准利率6.15%计算。

7.1.4　投资估算结果

本项目分为两期建设，经估算，项目总投资为 6277 万元，其中一期工程投资为 3306 万元，二期工程投资为 2971 万元。

7.1.5　资金筹措

项目资金由×××建设开发有限公司自筹解决。一期考虑银行贷款 2645 万元，自有资金 661 万元；二期考虑银行贷款 2376 万元，自有资金 595 万元。

1.2.3.5　总投资估算示例

×××森林公园一期工程总投资估算

序号	工程费用名称	工程量或计算基数		单价（元）或费率	合计（万元）	占总投资比例（%）
		单位	数量			
一	工程费用				2749	83.1
1	土建安装工程	m²	210	3800	79.8	
2	硬地铺砖工程				788.0	
	景点铺装工程	m²	2235	500	111.8	
	游步道	m²	5331	400	213.2	
	车行道改建	m²	13230	350	463.1	
3	景观绿化工程				1399.2	
	绿化工程	m²	119424	100	1194.2	
	观赏亭、廊	座	5	250000	125.0	
	景墙、景石、坐凳及其他小品	项	1	500000	50.0	
	垃圾桶和标识设施	项	1	300000	30.0	
4	其他工程				447.2	
	场地修整	m²	87138	20	174.3	
	室外电气、照明工程	m²	20796	35	72.8	
	室外给排水、消防工程	m²	20796	30	62.4	
	室外弱电工程	m²	20796	25	52.0	
	护坡	m³	1610	500	80.5	
	栏杆	m	65	800	5.2	
5	环保及水土保持新增费用（暂估）				35	

续表

序号	工程费用名称	工程量或计算基数		单价（元）或费率	合计（万元）	占总投资比例（%）
		单位	数量			
二	工程建设其他费用				322	9.7
1	建设管理费				145.7	
	建设单位管理费				39.4	
	建设单位其他费				34.2	
	工程监理费				72.1	
2	可行性研究费				11.2	
3	勘察设计费				119.6	
4	环境影响评价费				5.9	
5	水土保持方案编制费				5.9	
6	场地准备及临时设施费				22.0	
7	工程保险				11.5	
三	预备费用				154	4.7
1	基本预备费		3071	5	153.6	
	项目静态建设投资				3225	97.5
四	建设期利息				81	2.5
五	项目总投资				3306	100.0

×××森林公园二期工程总投资估算

序号	工程费用名称	工程量或计算基数		单价（元）或费率	合计（万元）	占总投资比例（%）
		单位	数量			
一	工程费用				2468	83.1
1	硬地铺砖工程				1123.7	
	景点铺装工程	m²	871	500	43.6	
	游步道	m²	1540	400	61.6	
	车行道新建	m²	20370	500	1018.5	
2	景观绿化工程				804.0	
	林相改造	m²	729028	10	729.0	
	观赏亭、廊	座	1	250000	25.0	
	景观小品	项	1	200000	20.0	
	垃圾桶和标识设施	项	1	300000	30.0	

续表

序号	工程费用名称	工程量或计算基数		单价（元）或费率	合计（万元）	占总投资比例（%）
		单位	数量			
3	其他工程				505.3	
	场地修整	m²	90217	20	180.4	
	室外电气、照明工程	m²	22781	35	79.7	
	室外给排水、消防工程	m²	22781	30	68.3	
	室外弱电工程	m²	22781	25	57.0	
	护坡	m³	2350	500	117.5	
	栏杆	m	30	800	2.4	
4	环保及水土保持新增费用（暂估）				35	
二	工程建设其他费用				292	9.8
1	建设管理费				132.2	
	建设单位管理费				35.7	
	建设单位其他费				31.1	
	工程监理费				65.3	
2	可行性研究费				10.4	
3	勘察设计费				108.1	
4	环境影响评价费				5.8	
5	水土保持方案编制费				5.8	
6	场地准备及临时设施费				19.7	
7	工程保险				10.4	
三	预备费用				138	4.6
1	基本预备费		2760	5%	138.0	
	项目静态建设投资				2898	97.5
四	建设期利息				73	2.5
五	项目总投资				2971	100.0

即问即答（即问即答解析见二维码）：

投资估算发生在　　　　　　　阶段。

1.3 设计概算

根据国家有关文件的规定，一般建设项目设计可按初步设计和施工图设计两个阶段进行，称为"两阶段设计"；对于技术上复杂、在设计时有一定难度的工程，根据项目相关管理部门的意见和要求，可以按初步设计、技术设计和施工图设计三个阶段进行，称为"三阶段设计"。小型工程建设项目，在技术上较简单的，经项目相关管理部门同意可以简化为施工图设计一阶段进行。

1.3.1 设计概算的含义

设计概算是以初步设计文件为依据，按照规定的程序、方法和依据，对建设项目总投资及其构成进行的概略计算。具体而言，设计概算是在投资估算的控制下根据初步设计或扩大初步设计的图纸及说明，利用国家或地区颁发的概算指标、概算定额、综合指标、预算定额、各项费用定额或取费标准（指标）、建设地区自然与技术经济条件、设备和材料预算价格等资料，按照设计要求，对建设项目从筹建至竣工交付使用所需全部费用进行的预计。设计概算的成果文件称作设计概算书，也简称设计概算。设计概算由项目设计单位负责编制，并对其编制质量负责；设计概算文件经造价人员签署、加盖执业印章后生效。设计概算内涵如图 1.3.1 所示。

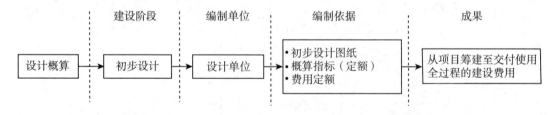

图 1.3.1 设计概算内涵

设计概算书的编制工作相对简略，无须达到施工图预算的准确程度。采用两阶段设计的建设项目，初步设计阶段必须编制设计概算；采用三阶段设计的，扩大初步设计阶段必须编制修正概算。

政府投资项目的设计概算经批准后，一般不得调整。各级政府投资管理部门对概算的管理都有相应规定。例如，《中央预算内直接投资项目概算管理暂行办法》及《中央预算内直接投资项目管理办法》规定：国家发展改革委核定概算且安排部分投资的，原则上超支不补，如超概算，由项目主管部门自行核定调整并处理。项目初步设计及概算批复核定后，应当严格执行，不得擅自增加建设内容、扩大建设规模、提高建设标准或改变设计方案。确需调整且将会突破投资概算的，必须事前向国家发展改革委正式申报；未经批准的，不得擅自调整实施。因项目建设期价格大幅上涨、政策调整和自然灾害等不可抗力因素等原因导致原核定概算不能满足工程实际需要的，可以向国家发展改革委申请调整概算。一个工程只允许调整一次概算。

1.3.2　设计概算编制依据

设计概算的编制依据主要有：

（1）国家、行业和地方有关规定。

（2）相应工程造价管理机构发布的概算指标、概算定额。

（3）工程勘察与设计文件。

（4）拟定或常规的施工组织设计和施工方案。

（5）建设项目资金筹措方案。

（6）工程所在地编制同期的人工、材料、机具台班市场价格，以及设备供应方式及供应价格。

（7）建设项目的技术复杂程度，新技术、新材料、新工艺以及专利使用情况等。

（8）建设项目批准的相关文件、合同、协议等。

（9）政府有关部门、金融机构等发布的价格指数、利率、汇率、税率以及工程建设其他费用等。

（10）委托单位提供的其他技术经济资料。

在编制设计概算时，应按编制时项目所在地的价格水平编制，总投资应完整地反映编制时建设项目实际投资；应考虑建设项目施工条件等因素对投资的影响；应按项目合理建设期限预测建设期价格水平，以及资产租赁和贷款的时间价值等动态因素对投资的影响。

1.3.3　设计概算案例

1.3.3.1　项目概算书封面示例

×××公路美丽示范风景线项目

概算书

编制人：＿＿＿＿＿＿＿＿＿（签字及盖章）

审核人：＿＿＿＿＿＿＿＿＿（签字及盖章）

编制单位：×××园林设计院有限公司

编制时间：××年××月××日

1.3.3.2　设计概算编制说明示例

一、工程概况及投资范围

本工程为×××公路美丽示范风景线项目，概算投资范围包括×××公路美丽示范风景线项目初步设计图纸中的起点标志广场、坳下村路口、美食公园景墙、牛头山公园、安义福利院挡墙改造、北山余家村口、城北小学节点、城北检查站、九尾村、蜘蛛村、七房村口景墙、上排头村口景墙、舍背窑下健康公园、杨树垅村入口、杨梅园入口、紫园山庄入口、垃圾回收站、公交车候车厅改造、水电工程、绿化工程、围墙工程土建、装饰、水电安装、市政等新建及改造费用，工程建设其他费用，基本预备费等。

二、概算编制依据

1. 本工程委托设计合同；

2. 本工程初步设计图纸及说明；

3. 2017 年《××省房屋建筑与装饰工程消耗量定额及统一基价表》、2017 年《××省通用安装工程消耗量定额及统一基价表》、2017 年《××省市政工程消耗量定额及统一基价表》、2017 年《××省园林工程消耗量定额及单位估价表》；

4. ××省住房和城乡建设厅《关于调整××省建设工程定额综合工日单价的通知》；

5. ××省住房和城乡建设厅《关于重新调整××省建设工程计价依据增值税税率的通知》；

6. ××省住房和城乡建设厅《××省住房和城乡建设厅关于调整××省建设工程费用定额规费项目组成的通知》；

7.《××省造价信息》××年××月发布的××省××市信息价，信息价没有按市场价。

三、工程建设其他费用

1. 前期咨询费按国家计委计价格［1999］1283 号文计算；

2. 施工图审查费按《××省物价局、省建设厅关于制定建筑工程施工图审查收费试行标准的通知》计算；

3. 工程设计费按国家计委、建设部计价格 [2002] 10 号文计算；

4. 招标代理费按国家计委计价格 [2002] 1980 号规定计算；

5. 工程建设监理费按国家发改委、建设部发改价格 [2007] 670 号规定计算；

6. 建设单位管理费按财政部财建 [2002] 394 号规定计算；

7. 施工图预算编制费按《××省建设工程造价咨询服务收费基准价》计算；

8. 工程保险费按建标 [2011] 1 号计算；

9. 结算审核费按《××省建设工程造价咨询服务收费基准价》计算；

10. 基本预备费按工程费用与工程建设其他费用之和的 5% 计算。

四、设计概算投资

本工程初步设计概算投资 3448.24 万元，其中工程费用 3001.82 万元，工程建设其他费用 282.22 万元，基本预备费 164.20 万元。

1.3.3.3 总概算表示例

×××公路美丽示范风景线项目总概算表

序号	工程或费用名称	概算金额（万元）					备注
		建筑工程费用	安装工程费用	设备及工器具购置费用	其他费用	合计	
一	工程费用	2939.31	62.51			3001.82	
1	建筑整治工程	187.64				187.64	
1.1	建筑外立面	176.36				176.36	
1.2	店招店牌改造	11.28				11.28	
2	景观提升工程	1175.70				1175.70	
2.1	围墙工程	650.48				650.48	
2.2	节点提升	525.22				525.22	
3	绿化提升工程	1459.92				1459.92	
4	道路及附属设施工程	116.05	62.51			178.56	
4.1	亮化工程	63.55				63.55	
4.2	公用配套设施	52.50				52.50	

续表

序号	工程或费用名称	概算金额（万元）					备注
		建筑工程费用	安装工程费用	设备及工器具购置费用	其他费用	合计	
二	工程建设其他费用				282.22	282.22	
1	前期咨询费				18.90	18.90	国家计委计价格〔1999〕1283号
2	施工图审查费				4.20	4.20	×价房字〔2000〕6号
3	工程设计费				103.86	103.86	国家计委、建设部计价格〔2002〕10号
4	招标代理费				29.00	29.00	国家计委计价格〔2002〕1980号
5	工程建设监理费				78.14	78.14	国家发改委、建设部发改价格〔2007〕670号
6	建设单位管理费				15.01	15.01	财建〔2002〕394号
7	施工图预算编制费				12.05	12.05	×价协〔2015〕9号
8	工程保险费				9.01	9.01	建标〔2011〕1号
9	结算审核费				12.05	12.05	×价协〔2015〕9号
三	预备费				164.20	164.20	
1	基本预备费				164.20	164.20	（一＋二）×5%
四	概算投资					3448.24	

即问即答（即问即答解析见二维码）：

设计概算发生在_____阶段。

1.4 施工图预算

1.4.1 施工图预算的含义

施工图预算是以施工图设计文件为依据，按照规定的程序、方法和依据，在工程施工前对工程项目的工程费用进行的预测与计算。施工图预算的成果文件称作施工图预算书，也简称施工图预算，它是在施工图设计阶段对工程建设所需资金做出较精确计算的设计文件。

施工图预算是发承包阶段合理确定和有效控制工程造价的重要依据。施工图预算的编制应由相应专业资质的单位和造价专业人员完成。编制单位应在施工图预算成果文件上加盖公章和资质专用章，对成果文件质量承担相应责任；注册造价工程师应在施工图预算文件上签署执业印章，并承担相应责任。

施工图预算应按照设计文件和项目所在地的人工、材料和机械等要素的市场价格水平进行编制，应充分考虑项目其他因素对工程造价的影响；并应确定合理的预备费。力求能够使投资额度得以科学合理地确定，以保证项目的顺利进行。

施工图预算有两种典型的表现形式，即招标控制价和投标报价。招标控制价是招标人根据国家或省级、行业建设主管部门颁发的有关计价依据和办法，计算得到的属于预期性质的施工图预算价格，是对招标工程限定的最高价格。投标报价是通过招标投标法定程序后施工企业根据自身的实力即企业定额、资源市场单价以及市场供求及竞争状况计算得到的反映市场性质的施工图预算价格。施工图预算内涵如图1.4.1所示。

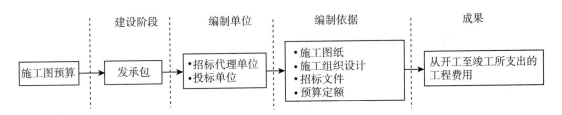

图 1.4.1 施工图预算内涵

1.4.2 施工图预算编制依据

1.4.2.1 招标控制价编制依据

招标控制价由接受招标人委托的工程造价咨询企业编制或审查，在编制招标控制价时必须严格执行国家相关法律、法规和有关制度，认真恪守职业道德、执业准则，依据有关执业标准，公正、独立地开展工程造价咨询服务工作。招标控制价的编制或审查应依据拟发布的招标文件和工程量清单，符合招标文件对工程价款确定和调整的基本要求。招标控制价编制的主要依据有：

（1）国家、行业和地方有关规定。

（2）相应工程造价管理机构发布的预算定额。

（3）施工图设计文件及相关标准图集和规范。

（4）项目相关文件、合同、协议等。

（5）工程所在地的人工、材料、设备、施工机具预算价格。

（6）施工组织设计和施工方案。

（7）项目的管理模式、发包模式及施工条件。

（8）其他应提供的资料。

1.4.2.2　投标报价编制依据

（1）国家、省级和行业建设主管部门颁发的计价办法。

（2）国家、省级和行业建设主管部门颁发的计价定额或企业定额。

（3）项目招标文件、招标工程量清单及其补充通知、答疑纪要。

（4）工程设计文件及相关资料。

（5）施工现场情况、工程特点及拟定的投标施工组织设计或施工方案。

（6）与建设项目相关的标准、规范等技术资料。

（7）工程造价管理机构发布的工程造价信息。

（8）市场价格信息。

（9）其他相关资料。

1.4.3　施工图预算案例

1.4.3.1　工程招标控制价封面示例

　　×××村落景区　　工程

招标控制价

招标控制价(小写)：　　660609.00

　　　　　　(大写)：　　陆拾陆万陆佰零玖元整

```
          招标人：_____        中介机构：_____
             （单位盖章）                   （单位资质专用章）

             法定代表人                       法定代表人

        或其授权人：_____      或其授权人：_____

           （签字或盖章）                     （签字或盖章）

          编制人：_____         复核人：_____

      （造价专业人员签字盖专用章）        （造价专业人员签字盖专用章）

                  编制时间：××年××月××日
```

1.4.3.2　工程招标控制价编制说明示例

一、工程概况

　　×××村落景区工程位于××市××街道××村，本工程主要内容为绿化种植养护等工程。

二、工程招标范围

　　设计范围内的绿化景观工程。

三、编制依据

　　1. 业主提供的×××村落景区工程施工图纸。

　　2.《建设工程工程量清单计价规范》（GB50500—2013）。

　　3.《园林绿化工程工程量计算规范》（GB50858—2013）。

　　4. 关于建筑业营改增相关文件：建办标［2016］4 号，建建发［2016］144 号，×建站定［2016］23 号文件。

　　5.《××省园林绿化及仿古建筑工程预算定额（2018 版）》《××省建设工程施工费用定额（2018 版）》《××省施工机械台班费用定额（2018 版）》。

　　6. 主要材料信息价参照《××造价信息》（××年××期），其中无信息价材料按编制期当地市场调查价计取。

　　7. 人工费编制按建建发［2011］124 号、×建造价投资办［2012］3 号、［2015］23 号文件要求计取，一类人工 135 元/工日，二类人工 146 元/工日，三类人工 167 元/工日。

　　8. 现场施工条件及常规施工方案。

　　9. 招标文件。

四、工程质量、工期、材料、施工等要求

1. 工程质量：根据招标文件要求。

2. 工期：根据招标文件要求。

3. 施工要求详见施工图及技术规范。

五、安全防护、文明施工措施费用的取费计算基数和最低费率标准

安全施工费、文明施工费、环境保护费和临时设施费四项费用的投标报价总额不得低于按照《××省建设工程施工取费定额（2018）》规定的相应弹性费率中值计算的所需费用总额的90%。按照本项目地理位置情况确定为非市区工程。根据营改增相关文件，专业工程取费基数均为人工费＋机械费。

本工程安全文明施工费最低费率：其单独绿化工程最低费率为5.23%，调整后的安全文明施工费已包括了《关于规范建设工程安全文明施工费计取的通知》中的安全文明施工费的基本费和施工扬尘污染防治增加费的内容。

六、建设工程质量检验试验费及企业管理费

1. 将施工组织措施费中的检验试验费按"费用项目组成"的内容和要求并入企业管理费，施工组织措施费中不再计算检验试验费。

2. 企业管理费的取费基数为人工费＋机械费。单独绿化工程企业管理费费率为3.112%。

七、规费、民工工伤保险、税金的取费要求

1. 规费按照《××省建设工程施工取费定额（2018）》规定，取费基数为人工费＋机械费。单独绿化工程规费费率为10.94%。

2. 民工工伤保险费用按《××市关于落实建设工程农民工工伤保险费用计价的通知》的规定计算报价，取费基数为分部分项工程量清单费＋措施项目清单费＋其他项目清单费＋规费＋危险作业意外伤害保险，费率为0.122%。

3. 税金费率按建建发〔2016〕144号、×建造价投资办〔2016〕28号调整规定执行，取费基数为分部分项工程量清单费＋措施项目清单费＋其他项目清单费＋规费＋危险作业意外伤害保险＋民工工伤保险，税金费率为9%。

八、其他需要说明的问题

1. 苗木养护期按两年考虑。

2. 种植土深度按平均0.3m考虑。

3. 草绳绕树干高度胸径10cm以内按1m计、胸径20cm以内按1.5m计、胸径30cm以内按2m计、胸径30cm及以上按2.5m计。

1.4.3.3 招标控制价汇总表示例

×××村落景区工程招标控制价汇总

序号	项目名称	费率（%）	金额（元）
一	分部分项工程量清单		583206
二	措施项目清单（1＋2）		12579
1	组织措施项目清单		5589
其中	安全文明施工费		5057
2	技术措施项目清单		6990
三	其他项目清单		0
四	规费［3＋4］		10278
3	排污费、社保费、公积金	10.94	9539
4	民工工伤保险费［（一＋二＋三＋3）×费率］	0.122	739
五	税金［（一＋二＋三＋四）×费率］	9	54546
六	总报价（一＋二＋三＋四＋五）		660609

即问即答（即问即答解析见二维码）：

施工图预算发生在_____阶段。

1.5 工程结算与竣工决算

1.5.1 工程结算

1.5.1.1 工程结算的含义

工程结算是指工程项目已完工，经发包人或有关机构验收合格，按照施工发承包合同的约定，由承包人在原合同价格基础上编制调整价格并提交发包人审核确认后的过程价格，是表达工程最终工程造价和结算工程价款依据的经济文件，包括中间结算和竣工结算。

中间结算是指在签订的施工发承包合同中，按工程特征划分为不同阶段实施和结算，该阶段合同工作内容已完成，经发包人或有关机构中间验收合格后，由承包人在原合同分阶段的价格基础上编制调整价格并提交发包人审核签认的工程价格。

竣工结算是项目完工并经验收合格后，对所完成的建设项目进行的全面的工程结算。

单位工程竣工结算由承包人编制，发包人审查；实行总承包的工程，由具体承包人编制，在总包人审查的基础上，发包人审查。单项工程竣工结算或建设项目竣工总结算由总（承）包人编制，发包人可直接进行审查，也可以委托具有相应资质的工程造价咨询机构进行审查。政府投资项目，由同级财政部门审查。单项工程竣工结算或建设项目竣工总结算经发、承包人签字盖章后生效。工程结算内涵如图 1.5.1 所示。

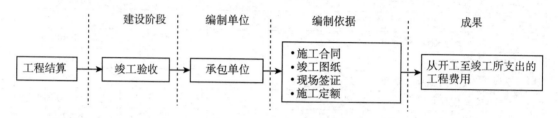

图 1.5.1 工程结算内涵

1.5.1.2 工程结算编制依据

综合《建设工程工程量清单计价规范》和《建设项目工程结算编审规程》的规定，工程结算编制的主要依据包括以下内容：

（1）国家有关法律、法规、规章制度和相关的司法解释。

（2）建设工程工程量清单计价规范。

（3）施工发承包合同、专业分包合同及补充合同，有关材料、设备采购合同。

（4）招标投标文件，包括招标答疑文件、投标承诺、中标报价书及其组成内容。

（5）工程竣工图或施工图、施工图会审记录，经批准的施工组织设计，以及设计变更、工程洽商和相关会议纪要。

（6）经批准的开、竣工报告或停、复工报告。

（7）双方确认的工程量。

（8）双方确认追加（减）的工程价款。

（9）双方确认的索赔、现场签证事项及价款。

（10）其他依据。

1.5.2 竣工决算

1.5.2.1 竣工决算的含义

项目竣工决算是指所有项目竣工后，项目单位按照国家有关规定在项目竣工验收阶段编制的竣工决算报告。竣工决算是以实物数量和货币指标为计量单位，综合反映竣工建设项目全部建设费用、建设成果和财务状况的总结性文件，是竣工验收报告的重要组成部分，是正确核定新增固定资产价值、考核分析投资效果、建立健全经济责任制的依据，是反映建设项目实际造价和投资效果的文件。通过竣工决算，既能够正确反映建设工程的实际造价和投资结果，又可以通过竣工决算与概算、预算的对比分析，考核投资控制的工作成效，为工程建设提供重要的技术经济方面的基础资料，提高未来工程建设的投资效益。

建设项目竣工决算应包括从筹建至竣工投产全过程的全部实际费用，即包括建筑安装工程费用、设备及工器具购置费用和预备费等费用。按照财政部、国家发改委和住房城乡建设部的有关文件规定，竣工决算由竣工财务决算说明书、竣工财务决算报表、工程竣工图和工程竣工造价对比分析四部分组成。

1.5.2.2 竣工决算编制依据

建设项目竣工决算应依据下列资料编制：

（1）财政部发布的《基本建设财务规则》等法规和规范性文件。

（2）项目计划任务书及立项批复文件。

（3）项目总概算书、单项设计概算书及概算调整文件。

（4）经批准的可行性研究报告、设计文件及设计交底、图纸会审资料。

（5）招标文件、最高投标限价及招标投标书。

（6）施工、代建、勘察设计、监理及设备采购等合同，政府采购审批文件、采购合同。

（7）工程结算资料。

（8）工程签证、工程索赔等合同价款调整文件。

（9）设备、材料调价文件记录。

（10）有关的会计及财务管理资料。

（11）历年下达的项目年度财政资金投资计划、预算。

（12）其他有关资料。

即问即答（即问即答解析见二维码）：

工程结算发生在_____阶段。

练习题（见二维码）：

自我测试（见二维码）：

第 2 章　工程造价的构成

学习思维导图

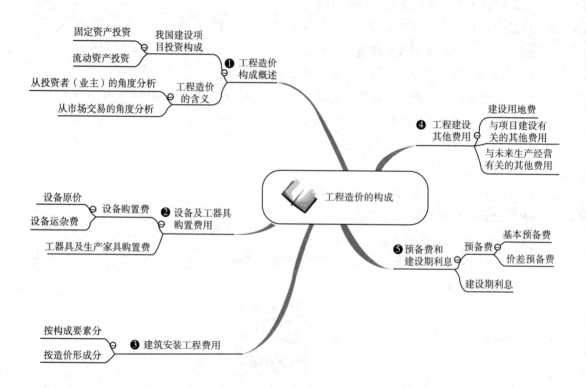

学习目标

知识目标	能力目标	相关知识
掌握工程造价的构成	理解工程造价的两种含义	2.1 工程造价构成概述
（1）掌握国产非标设备原价的构成 （2）掌握进口设备原价的构成	（1）熟练计算国产非标设备原价 （2）熟练计算进口设备原价	2.2 设备及工器具购置费用

知识目标	能力目标	相关知识
（1）掌握按构成要素划分建安工程费用的构成 （2）掌握按造价形成划分建安工程费用的构成	熟练分析按构成要素和按造价形成划分建筑安装工程费用构成的异同	2.3 建筑安装工程费用
（1）了解技术服务费的构成 （2）了解建设期计列的生产经营费		2.4 工程建设其他费用
（1）掌握预备费的构成 （2）掌握利息的计算方法	（1）熟练计算基本预备费和价差预备费 （2）熟练计算贷款均衡发放方式下建设期的利息	2.5 预备费和建设期利息

2.1　工程造价构成概述

2.1.1　我国建设项目投资及工程造价的构成

建设项目总投资是为完成工程项目建设并达到使用要求或生产条件，在建设期内预计或实际投入的全部费用总和。生产性建设项目总投资包括建设投资、建设期利息和流动资金三部分；非生产性建设项目总投资包括建设投资和建设期利息两部分。其中建设投资和建设期利息之和对应于固定资产投资，固定资产投资与建设项目的工程造价在量上相等。工程造价基本构成包括：用于购买工程项目所含各种设备的费用；用于建筑施工和安装施工所需支出的费用；用于委托工程勘察设计应支付的费用；用于购置土地所需的费用；用于建设单位自身进行项目筹建和项目管理所花费的费用等。总之，工程造价是按照确定的建设内容、建设规模、建设标准、功能要求和使用要求等将工程项目全部建成，在建设期内预计或实际支出的建设费用。建设项目总投资的具体构成内容如图2.1.1 所示。

流动资金是指为进行正常生产运营，用于购买原材料、燃料、支付工资及其他运营费用等所需的周转资金，在可行性研究阶段用于财务分析时即为全部流动资金，在初步设计及以后阶段用于计算"项目报批总投资"或"项目概算总投资"时即为铺底流动资金。铺底流动资金是指生产经营性建设项目为保证投产后正常的生产运营所需，并在项目资本金中筹措的自有流动资金。

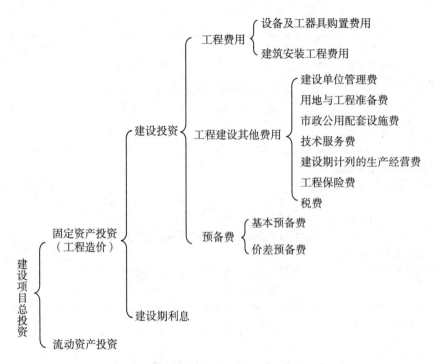

图 2.1.1 我国现行建设项目总投资构成

2.1.2 工程造价的含义

工程造价通常是指工程项目在建设期内（预计或实际）支出的费用。由于所处的角度不同，工程造价有不同的含义。

（1）从投资者（业主）的角度分析，工程造价是指建设一项工程预期开支或实际开支的全部固定资产投资费用。投资者为了获得投资项目的预期效益，需要对项目进行策划决策、建设实施直至竣工验收等一系列投资管理活动。在上述活动中所花费的全部费用，即构成了工程造价。从这个意义上讲，建设工程造价就是建设工程项目固定资产总投资。

（2）从市场交易的角度分析，工程造价是指在工程发承包交易活动中所形成的建筑安装工程费用或建设工程总费用。显然，工程造价的这种含义是指以建设工程这种特定的商品形式作为交易对象，通过招投标或其他交易方式，在进行多次预估的基础上，最终由市场形成的价格。这里的工程既可以是涵盖范围很大的一个建设工程项目，也可以是其中的一个单项工程或单位工程，还可以是其中一个或几个分部工程，如建筑安装工程、装饰装修工程、园林绿化工程、园林景观工程等。随着经济发展、技术进步、分工细化和市场的不断完善，工程建设中的中间产品也会越来越多，商品交换会更加频繁，工程价格的种类和形式也会更为丰富。

工程发承包价格是一种重要且较为典型的工程造价形式，是在建筑市场通过发承包交易（多数为招投标），由需求主体（投资者或建设单位）和供给主体（承包商）共同认可的价格。

工程造价的两种含义实质上就是从不同角度把握同一事物的本质。对投资者而言，工程造价就是项目投资，是"购买"工程项目需支付的费用；同时，工程造价也是投资者作为市场供给主体"出售"工程项目时确定价格和衡量投资经济效益的尺度。

即问即答（即问即答解析见二维码）：

1. 建设工程最典型的价格形式是（　　）。

A. 业主方估算的全部固定资产投资　　　　B. 发承包双方共同认可的发承包价格

C. 经政府投资主管部门审批的设计概算　　D. 建设单位编制的工程竣工决算价格

2. 从投资者（业主）角度分析，有关工程造价的说法正确的是（　　）。

A. 工程造价就是建设工程总投资

B. 工程造价是指从项目筹建到竣工验收各阶段所花费的全部费用

C. 工程造价是指施工阶段花费的全部费用

D. 工程造价是指从项目筹建到竣工验收各个阶段所花费的设备费和材料费

2.2　设备及工器具购置费用

设备及工器具购置费用是由设备购置费用和工具、器具及生产家具购置费用组成的，它是固定资产投资中的积极部分。在生产性工程建设中，设备及工器具购置费用占工程造价比重的增大，意味着生产技术的进步和资本有机构成的提高。

2.2.1　设备购置费用的构成和计算

设备购置费用是指购置或自制的达到固定资产标准的设备、工器具及生产家具等所需的费用。它由设备原价和设备运杂费构成。

$$设备购置费用 = 设备原价（含备品备件费）+ 设备运杂费 \qquad (2.2.1)$$

式中，设备原价是指国内采购设备的出厂价格，或者境外采购设备的抵岸价格，设备原价通常包含备品备件费在内，备品备件费指设备购置时随设备同时订货的首套备品备件所发生的费用；设备运杂费指除设备原价之外的关于设备采购、运输、途中包装及仓库保管等方面支出费用的总和。

2.2.1.1 国产设备原价的构成及计算

国产设备原价一般指的是设备制造厂的交货价，或订货合同价。它一般根据生产厂或供应商的询价、报价、合同价确定，或采用一定的方法计算确定。国产设备原价分为国产标准设备原价和国产非标准设备原价。

1. 国产标准设备原价

国产标准设备是指按照主管部门颁布的标准图纸和技术要求，由我国设备生产厂批量生产的，符合国家质量检测标准的设备。国产标准设备原价有两种，即带有备件的原价和不带备件的原价。在计算时，一般采用带有备件的原价。国产标准设备一般有完善的设备交易市场，因此可通过查询相关交易市场价格或向设备生产厂家询价得到国产标准设备原价。

2. 国产非标准设备原价

国产非标准设备是指国家尚无定型标准，各设备生产厂不可能在工艺过程中批量生产，只能按订货要求并根据具体的设计图纸制造的设备。非标准设备由于单件生产、无定型标准，所以无法获取市场交易价格，只能按其成本构成或相关技术参数估算其价格。非标准设备原价有多种不同的计算方法，如成本计算估价法、系列设备插入估价法、分部组合估价法、定额估价法等。但无论采用哪种方法都应该使非标准设备计价接近实际出厂价，并且计算方法要简便。成本计算估价法是一种比较常用的估算非标准设备原价的方法。按成本计算估价法，非标准设备的原价由以下各项组成：

（1）材料费，其计算公式如下：

$$材料费 = 材料净重 \times (1 + 加工损耗系数) \times 每吨材料综合价 \qquad (2.2.2)$$

（2）加工费，包括生产工人工资和工资附加费、燃料动力费、设备折旧费、车间经费等。其计算公式如下：

$$加工费 = 设备总重量（吨）\times 设备每吨加工费 \qquad (2.2.3)$$

（3）辅助材料费（简称辅材费），包括焊条、焊丝、氧气、氩气、氮气、油漆、电石等费用。其计算公式如下：

$$辅助材料费 = 设备总重量 \times 辅助材料费指标 \qquad (2.2.4)$$

（4）专用工具费，按材料费、加工费、辅助材料费，即上述（1）～（3）项，之和乘以一定百分比计算。

（5）废品损失费，按上述（1）～（4）项之和乘以一定百分比计算。

（6）外购配套件费，按设备设计图纸所列的外购配套件的名称、型号、规格、数量、重量，根据相应的价格加运杂费计算。

（7）包装费，按以上（1）～（6）项之和乘以一定百分比计算。

（8）利润，可按上述（1）～（5）项加第（7）项之和乘以一定利润率计算。

（9）税金，主要指增值税，通常是指设备制造厂销售设备时向购入设备方收取的销项税额。计算公式为：

$$当期销项税额 = 销售额 × 适用增值税税率 \tag{2.2.5}$$

其中，销售额为上述（1）～（8）项之和。

（10）非标准设备设计费，按国家规定的设计费收费标准计算。

综上所述，单台非标准设备原价可用下面的公式表达：

$$单台非标准设备原价 = \{[(材料费 + 加工费 + 辅助材料费) × (1 + 专用工具费费率)$$
$$× (1 + 废品损失费费率) + 外购配套件费] × (1 + 包装费费率)$$
$$- 外购配套件费\} × (1 + 利润率) + 销项税额$$
$$+ 非标准设备设计费 + 外购配套件费 \tag{2.2.6}$$

【例2.2.1】某工厂采购一台国产非标准设备，制造厂生产该台设备所用材料费20万元，加工费2万元，辅助材料费4000元。专用工具费费率1.5%，废品损失费费率10%，外购配套件费5万元，包装费费率1%，利润率为7%，增值税税率为13%，非标准设备设计费2万元，求该国产非标准设备的原价（计算结果取3位小数）。

解：专用工具费 $= (20 + 2 + 0.4) × 1.5\% = 0.336$（万元）

废品损失费 $= (20 + 2 + 0.4 + 0.336) × 10\% = 2.274$（万元）

包装费 $= (22.4 + 0.336 + 2.274 + 5) × 1\% = 0.300$（万元）

利润 $= (22.4 + 0.336 + 2.274 + 0.3) × 7\% = 1.772$（万元）

销项税额 $= (22.4 + 0.336 + 2.274 + 5 + 0.3 + 1.772) × 13\% = 4.171$（万元）

该国产非标准设备的原价 $= 22.4 + 0.336 + 2.274 + 0.3 + 1.772 + 4.171 + 2 + 5$
$= 38.253$（万元）

2.2.1.2 进口设备原价的构成及计算

进口设备的原价是指进口设备的抵岸价，即抵达买方边境港口或边境车站，且交完关税等税费后形成的价格。抵岸价通常是由进口设备到岸价和进口从属费构成。进口设备的到岸价，即设备抵达买方边境港口或边境车站所形成的价格。在国际贸易中，交易双方所使用的交货类别不同，则交易价格的构成也有所差异。进口设备从属费用是指进口设备在办理进口手续过程中发生的应计入设备原价的银行财务费、外贸手续费、进口关税、消费税、进口环节增值税及进口车辆的车辆购置税。

1. 进口设备的交易价格

在国际贸易中，较为广泛使用的交易价格术语有离岸价（free on board，FOB）、运费在内价（cost and freight，CFR）和到岸价（cost insurance and freight，CIF）。

（1）离岸价（FOB）意为装运港船上交货。FOB是指当货物在指定的装运港越过船舷，卖方即完成交货义务。费用划分和风险转移，以在指定的装运港货物越过船舷时为分界点，费用划分与风险转移的分界点一致。

（2）运费在内价（CFR）意为成本加运费。CFR 是指货物在装运港被装上指定船时卖方即完成交货，卖方必须支付将货物运至指定的目的港所需的运费和费用，但交货后货物灭失或损坏的风险，以及由于各种事件造成的任何额外费用，即由卖方转移到买方。与 FOB 价格相比，CFR 的费用划分与风险转移的分界点是不一致的。

（3）到岸价（CIF）意为成本加保险费、运费。在 CIF 中，卖方除负有与 CFR 相同的义务外，还应办理货物在运输途中最低险别的海运保险，并应支付保险费。如买方需要更高的保险险别，则需要与卖方明确地达成协议，或者自行做出额外的保险安排。

2. 进口设备到岸价的构成及计算

$$进口设备到岸价（CIF）= 离岸价格（FOB）+ 国际运费 + 运输保险费$$
$$= 运费在内价（CFR）+ 运输保险费 \tag{2.2.7}$$

（1）货价：一般指装运港船上交货价（FOB）。设备货价分为原币货价和人民币货价，原币货价一律折算为美元表示，人民币货价按原币货价乘以外汇市场美元兑换人民币汇率中间价确定。进口设备货价按有关生产厂商询价、报价、订货合同价计算。

（2）国际运费：从装运港（站）到达我国抵达港（站）的运费。我国进口设备大部分采用海洋运输，小部分采用铁路运输，个别采用航空运输。进口设备国际运费计算公式如下：

$$国际运费 = 原币货价（FOB）× 运费费率 \tag{2.2.8}$$
$$国际运费 = 运量 × 单位运价 \tag{2.2.9}$$

其中，运费费率或单位运价参照有关部门或进出口公司的规定执行。

（3）运输保险费：对外贸易货物运输保险是由保险人与被保险人订立保险契约，在被保险人交付议定的保险费后，保险人根据保险契约的规定对货物在运输过程中发生的承保责任范围内的损失给予经济上的补偿。这是一种财产保险。计算公式为：

$$运输保险费 = \frac{原币货价（FOB）+ 国际运费}{1 - 保险费费率} × 保险费费率 \tag{2.2.10}$$

其中，保险费费率按保险公司规定的进口货物保险费费率计算。

3. 进口从属费的构成及计算

$$进口从属费 = 银行财务费 + 外贸手续费 + 关税 + 消费税$$
$$+ 进口环节增值税 + 车辆购置税 \tag{2.2.11}$$

（1）银行财务费：一般是指在国际贸易结算中，中国银行为进出口商提供金融结算服务所收费的费用，可按下式简化计算：

$$银行财务费 = 离岸价格（FOB）× 银行财务费费率 × 人民币外汇汇率 \tag{2.2.12}$$

（2）外贸手续费：按对外经济贸易部规定的外贸手续费费率计取的费用，外贸手续费费率一般取 1.5%。计算公式如下：

$$外贸手续费 = 到岸价（CIF）\times 外贸手续费费率 \times 人民币外汇汇率 \qquad (2.2.13)$$

（3）关税：由国家对进出口货物和物品征收的一种税。计算公式如下：

$$关税 = 到岸价（CIF）\times 进口关税税率 \times 人民币外汇汇率 \qquad (2.2.14)$$

其中，到岸价格作为关税的计征基数时，通常又称为关税完税价格。进口关税税率分为优惠和普通两种。优惠税率适用于与我国签订关税互惠条款的贸易条约或协定的国家（或地区）的进口设备；普通税率适用于与我国未签订关税互惠条款的贸易条约或协定的国家（或地区）的进口设备。进口关税税率按我国海关总署发布的进口关税税率计算。

（4）消费税：对部分进口设备（如轿车、摩托车等）征收，一般计算公式为：

$$应纳消费税税额 = \frac{到岸价格（CIF）\times 人民币外汇汇率 + 关税}{1 - 消费税税率} \times 消费税税率 \qquad (2.2.15)$$

其中，消费税税率根据规定的税率计算。

（5）进口环节增值税：对从事进口贸易的单位和个人，在进口商品报关进口后征收的税种。我国增值税条例规定，进口产品增值税税额均按组成计税价格和增值税税率直接计算应纳税额，即：

$$组成计税价格 = 关税完税价格 + 关税 + 消费税 \qquad (2.2.16)$$

$$进口环节增值税税额 = 组成计税价格 \times 增值税税率 \qquad (2.2.17)$$

增值税税率根据规定的税率计算。

（6）车辆购置附加费：进口车辆需缴纳进口车辆购置附加费，其公式如下：

$$进口车辆购置附加费 = （关税完税价格 + 关税 + 消费税）\times 车辆购置税税率 \qquad (2.2.18)$$

【例 2.2.2】从某国进口应纳消费税的设备，重量 1000 吨，装运港船上交货价为 400 万美元，工程建设项目位于国内某省会城市。如果国际运费标准为 300 美元/吨，海上运输保险费费率为 0.3%，银行财务费费率为 0.5%，外贸手续费费率为 1.5%，关税税率为 20%，增值税的税率为 16%，消费税税率为 10%，银行外汇牌价为 1 美元 = 6.9 元人民币，请对该设备的原价进行估算（计算结果取两位小数）。

解：进口设备 FOB = 400 × 6.9 = 2760.00（万元）

国际运费 = 300 × 1000 × 6.9 = 207.00（万元）

海运保险费 $= \dfrac{2760 + 207}{1 - 0.3\%} \times 0.3\% = 8.93$（万元）

CIF = 2760 + 207 + 8.93 = 2975.93（万元）

银行财务费 = 2760 × 0.5% = 13.80（万元）

外贸手续费 = 2975.93 × 1.5% = 44.64（万元）

$$关税 = 2975.93 \times 20\% = 595.19 （万元）$$

$$消费税 = \frac{2975.93 + 595.19}{1 - 10\%} \times 10\% = 396.79 （万元）$$

$$增值税 = (2975.93 + 595.19 + 396.79) \times 16\% = 634.87 （万元）$$

$$进口从属费 = 13.80 + 44.64 + 595.19 + 396.79 + 634.87 = 1685.29 （万元）$$

$$进口设备原价 = 2975.93 + 1685.29 = 4661.22 （万元）$$

2.2.1.3　设备运杂费的构成及计算

1. 设备运杂费的构成

设备运杂费是指国内采购设备自来源地、境外采购设备自到岸港运至工地仓库或指定堆放地点发生的采购、运输、运输保险、保管、装卸等费用。通常由下列各项构成：

（1）运费和装卸费。国产设备由设备制造厂交货地点起至工地仓库（或施工组织设计指定的需要安装设备的堆放地点）止所发生的运费和装卸费；进口设备则由我国到岸港口或边境车站起至工地仓库（或施工组织设计指定的需要安装设备的堆放地点）止所发生的运费和装卸费。

（2）包装费。它指在设备原价中没有包含的，为运输而进行的包装支出的各种费用。

（3）设备供销部门的手续费。它按有关部门规定的统一费率计算。

（4）采购与仓库保管费。它指采购、验收、保管和收发设备所发生的各种费用，包括：设备采购人员、保管人员和管理人员的工资、工资附加费、办公费、差旅交通费；设备供应部门办公和仓库所占固定资产使用费、工具用具使用费、劳动保护费、检验试验费等。这些费用可按主管部门规定的采购与保管费费率计算。

2. 设备运杂费的计算

设备运杂费按设备原价乘以设备运杂费费率计算，其公式如下：

$$设备运杂费 = 设备原价 \times 设备运杂费费率 \qquad (2.2.19)$$

其中，设备运杂费费率按各部门及省、市等的规定计算。

2.2.2　工具、器具及生产家具购置费用的构成及计算

工具、器具及生产家具购置费用是指新建或扩建项目初步设计规定的，保证初期正常生产必须购置的没有达到固定资产标准的设备、仪器、工卡模具、器具、生产家具和备品备件等的购置费用。一般以设备购置费用为计算基数，按照部门或行业规定的工具、器具及生产家具费费率计算。计算公式为：

$$工具、器具及生产家具购置费用 = 设备购置费用 \times 定额费率 \qquad (2.2.20)$$

即问即答（即问即答解析见二维码）：

1. 采用成本计算估价法计算国产非标准设备原价时，包装费的计取基数不包括该设备的（　　）。

  A. 材料费　　　　　　B. 加工费　　　　　　C. 外购配套件费　　　　　　D. 设计费

2. 关于进口设备原价的构成及其计算，下列说法正确的是（　　）。

  A. 进口设备原价是指进口设备的到岸价

  B. 进口设备到岸价由离岸价和进口从属费构成

  C. 关税完税价格由离岸价、国际运费、国际运输保险费组成

  D. 关税不作为进口环节增值税计税价格的组成部分

2.3　建筑安装工程费用

根据住房城乡建设部、财政部颁布的《关于印发〈建筑安装工程费用项目组成〉的通知》，我国现行建筑安装工程费用项目按两种不同的方式划分，即按费用构成要素划分和按造价形成划分。

2.3.1　按费用构成要素划分建筑安装工程费用项目构成

按照费用构成要素划分，建筑安装工程费用包括：人工费、材料费（包含工程设备，下同）、施工机具使用费、企业管理费、利润、规费和税金。其中人工费、材料费、施工机具使用费、企业管理费和利润包含在分部分项工程费、措施项目费、其他项目费中（见2.3节末的附表2.3.1）。

2.3.1.1　人工费

建筑安装工程费用中的人工费，是指支付给从事建筑安装工程施工作业的生产工人各项费用。计算人工费的基本要素有两个，即人工工日消耗量和人工日工资单价。

（1）人工工日消耗量。人工工日消耗量是指在正常施工生产条件下，完成规定计量单位的建筑安装产品所消耗的生产工人的工日数量。它由分项工程所综合的各个工序劳动定额包括的基本用工、其他用工两部分组成。

（2）人工日工资单价。人工日工资单价是指直接从事建筑安装工程施工的生产工人在每个法定工作日的工资、津贴及奖金等。

人工费的基本计算公式为：

$$人工费 = \sum (工日消耗量 \times 日工资单价) \qquad (2.3.1)$$

2.3.1.2 材料费

建筑安装工程费用中的材料费，是指施工过程中耗费的各种原材料、半成品、构配件、工程设备的费用，以及周转材料等的摊销、租赁费用。计算材料费的基本要素是材料消耗量和材料单价。

（1）材料消耗量。材料消耗量是指在正常施工生产条件下，完成规定计量单位的建筑安装产品所消耗的各类材料的净用量和不可避免的损耗量。

（2）材料单价。材料单价是指建筑材料从其来源地运到施工工地仓库直至出库形成的综合平均单价。由材料原价、运杂费、运输损耗费、采购及保管费组成。当一般纳税人采用一般计税方法时，材料单价中的材料原价、运杂费等均应扣除增值税进项税额。

材料费的基本计算公式为：

$$材料费 = \sum (材料消耗量 \times 材料单价) \qquad (2.3.2)$$

（3）工程设备。工程设备是指构成或计划构成永久工程一部分的机电设备、金属结构设备、仪器装置及其他类似的设备和装置。

2.3.1.3 施工机具使用费

建筑安装工程费用中的施工机具使用费，是指施工作业所发生的施工机械、仪器仪表使用费或其租赁费。

（1）施工机械使用费。施工机械使用费是指施工机械作业发生的使用费或租赁费。构成施工机械使用费的基本要素是施工机械台班消耗量和机械台班单价。施工机械台班消耗量是指在正常施工生产条件下，完成规定计量单位的建筑安装产品所消耗的施工机械台班的数量。施工机械台班单价是指折合到每台班的施工机械使用费。施工机械使用费的基本计算公式为：

$$施工机械使用费 = \sum (施工机械台班消耗量 \times 机械台班单价) \qquad (2.3.3)$$

施工机械台班单价通常由折旧费、检修费、维护费、安拆费及场外运费、人工费、燃料动力费和其他费用组成。

（2）仪器仪表使用费。仪器仪表使用费是指工程施工所需使用的仪器仪表的摊销及维修费用。与施工机械使用费类似，仪器仪表使用费的基本计算公式为：

$$仪器仪表使用费 = \sum (仪器仪表台班消耗量 \times 仪器仪表台班单价) \qquad (2.3.4)$$

仪器仪表台班单价通常由折旧费、维护费、检验费和动力费组成。

当一般纳税人采用一般计税方法时，施工机械台班单价和仪器仪表台班单价中的相关子项均需扣除增值税进项税额。

2.3.1.4 企业管理费

企业管理费是指建筑安装企业组织施工生产和经营管理所需的费用。内容包括：

（1）管理人员工资。管理人员工资是指按规定支付给管理人员的计时工资、奖金、津贴补贴、加班加点工资及特殊情况下支付的工资等。

（2）办公费。办公费是指企业管理办公用的文具、纸张、账表、印刷、邮电、书报、办公软件、现场监控、会议、水电、烧水和集体取暖降温（包括现场临时宿舍取暖降温）等费用。当一般纳税人采用一般计税方法时，办公费中增值税进项税额的抵扣原则是以购进货物适用的相应税率扣减。

（3）差旅交通费。差旅交通费包括：职工因公出差、调动工作的差旅费、住勤补助费；市内交通费和误餐补助费；职工探亲路费；劳动力招募费；职工退休、退职一次性路费；工伤人员就医路费；工地转移费以及管理部门使用的交通工具的油料、燃料等费用。

（4）固定资产使用费。固定资产使用费是指管理和试验部门及附属生产单位使用的属于固定资产的房屋、设备、仪器等的折旧、大修、维修或租赁费。当一般纳税人采用一般计税方法时，固定资产使用费中增值税进项税额的抵扣原则是：直接购买、接受捐赠、接受投资人入股、自建以及抵债等各种形式取得并在会计制度上按固定资产核算的不动产或不动产在建工程，其进项税额应自取得之日起分两年扣减，第一年抵扣比例为60%，第二年抵扣比例为40%；设备、仪器的折旧、大修、维修或租赁费以购进货物、接受修理修配劳务或租赁有形动产服务适用的税率扣减。

（5）工具用具使用费。工具用具使用费是指企业施工生产和管理使用的不属于固定资产的工具、器具、家具、交通工具和检验、试验、测绘、消防用具等的购置、维修和摊销费。当一般纳税人采用一般计税方法时，工具用具使用费中增值税进项税额的抵扣原则是以购进货物或接受修理修配劳务适用的税率扣减。

（6）劳动保险和职工福利费。劳动保险和职工福利费是指由企业支付的职工退职金、按规定支付给离休干部的经费、集体福利费、夏季防暑降温、冬季取暖补贴、上下班交通补贴等。

（7）劳动保护费。劳动保护费是企业按规定发放的劳动保护用品的支出。如工作服、手套、防暑降温饮料以及在有碍身体健康的环境中施工的保健费用等。

（8）检验试验费。检验试验费是指施工企业按照有关标准规定，对建筑以及材料、构件和建筑安装物进行一般鉴定、检查所发生的费用，包括自设试验室进行试验所耗用的材料等费用。不包括新结构、新材料的试验费，对构件做破坏性试验及其他特殊要求检验试验的费用和建设单位委托检测机构进行检测的费用，对此类检测发生的费用，由建设单位在工程建设其他费用中列支。但对施工企业提供的具有合格证明的材料进行检测不合格的，该检测费用由施工企业支付。当一般纳税人采用一般计税方法时，检验试验费中增值税进项税额按现代服务业适用的税率扣减。

（9）工会经费。工会经费是指企业按《中华人民共和国工会法》规定的全部职工工资总额比例计提的工会经费。

（10）职工教育经费。职工教育经费是指按职工工资总额的规定比例计提，企业为职工进行专业技术和职业技能培训，专业技术人员继续教育、职工职业技能鉴定、职业资格认定以及根据需要对职工进行各类文化教育所发生的费用。

（11）财产保险费。财产保险费是指施工管理用财产、车辆等的保险费用。

（12）财务费。财务费是指企业为施工生产筹集资金或提供预付款担保、履约担保、职工工资支付担保等所发生的各种费用。

（13）税金。税金是指企业按规定缴纳的房产税、非生产性车船税、土地使用税、印花税等各项税费。

（14）其他：包括技术转让费、技术开发费、投标费、业务招待费、绿化费、广告费、公证费、法律顾问费、审计费、咨询费、保险费等。

企业管理费一般采用取费基数乘以费率的方法计算，取费基数有三种，分别是以直接费为计算基础、以人工费和施工机具使用费合计为计算基础以及以人工费为计算基础。

工程造价管理机构在确定计价定额中的企业管理费时，应以定额人工费或定额人工费与施工机具使用费之和作为计算基数，其费率根据历年积累的工程造价资料，辅以调查数据确定。

2.3.1.5 利润

利润指施工单位从事建筑安装工程施工所获得的盈利，由施工企业根据企业自身需求并结合建筑市场实际自主确定。工程造价管理机构在确定计价定额中的利润时，应以定额人工费或定额人工费与施工机具使用费之和作为计算基数，其费率根据历年积累的工程造价资料，并结合建筑市场实际确定。

2.3.1.6 规费

规费指按国家法律、法规规定，由省级政府和省级有关权力部门规定必须缴纳或计取，应计入建筑安装工程造价的费用，主要包括社会保险费、住房公积金和工程排污费。

（1）社会保险费。

①养老保险费：指企业按照规定标准为职工缴纳的基本养老保险费。

②失业保险费：指企业按照国家规定标准为职工缴纳的失业保险费。

③医疗保险费：指企业按照规定标准为职工缴纳的基本医疗保险费。

④生育保险费：指企业按照国家规定为职工缴纳的生育保险。

⑤工伤保险费：指企业按照国务院制定的行业费率为职工缴纳的工伤保险费。

（2）住房公积金：指企业按规定标准为职工缴纳的住房公积金。

（3）工程排污费：指按规定缴纳的施工现场工程排污费。

其他应列而未列入的规费，按实际发生计取。

2.3.1.7　税金

建筑安装工程费用中的税金指按照国家税法规定的应计入建筑安装工程造价内的增值税额，按税前造价乘以增值税税率确定。

1. 采用一般计税方法时增值税的计算

当采用一般计税方法时，建筑业增值税税率为9%。计算公式为：

$$增值税 = 税前造价 \times 9\%\tag{2.3.5}$$

税前造价为人工费、材料费、施工机具使用费、企业管理费、利润和规费之和，各费用项目均以不包括增值税可抵扣进项税额的价格计算。

2. 采用简易计税方法时增值税的计算

（1）简易计税的适用范围。根据《营业税改征增值税试点实施办法》以及《营业税改征增值税试点有关事项的规定》，简易计税方法主要适用于以下几种情况：

①小规模纳税人发生应税行为适用简易方法计税。小规模纳税人通常是指纳税人提供建筑服务的年应征增值税销售额未超过500万元，并且会计核算不健全，不能按规定报送有关税务资料的增值税纳税人。年应税销售额超过500万元，但不经常发生应税行为的单位也可选择按小规模纳税人计税。

②一般纳税人以清包工方式提供的建筑服务，可以选择适用简易计税方法计税。以清包工方式提供建筑服务，是指施工方不采购建筑工程所需的材料或只采购辅助材料，并收取人工费、管理费或者其他费用的建筑服务。

③一般纳税人为甲供工程提供的建筑服务，可以选择适用简易计税方法计税。甲供工程是指全部或部分设备、材料、动力由工程发包方自行采购的建筑工程。

（2）简易计税的计算方法。当采用简易计税方法时，建筑业增值税税率为3%。计算公式为：

$$增值税 = 税前造价 \times 3\%\tag{2.3.6}$$

税前造价为人工费、材料费、施工机具使用费、企业管理费、利润和规费之和，各费用项目均以包含增值税进项税额的含税价格计算。

2.3.2 按造价形成划分建筑安装工程费用项目构成

建筑安装工程费用按照工程造价形成由分部分项工程费、措施项目费、其他项目费、规费、税金组成，其中，分部分项工程费、措施项目费和其他项目费分别包含人工费、材料费、施工机具使用费、企业管理费和利润（见 2.3 节末的附表 2.3.2）。

2.3.2.1 分部分项工程费

分部分项工程费是指各专业工程的分部分项工程应予列支的各项费用。

（1）专业工程：指按现行国家计量规范划分的房屋建筑与装饰工程、仿古建筑工程、通用安装工程、市政工程、园林绿化工程、矿山工程、构筑物工程、城市轨道交通工程、爆破工程等各类工程。

（2）分部分项工程：指按现行国家计量规范对各专业工程划分的项目。如园林绿化工程、园路园桥工程、园林景观工程、砖作工程、石作工程、木作工程、油漆彩画工程等。

各类专业工程的分部分项工程划分见现行国家或行业计量规范。

2.3.2.2 措施项目费

措施项目费是指为完成建设工程施工，发生于该工程施工前和施工过程中的技术、生活、安全、环境保护等方面的费用。内容包括：

（1）安全文明施工费。

①环境保护费：指施工现场为达到环保部门要求所需要的各项费用。

②文明施工费：指施工现场文明施工所需要的各项费用。

③安全施工费：指施工现场安全施工所需要的各项费用。

④临时设施费：指施工企业为进行建设工程施工所必须搭设的生活和生产用的临时建筑物、构筑物和其他临时设施费用，包括临时设施的搭设、维修、拆除、清理费或摊销费等。

（2）夜间施工增加费：指因夜间施工所发生的夜班补助费、夜间施工降效、夜间施工照明设备摊销及照明用电等费用。

（3）二次搬运费：指因施工管理需要或施工场地条件限制而发生的材料、构配件、半成品等一次运输不能到达堆放地点，必须进行二次或以上搬运所发生的费用。

（4）冬雨季施工增加费：指在冬季或雨季施工需增加的防滑及排除雨雪等临时设施、人工及施工机械效率降低等费用。

（5）地上或地下设施、建筑物的临时保护设施费：在工程施工过程中，对已建成的地上或地下设施和建筑物进行的遮盖、封闭、隔离等必要保护措施所发生的费用。

（6）已完工程及设备保护费：指竣工验收前，对已完工程及设备采取的必要保护措施所发生的费用。

（7）工程定位复测费：指工程施工过程中进行全部施工测量放线和复测工作的费用。

（8）特殊地区施工增加费：指工程在沙漠或其边缘地区、高海拔、高寒、原始森林等特殊地区施工增加的费用。

（9）大型机械进出场及安拆费：一个施工地点运至另一个施工地点，所发生的机械进出场运输和转移费用以及机械在施工现场进行安装、拆卸所需的人工费、材料费、机械费、试运转费和安装所需的辅助设施的费用。

（10）脚手架工程费：指施工需要的各种脚手架搭、拆、运输费用以及脚手架购置费的摊销（或租赁）费用。

2.3.2.3　其他项目费

（1）暂列金额：指建设单位在工程量清单中暂定并包括在工程合同价款中的一笔款项。用于施工合同签订时尚未确定或者不可预见的所需材料、工程设备、服务的采购，施工中可能发生的工程变更、合同约定调整因素出现时的工程价款调整以及发生的索赔、现场签证确认等的费用。

暂列金额由建设单位根据工程特点，按有关计价规定估算，施工过程中由建设单位掌握使用、扣除合同价款调整后如有余额，归建设单位。

（2）暂估价：指招标人在工程量清单中提供的用于支付必然发生但暂时不能确定价格的材料、工程设备的单价以及专业工程的金额。

暂估价中的材料、工程设备暂估单价根据工程造价信息或参照市场价格估算，计入综合单价；专业工程暂估价分不同专业，按有关计价规定估算。暂估价在施工中按照合同约定再加以调整。

（3）计日工：指在施工过程中，施工企业完成建设单位提出的合同范围以外的零星项目或工作，按照合同约定的单价计价形成的费用。

计日工由建设单位和施工单位按施工过程中形成的有效签证来计价。

（4）总承包服务费：指总承包人为配合、协调建设单位进行的专业工程发包，对建设单位自行采购的材料、工程设备等进行保管以及施工现场管理、竣工资料汇总整理等服务所需的费用。

总承包服务费由建设单位在招标控制价中根据总包范围和有关计价规定编制，施工单位投标时自主报价，施工过程中按签约合同价执行。

2.3.2.4　规费和税金

规费和税金的构成和计算与按费用构成要素划分建筑安装工程费用项目组成部分的规费和税金相同。

即问即答（即问即答解析见二维码）：

根据建筑安装工程费用组成的现行规定，现场项目经理的工资列入（　　　）。

A. 人工费　　　　　　B. 现场经费　　　　　　C. 企业管理费　　　　　　D. 直接费

附表 2.3.1　　　　　　　　　　**建筑安装工程费用项目组成表**

（按费用构成要素划分）

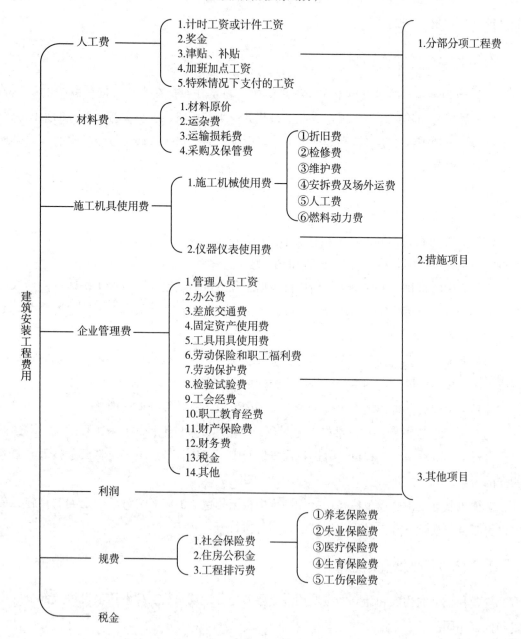

附表 2.3.2　　　　　　　　　建筑安装工程费用项目组成表

（按造价形成划分）

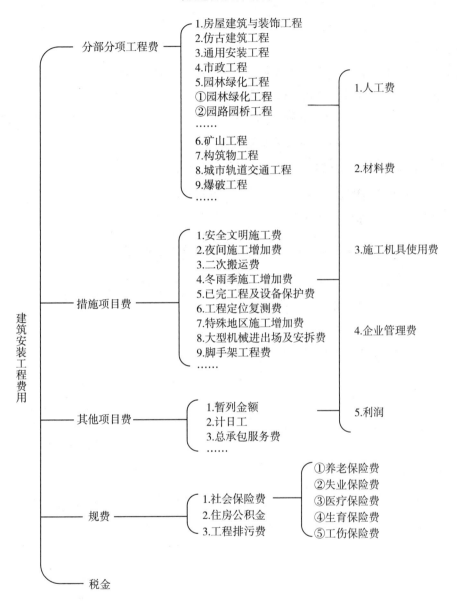

2.4　工程建设其他费用

工程建设其他费用是在建设期发生的，与土地使用权取得、整个工程项目建设以及未来生产经营有关的，除工程费用、预备费、增值税、建设期融资费用、流动资金以外的费用。政府有关部门对建设项目管理监督所发生的，并由其财政支出的费用，不得列入相应建设项目的工程造价。

2.4.1　建设单位管理费

1. 建设单位管理费的内容

建设单位管理费是指项目建设单位从项目筹建之日起至办理竣工财务决算之日止发生的管理性质的开支，包括工作人员薪酬及相关费用、办公费、办公场地租用费、差旅交通费、劳动保护费、工具用具使用费、固定资产使用费、招募生产工人费、技术图书资料费（含软件）、业务招待费、竣工验收费和其他管理性质开支。

2. 建设单位管理费的计算

建设单位管理费按照工程费用之和（包括建筑安装工程费用和设备及工器具购置费用）乘以建设单位管理费费率计算。

$$建设单位管理费 = 工程费用 \times 建设单位管理费费率 \qquad (2.4.1)$$

实行代建管理的项目，计列代建管理费等同建设单位管理费，不得同时计列建设单位管理费。委托第三方行使部分管理职能的，其技术服务费列入技术服务费项目。

2.4.2　用地与工程准备费

用地与工程准备费是指取得土地与工程建设施工准备所发生的费用，包括土地使用费和补偿费、场地准备费、临时设施费等。

2.4.2.1　土地使用费和补偿费

建设用地的取得，实质是依法获取国有土地的使用权。根据《中华人民共和国土地管理法》《中华人民共和国土地管理法实施条例》《中华人民共和国城市房地产管理法》规定，获取国有土地使用权的基本方式有两种：一是出让方式，二是划拨方式。建设土地取得的其他方式还包括租赁和转让方式。

建设用地如通过行政划拨方式取得，则须承担征地补偿费用或对原用地单位或个人的拆迁补偿费用；若通过市场机制取得，则不但承担以上费用，还须向土地所有者支付有偿使用费，即土地出让金。

2.4.2.2　场地准备及临时设施费

1. 场地准备及临时设施费的内容

建设项目场地准备费是指为使工程项目的建设场地达到开工条件，由建设单位组织进行的场地平整等准备工作而发生的费用。

建设单位临时设施费是指建设单位为满足施工建设需要而提供的未列入工程费用的临时水、电、路、信、气、热等工程和临时仓库等建（构）筑物的建设、维修、拆除、摊销费用或租赁费用，以及货场、码头租赁等费用。

2. 场地准备及临时设施费的计算

场地准备及临时设施应尽量与永久性工程统一考虑。建设场地的大型土石方工程应进入工程费用中的总图运输费用。

新建项目的场地准备和临时设施费应根据实际工程量估算，或按工程费用的比例计算。改扩建项目一般只计拆除清理费。

$$场地准备及临时设施费 = 工程费用 \times 费率 + 拆除清理费 \tag{2.4.2}$$

发生拆除清理费时可按新建同类工程造价或主材费、设备费的比例计算。凡可回收材料的拆除工程采用以料抵工方式冲抵拆除清理费。

此项费用不包括已列入建筑安装工程费用中的施工单位临时设施费用。

2.4.3　市政公用配套设施费

市政公用配套设施费是指使用市政公用设施的工程项目，按照项目所在地政府有关规定建设或缴纳的市政公用设施建设配套费用。

市政公用配套设施可以是界区外配套的水、电、路、气等，包括绿化、人防等配套设施。

2.4.4　技术服务费

技术服务费是指在项目建设全部过程中委托第三方提供项目策划、技术咨询、勘察设计、项目管理和跟踪验收评估等技术服务发生的费用。技术服务费包括可行性研究费、专项评价费、勘察设计费、监理费、研究试验费、特殊设备安全监督检验费、监造费、招标费、设计评审费、技术经济标准使用费、工程造价咨询费及其他咨询费。按照国家发展改革委关于《进一步放开建设项目专业服务价格的通知》的规定，技术服务费应实行市场调节价。

2.4.4.1　可行性研究费

可行性研究费是指在工程项目投资决策阶段，对有关建设方案、技术方案或生产经营方案进行的技术经济论证，以及编制、评审可行性研究报告所需的费用。其包括项目建议书、预可行性研究、可行性研究费等。

2.4.4.2 专项评价费

专项评价费是指建设单位按照国家规定委托相关单位开展专项评价及有关验收工作发生的费用。

专项评价费包括环境影响评价费、安全预评价费、职业病危害预评价费、地震安全性评价费、地质灾害危险性评价费、水土保持评价费、压覆矿产资源评价费、节能评估费、危险与可操作性分析及安全完整性评价费以及其他专项评价费。

2.4.4.3 勘察设计费

（1）勘察费是指勘察人根据发包人的委托，收集已有资料、现场踏勘、制定勘察纲要，进行勘察作业，以及编制工程勘察文件和岩土工程设计文件等收取的费用。

（2）设计费是指设计人根据发包人的委托，提供编制建设项目初步设计文件、施工图设计文件、非标准设备设计文件、竣工图文件等服务所收取的费用。

2.4.4.4 监理费

监理费是指受建设单位委托，工程监理单位为工程建设提供监理服务所发生的费用。

2.4.4.5 研究试验费

研究试验费是指为建设项目提供或验证设计参数、数据、资料等进行必要的研究试验，以及设计规定在建设过程中必须进行试验、验证所需的费用，包括自行或委托其他部门的专题研究、试验所需人工费、材料费、试验设备及仪器使用费等。这项费用按照设计单位根据本工程项目的需要提出的研究试验内容和要求计算。在计算时要注意不应包括以下项目：

（1）应由科技三项费用（即新产品试制费、中间试验费和重要科学研究补助费）开支的项目。

（2）应在建筑安装费用中列支的施工企业对建筑材料、构件和建筑物进行一般鉴定、检查所发生的费用及技术革新的研究试验费。

（3）应由勘察设计费或工程费用中开支的项目。

2.4.4.6 特殊设备安全监督检验费

特殊设备安全监督检验费是指对在施工现场安装的列入国家特种设备范围内的设备（设施）检验检测和监督检查所发生的应列入项目开支的费用。

2.4.4.7 监造费

监造费是指对项目所需设备材料制造过程、质量进行驻厂监督所发生的费用。

设备材料监造是指承担设备监造工作的单位受项目法人或建设单位的委托,按照设备、材料供货合同的要求,坚持客观公正、诚信科学的原则,对工程项目所需设备、材料在制造和生产过程中的工艺流程、制造质量等进行监督,并对委托人(项目法人或建设单位)负责的服务。

2.4.4.8 招标费

招标费是指建设单位委托招标代理机构进行招标服务所发生的费用。

2.4.4.9 设计评审费

设计评审费是指建设单位委托有资质的机构对设计文件进行评审的费用。设计文件包括初步设计文件和施工图设计文件等。

2.4.4.10 技术经济标准使用费

技术经济标准使用费是指建设项目投资确定与计价、费用控制过程中使用相关技术经济标准所发生的费用。

2.4.4.11 工程造价咨询费

工程造价咨询费是指建设单位委托造价咨询机构进行各阶段相关造价业务工作所发生的费用。

2.4.5 建设期计列的生产经营费

建设期计列的生产经营费是指为达到生产经营条件在建设期发生或将要发生的费用,包括专利及专有技术使用费、联合试运转费、生产准备费等。

2.4.5.1 专利及专有技术使用费

专利及专有技术使用费是指在建设期内为取得专利、专有技术、商标权、商誉、特许经营权等发生的费用。

1. 专利及专有技术使用费的主要内容

(1)工艺包费、设计及技术资料费、有效专利、专有技术使用费、技术保密费和技术服务费等。

(2)商标权、商誉和特许经营权费。

(3)软件费等。

2. 专利及专有技术使用费的计算

专利及专有技术使用费的计算应注意以下问题：

（1）按专利使用许可协议和专有技术使用合同的规定计列。

（2）专有技术的界定应以省、部级鉴定批准为依据。

（3）项目投资中只计算需在建设期支付的专利及专有技术使用费。协议或合同规定在生产期支付的使用费应在生产成本中核算。

（4）一次性支付的商标权、商誉及特许经营权费按协议或合同规定计列。协议或合同规定在生产期支付的商标权或特许经营权费应在生产成本中核算。

（5）为项目配套的专用设施投资，包括专用铁路线、专用公路、专用通信设施、送变电站、地下管道、专用码头等，如由项目建设单位负责投资但产权不归属本单位的，应作无形资产处理。

2.4.5.2　联合试运转费

联合试运转费是指新建或新增加生产能力的工程项目，在交付生产前按照设计文件规定的工程质量标准和技术要求，对整个生产线或装置进行负荷联合试运转所发生的费用净支出（试运转支出大于收入的差额部分费用）。试运转支出包括试运转所需原材料、燃料及动力消耗、低值易耗品、其他物料消耗、工具用具使用费、机械使用费、保险金、施工单位参加试运转人员工资以及专家指导费等；试运转收入包括试运转期间的产品销售收入和其他收入。联合试运转费不包括应由设备安装工程费用开支的调试及试车费用，以及在试运转中暴露出来的因施工原因或设备缺陷等发生的处理费用。

2.4.5.3　生产准备费

1. 生产准备费的内容

生产准备费指在建设期内，建设单位为保证项目正常生产而发生的人员培训费、提前进厂费以及投产使用必备的办公、生活家具用具及工器具等购置费用。它具体包括：

（1）人员培训费及提前进厂费，如自行组织培训或委托其他单位培训的人员工资、工资性补贴、职工福利费、差旅交通费、劳动保护费、学习资料费等。

（2）为保证初期正常生产（或营业、使用）所必需的生产办公、生活家具用具购置费用。

2. 生产准备费的计算

新建项目按设计定员为基数计算，改扩建项目按新增设计定员为基数计算：

$$生产准备费 = 设计定员 \times 生产准备费指标(元/人) \tag{2.4.3}$$

可采用综合的生产准备费指标进行计算，也可以按费用内容的分类指标计算。

2.4.6　工程保险费

工程保险费是指为转移工程项目建设的意外风险，在建设期内对建筑工程、安装工程、机械设备和人身安全进行投保而发生的费用，包括建筑安装一切险、引进设备财产保险和人身意外伤害险等。不同的建设项目可根据工程特点选择投保险种。

2.4.7　税费

按财政部《基本建设项目建设成本管理规定》工程其他费中的有关规定，税费统一归纳计列，其包括耕地占用税、城镇土地使用税、印花税、车船税等和行政性收费，不包括增值税。

2.5　预备费和建设期利息

2.5.1　预备费

预备费是指在建设期内因各种不可预见因素的变化而预留的可能增加的费用，包括基本预算费和价差预备费。

2.5.1.1　基市预备费

1. 基本预备费的内容

基本预备费是指投资估算或工程概算阶段预留的，由于工程实施过程中不可预见的工程变更及治商、一般自然灾害处理、地下障碍物处理、超规超限设备运输等而可能增加的费用，亦可称为工程建设不可预见费。基本预备费一般由以下四部分构成。

（1）工程变更及治商：在批准的初步设计范围内，技术设计、施工图设计及施工过程中所增加的工程费用；设计变更、工程变更、材料代用、局部地基处理等增加的费用。

（2）一般自然灾害处理：一般自然灾害造成的损失和预防自然灾害所采取的措施费用。实行工程保险的工程项目，该费用应适当降低。

（3）处理不可预见的地下障碍物的费用。

（4）超规超限设备运输增加的费用。

2. 基本预备费的计算

基本预备费是按工程费用和工程建设其他费用二者之和为计取基础，乘以基本预备费费率进行计算。

$$基本预备费 = (工程费用 + 工程建设其他费用) \times 基本预备费费率 \qquad (2.5.1)$$

基本预备费费率的取值应执行国家及有关部门的规定。

2.5.1.2 价差预备费

1. 价差预备费的内容

价差预备费是指为在建设期内利率、汇率或价格等因素的变化而预留的可能增加的费用,亦称为价格变动不可预见费。价差预备费的内容包括:人工、设备、材料、施工机械的价差费;建筑安装工程用费用及工程建设其他费用调整;利率、汇率调整等增加的费用。

2. 价差预备费的测算方法

价差预备费一般根据国家规定的投资综合价格指数,按估算年份价格水平的投资额为基数,采用复利方法计算。计算公式为:

$$PF = \sum_{t=1}^{n} I_t \left[(1+f)^m (1+f)^{0.5} (1+f)^{t-1} - 1 \right] \qquad (2.5.2)$$

式中:PF 为价差预备费;n 为建设期年份数;I_t 为建设期中第 t 年的静态投资计划额,包括工程费用、工程建设其他费用及基本预备费;f 为年涨价率,政府部门有规定的按规定执行,没有规定的由可行性研究人员预测;m 为建设前期年限(从编制估算至开工建设,单位:年)。

【例 2.5.1】某建设项目建筑安装工程费用 5000 万元,设备购置费用 3000 万元,工程建设其他费用 2000 万元。已知基本预备费费率 5%,项目建设前期年限为 1 年。建设期为 3 年,各年投资计划额为:第一年完成投资 20%,第二年 60%,第三年 20%。年均投资价格上涨率为 6%。求建设项目建设期间价差预备费(计算结果取两位小数)。

解:基本预备费 = (5000 + 3000 + 2000) × 5% = 500.00 (万元)

静态投资 = 5000 + 3000 + 2000 + 500 = 10500.00 (万元)

建设期第一年完成投资 = 10500 × 20% = 2100.00 (万元)

第一年价差预备费:$PF_1 = I_1 \left[(1+f)(1+f)^{0.5} - 1 \right] = 191.81$ (万元)

第二年完成投资 = 10500 × 60% = 6300.00 (万元)

第二年价差预备费:$PF_2 = I_2 \left[(1+f)(1+f)^{0.5}(1+f) - 1 \right] = 987.95$ (万元)

第三年完成投资 = 10500 × 20% = 2100.00 (万元)

第三年价差预备费:$PF_3 = I_3 \left[(1+f)(1+f)^{0.5}(1+f)^2 - 1 \right] = 475.10$ (万元)

所以,建设期的价差预备费为:

$PF = 191.81 + 987.95 + 475.10 = 1654.86$ (万元)

2.5.2　建设期利息

建设期利息主要是指在建设期内发生的为工程项目筹措资金的融资费用及债务资金利息。

建设期利息的计算，根据建设期资金用款计划，在总贷款分年均衡发放前提下，可按当年借款在年中支用考虑，即当年借款按半年计息，上年借款按全年计息。计算公式为：

$$q_j = \left(P_{j-1} + \frac{1}{2}A_j\right) \times i \tag{2.5.3}$$

式中：q_j 为建设期第 j 年应计利息；P_{j-1} 为建设期第（$j-1$）年末累计贷款本金与利息之和；A_j 为建设期第 j 年贷款金额；i 为年利率。

利用境外贷款的利息计算时，年利率应综合考虑贷款协议中向贷款方加收的手续费、管理费、承诺费，以及境内代理机构向贷款方收取的转贷费、担保费和管理费等。

【例 2.5.2】 某新建项目，建设期为 3 年，分年均衡进行贷款，第一年贷款 300 万元，第二年贷款 600 万元，第三年贷款 400 万元，年利率为 12%，建设期内利息只计息不支付，计算建设期利息（计算结果保留 2 位小数）。

解：在建设期，各年利息计算如下：

$$q_1 = \frac{1}{2}A_1 \times i = \frac{1}{2} \times 300 \times 12\% = 18.00（万元）$$

$$q_2 = \left(P_1 + \frac{1}{2}A_2\right) \times i = \left(300 + 18 + \frac{1}{2} \times 600\right) \times 12\% = 74.16（万元）$$

$$q_3 = \left(P_2 + \frac{1}{2}A_3\right) \times i = \left(318 + 600 + 74.16 + \frac{1}{2} \times 400\right) \times 12\% = 143.06（万元）$$

所以，建设期利息 = $q_1 + q_2 + q_3 = 18 + 74.16 + 143.06 = 235.22$（万元）

即问即答（即问即答解析见二维码）：

1. 根据我国现行规定，以下关于预备费的说法中，正确的是（　　　）。

A. 基本预备费以工程费用为计算基数

B. 实行工程保险的工程项目，基本预备费应适当降低

C. 价差预备费以工程费用、工程建设其他费用和基本预备费之和为计算基数

D. 价差预备费不包括利率、汇率调整增加的费用

2. 根据我国现行建设项目投资构成，下列费用中属于建设期利息包含内容的是（　　　）。

A. 建设单位建设期后发生的利息

B. 施工单位建设期长期贷款利息

C. 国内代理机构收取的贷款管理费

D. 国外贷款机构收取的转贷费

练习题（见二维码）：

项目实训（见二维码）：

自我测试（见二维码）：

第3章 工程造价计价方法与计价依据

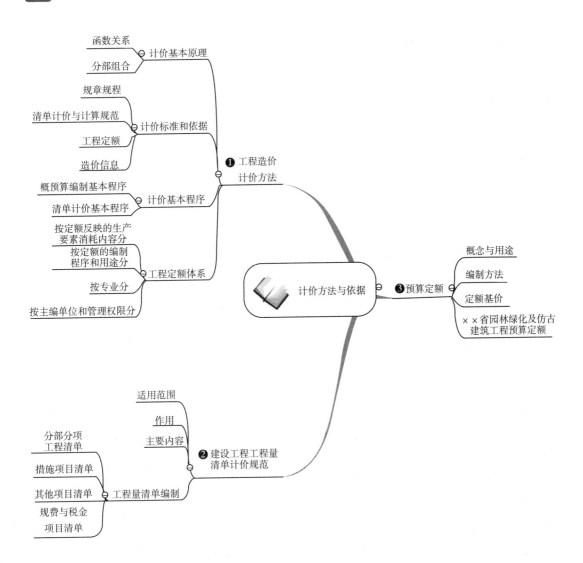

 学习目标

知识目标	能力目标	相关知识
（1）掌握工程计价基本原理 （2）熟悉工程定额体系	熟练识别各种定额间的关系	3.1 工程造价计价方法
（1）掌握工程量清单计价的适用范围 （2）掌握分部分项工程项目清单构成 （3）掌握措施项目清单构成 （4）掌握其他项目清单构成 （5）了解规费与税金项目清单构成	准确识别各级项目编码含义	3.2 建设工程工程量清单计价规范
（1）了解预算定额的编制程序 （2）了解预算定额消耗量的编制方法	熟练分析定额基价的构成	3.3 预算定额

3.1　工程造价计价方法

3.1.1　工程计价基本原理

3.1.1.1　利用函数关系对拟建项目的造价进行匡算

当一个建设项目还没有具体的图样和工程量清单时，需要利用产出函数对建设项目投资进行匡算。在微观经济学中把过程的产出和资源的消耗这两者之间的关系称为产出函数。在建设工程中，产出函数建立了产出的总量或规模与投入之间的关系。园林绿化建设面积和工程造价之间的关系就是产出函数的一个例子。

某已竣工验收的公园绿化工程建设项目，工程绿化面积 $37428m^2$，工程造价 1003.8395 万元，工程内容有土方改良、绿地整理，乔灌木的栽植与养护等，乔木类主要包括香樟、朴树、乌桕、银杏、榔榆、金桂、鸡爪槭、梅花等 47 种 1258 棵，灌木类主要包括大叶黄杨、金边黄杨、海桐、金边胡颓子、紫荆、连翘等 18 种 1095 棵，花卉色带及草坪 $37419m^2$。单方造价 268.21 元/m^2，产出函数为线性函数 $y = 268.21x$，其中 y 代表工程造价，x 代表绿化面积。对拟建类似工程项目在没有具体图纸和工程量清单时，可以以此函数粗略匡算拟建项目的造价。

3.1.1.2　分部组合计价原理

如果一个建设项目的设计方案已经确定，常用的是分部组合计价法。一个建设项目可以分解为一个或几个单项工程，一个单项工程是由一个或几个单位工程所组成。作为单位工程的园林工程仍然是一个比较复杂的综合实体，还需要进一步分解。单位工程可以按照景观节点、施工特点或施工任务分解为分部工程。分解成分部工程后，从工程计价的角度，还需要把分部工程按照不同的施工方法、材料、工序等，加以更为细致的分解，划分为更为简单细小的部分，即分项工程。按照计价需要，将分项工程进一步分解或适当组合，就可得到基本构造单元。

工程造价计价的主要思路就是将建设项目细分至最基本的构造单元，找到适当的计量单位及当时当地的单价，就可以采取一定的计价方法，进行分部组合汇总，计算出相应工程造价。工程计价的基本原理就在于项目的分解与组合。

工程造价的基本原理可以用公式的形式表达如下：

$$分部分项工程费 \ = \ \sum \ (基本构造单元工程量 \times 相应单价) \tag{3.1.1}$$

式中，基本构造单元工程量指定额项目或清单项目。

工程造价的计价可分为工程计量和工程计价两个环节。

1. 工程计量

工程计量工作包括工程项目的划分和工程量的计算。

（1）单位工程基本构造单元的确定，即划分工程项目。园林工程编制工程概预算时，主要是按《园林绿化及仿古建筑工程预算定额》进行项目划分；编制工程量清单时主要是按照《园林绿化工程工程量清单计算规范》《仿古建筑工程工程量清单计算规范》规定的清单项目进行划分。

（2）工程量的计算就是按照工程项目的划分和工程量计算规则，根据不同的设计文件对工程实物量进行计算。工程实物量是计价的基础，不同的计价依据有不同的计算规则规定。目前，园林项目工程量计算规则包括两大类。

①园林绿化及仿古建筑工程预算定额规定的计算规则。

②园林绿化项目工程量清单计算规范、仿古建筑项目工程量清单计算规范等专业工程量计算规范的计算规则。

2. 工程计价

工程计价包括工程单价的确定和总价的计算。

（1）工程单价是指完成单位工程基本构造单元的工程量所需要的基本费用。工程单价包括工料单价和综合单价。

①工料单价仅仅包括人工费、材料费、机具使用费，是各种人工消耗量、各种材料消耗量、各类施工机具台班消耗量与其相应单价的乘积。用下列公式表示：

$$工料单价 = \sum（人、材、机消耗量 \times 人、材、机单价）\qquad (3.1.2)$$

②综合单价除包括人工费、材料费、机具使用费外，还包括可能分摊在单位工程基本构造单元的费用。根据我国现行有关规定，又可以分成清单综合单价与全费用综合单价两种。清单综合单价中除包括人工费、材料费、机具使用费外，还包括企业管理费、利润和风险费用；全费用综合单价中除包括人工费、材料费、机具使用费外，还包括企业管理费、利润、规费和税金。

综合单价根据国家、地区、行业定额或企业定额消耗量和相应生产要素的市场价格，以及定额或市场的取费费率来确定。

（2）工程总价是指经过规定的程序逐级汇总形成的相应工程造价。根据采用的单价内容和计算程序不同，分为工料单价法和综合单价法。

①工料单价法：首先依据相应计价定额的工程量计算规则计算项目的工程量，然后依据定额的人、材、机要素消耗量和单价，计算各个项目的直接费，然后再计算直接费合价，最后再按照相应的取费程序计算其他各项费用，汇总后形成相应工程造价。

②综合单价法：若采用全费用综合单价，首先依据相应工程量计算规范规定的工程量计算规则计算工程量，并依据相应的计价依据确定综合单价，然后用工程量乘以综合单价，并汇总即可得出分部分项工程费以及措施项目费，最后再按相应的办法计算其他项目费，汇总后形成相应工程造价。

3.1.2　工程计价标准和依据

工程计价标准和依据包括计价活动的相关规章规程、工程量清单计价和工程量计算规范、工程定额和相关造价信息等。

从目前我国现状来看，工程定额主要作为国有资金投资工程编制投资估算、设计概算和最高投标限价（招标控制价）的依据，对于其他工程，在项目建设前期各阶段可以用于建设投资的预测和估计，在工程建设交易阶段，工程定额可以作为建设产品价格形成的辅助依据。工程量清单计价依据主要适用于合同价格形成以及后续的合同价款管理阶段。计价活动的相关规章规程则根据其具体内容可能适用于不同阶段的计价活动。造价信息是计价活动所必需的依据。

3.1.2.1　计价活动的相关规章规程

现行计价活动相关的规章规程主要包括：国家标准——《工程造价术语标准》（GB/T50875-2013）、《建筑工程建筑面积计算规范》（GB/T50353-2013）和《建设工程造价咨询规范》（GB/T51095-2015）；中国建设工程造价管理协会标准——建设项目投资估算编审规程、建设项目设计概算编审规程、建设项目施工图预算编审规程、建设工程招标控制价编审规程、建设项目工程结算编审规程、建设项目工程竣工决算编制规程、建设项目全过程造价咨询规程、建设工程造价咨询成果文件质量标准、建设工程造价咨询工期标准等。

3.1.2.2　工程量清单计价和工程量计算规范

工程量清单计价和工程量计算规范由《建设工程工程量清单计价规范》（GB50500）、《房屋建筑与装饰工程工程量计算规范》（GB50854）、《仿古建筑工程工程量计算规范》（GB50855）、《通用安装工程工程量计算规范》（GB50856）、《市政工程工程量计算规范》（GB50857）、《园林绿化工程工程量计算规范》（GB50858）、《构筑物工程工程量计算规范》（GB50859）、《矿山工程工程量计算规范》（GB50860）、《城市轨道交通工程工程量计算规范》（GB50861）、《爆破工程工程量计算规范》（GB50862）等组成。

3.1.2.3　工程定额

工程定额主要是指国家、地方或行业主管部门制定的各种定额，包括工程消耗量定额和工程计价定额等。工程消耗量定额主要是指完成规定计量单位的合格建筑安装产品所消耗的人工、材料、施工机具台班的数量标准。工程计价定额是指直接用于工程计价的定额或指标，包括预算定额、概算定额、概算指标和投资估算指标。此外，部分地区和行业造价管理部门还会颁布工期定额。工期定额是指在正常的施工技术和组织条件下，完成某个单位（或群体）工程平均需用的标准天数。工程定额是建设项目和各类工程建设投资费用的计价依据。

3.1.2.4　工程造价信息

工程造价信息是指工程造价管理机构发布的建设工程人工、材料、工程设备、施工机具的价格信息，以及各类工程的造价指数、指标等。

3.1.3　工程计价基本程序

3.1.3.1　工程概预算编制的基本程序

工程概预算的编制是通过国家、地方或行业主管部门颁布统一的计价定额或指标，对建设产品价格进行计价的活动。如果用工料单价法进行概预算编制，则应按概算定额或预算定额规定的定额子目，逐项计算工程量，套用概预算定额单价（或单位估价表）确定直接费，然后按规定的取费标准确定间接费（包括企业管理费、规费），再计算利润和税金，经汇总后即为工程概预算价格。工料单价法下工程概预算编制的基本程序如图 3.1.1 所示。

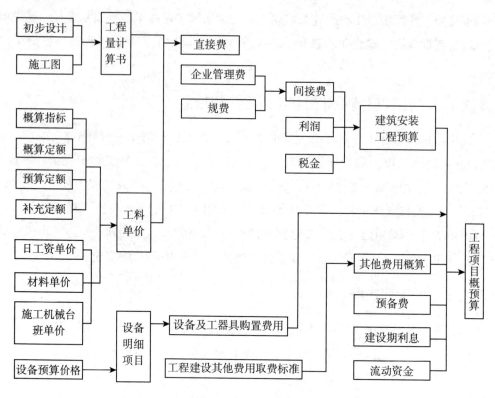

图 3.1.1 工料单价法下工程概预算编制程序示意

工程概预算单位价格的形成过程，就是依据概预算定额所确定的消耗量乘以定额单价或市场价，经过不同层次的计算形成相应造价的过程。下面用公式进一步明确园林工程概预算编制的基本方法和程序。

$$\text{每一计量单位园林产品的基本构造单元的工料单价} = \text{人工费} + \text{材料费} + \text{施工机具使用费} \quad (3.1.3)$$

$$\text{单位工程直接费} = \sum (\text{园林产品工程量} \times \text{工料单价}) \quad (3.1.4)$$

$$\text{单位工程概预算造价} = \text{单位工程直接费} + \text{间接费} + \text{利润} + \text{税金} \quad (3.1.5)$$

$$\text{单项工程概预算造价} = \sum (\text{单位工程概预算造价} + \text{设备及工器具购置费用}) \quad (3.1.6)$$

$$\text{全部工程概预算造价} = \sum \text{单项工程概预算造价} + \text{预备费} + \text{工程建设其他费用} + \text{建设期利息} + \text{流动资金}$$
$$(3.1.7)$$

式 (3.1.3) 中：

$$\text{人工费} = \sum (\text{人工工日数量} \times \text{人工单价}) \quad (3.1.8)$$

$$\text{材料费} = \sum (\text{材料消耗量} \times \text{材料单价}) + \text{工程设备费} \quad (3.1.9)$$

$$\text{施工机具使用费} = \sum (\text{施工机械台班消耗量} \times \text{机械台班单价})$$

$$+ \sum (\text{仪器仪表台班消耗量} \times \text{仪器仪表台班单价}) \quad (3.1.10)$$

若采用全费用综合单价法进行概预算编制，单位工程概预算的编制程序将更加简单，只需将概算定额或预算定额规定的定额子目的工程量乘以各子目的全费用综合单价汇总而成即可，然后可以用上述公式（3.1.6）和公式（3.1.7）计算单项工程概预算造价以及建设项目全部工程概预算造价。

3.1.3.2　工程量清单计价的基市程序

工程量清单计价的过程可以分为两个阶段，即工程量清单的编制和工程量清单的应用两个阶段，工程量清单的编制程序如图 3.1.2 所示，工程量清单的应用过程如图 3.1.3 所示。

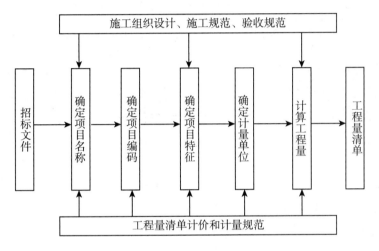

图 3.1.2　工程量清单编制程序

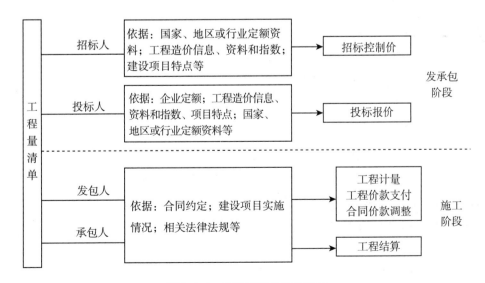

图 3.1.3　工程量清单应用程序

工程量清单计价的基本原理可以描述为：按照工程量清单计价规范规定，在各相应专业工程的工程量计算规范规定的工程量清单项目设置和工程量计算规则基础上，针对具体工程的施工图纸和施工组织设计计算出各个清单项目的工程量，根据规定的方法计算出综合单价，并汇总各清单合价得出工程总价。

$$分部分项工程费 = \sum (分部分项工程量 \times 分部分项工程综合单价) \qquad (3.1.11)$$

$$措施项目费 = \sum 各措施项目费 \qquad (3.1.12)$$

$$其他项目费 = 暂列金额 + 暂估价 + 计日工 + 总承包服务费 \qquad (3.1.13)$$

$$单位工程造价 = 分部分项工程费 + 措施项目费 + 其他项目费 + 规费 + 税金 \quad (3.1.14)$$

$$单项工程造价 = \sum 单位工程报价 \qquad (3.1.15)$$

$$建设项目总造价 = \sum 单项工程报价 \qquad (3.1.16)$$

式（3.1.11）中，综合单价是指完成一个规定清单项目所需的人工费、材料和工程设备费、施工机具使用费和企业管理费、利润，以及一定范围内的风险费用。风险费用是隐含于已标价工程量清单综合单价中，用于化解发承包双方在工程合同中约定的风险内容和范围的费用。

工程量清单计价活动涵盖施工招标、合同管理，以及竣工交付全过程。其主要包括：编制招标工程量清单、招标控制价、投标报价；确定合同价；进行工程计量与价款支付、合同价款的调整、工程结算和工程计价纠纷处理等活动。

3.1.4　工程定额体系

工程定额是指在正常施工条件下完成规定计量单位的合格建筑安装工程所消耗的人工、材料、施工机具台班、工期天数及相关费率等的数量标准。

工程定额是一个综合概念，是建设工程造价计价和管理中各类定额的总称，包括许多种类的定额，可以按照不同的原则和方法进行分类。

1. 按定额反映的生产要素消耗内容分类

按此方法可以把工程定额划分为劳动消耗定额、材料消耗定额和机械消耗定额三种。

（1）劳动消耗定额。劳动消耗定额简称劳动定额，是在正常的施工技术和组织条件下，完成规定计量单位合格的建筑安装产品所消耗的人工工日的数量标准。劳动定额的主要表现形式是时间定额，但同时也表现为产量定额。时间定额与产量定额互为倒数。

（2）材料消耗定额。材料消耗定额简称材料定额，是指在正常的施工技术和组织条件下，完成规定计量单位合格的建筑安装产品所消耗的原材料、成品、半成品、构配件、燃料以及水、电等动力资源的数量标准。

（3）机具消耗定额。机具消耗定额由机械消耗定额与仪器仪表消耗定额组成。机械消耗定额是以一台机械一个工作班为计量单位，所以又称为机械台班定额。机械消耗定额是指在正常的施工技术和组织条件下，完成规定计量单位合格的建筑安装产品所消耗的施工机械台班的数量标准。机械消耗定额的主要表现形式是机械时间定额，同时也以产量定额来表现。施工仪器仪表消耗定额的表现形式与机械消耗定额类似。

2. 按定额的编制程序和用途分类

按此方法可以把工程定额分为施工定额、预算定额、概算定额、概算指标、投资估算指标等。

（1）施工定额。施工定额是指完成一定计量单位的某一施工过程或基本工序所需消耗的人工、材料和施工机具台班数量标准。施工定额是施工企业组织生产和加强管理在企业内部使用的一种定额，属于生产性企业定额的性质。施工定额是以某一项施工过程或基本工序作为研究对象，表示生产产品数量与生产要素消耗综合关系编制的定额。为了适应组织生产和管理的需要，施工定额的项目划分很细，是工程定额中分项最细、定额子目最多的一种定额，也是工程定额中的基础性定额。

（2）预算定额。预算定额是在正常的施工条件下，完成一定计量单位合格分项工程或结构构件所需的人工、材料、施工机具台班数量及其费用标准。预算定额是一种计价性定额。从编制程序上看，预算定额是以施工定额为基础综合扩大编制的，同时它也是编制概算定额的基础。

（3）概算定额。概算定额是完成单位合格扩大分项工程或扩大结构构件所需消耗的人工、材料和施工机具台班的数量及其费用标准，是一种计价性定额。概算定额是编制扩大初步设计概算、确定建设项目投资额的依据。概算定额的项目划分精细，与扩大初步设计的深度相适应，一般是在预算定额的基础上综合扩大而成的，每一扩大分项概算定额都包含了数项预算定额。

（4）概算指标。概算指标是以单位工程为对象，反映完成一个规定计量单位建筑安装产品的经济指标。概算指标是概算定额的扩大与合并，以更为扩大的计量单位来编制。概算指标的内容包括人工、材料、机具台班三个基本部分，同时还列出了分部工程量及单位工程的造价，是一种计价定额。

（5）投资估算指标。投资估算指标是以建设项目、单项工程、单位工程为对象，反映建设总投资及其各项费用构成的经济指标。它是在项目建议书和可行性研究阶段编制投资估算、计算投资需要量时使用的一种定额。它的概略程度与可行性研究阶段相适应。投资估算指标往往根据历史的预、决算资料和价格变动等资料编制，但其编制基础仍然离不开预算定额、概算定额。

上述各种定额的相互联系可参见表 3.1.1。

表 3.1.1   各种定额间关系的比较

项目	施工定额	预算定额	概算定额	概算指标	投资估算指标
对象	施工过程或基本工序	分项工程或结构构件	扩大的分项工程或扩大的结构构件	单位工程	建设项目 单项工程 单位工程
用途	编制施工预算	编制施工图预算	编制初步设计概算	编制扩大初步设计概算	编制投资估算
项目划分	最细	细	较粗	粗	很粗
定额水平	平均先进	平均			
定额性质	生产性定额	计价性定额			

3. 按专业分类

由于工程建设涉及众多的专业，不同的专业所含的内容也不同，因此就确定人工、材料和机具台班消耗数量标准的工程定额来说，也需按不同的专业分别进行编制和执行。

建筑工程定额按专业对象分为建筑及装饰工程定额、房屋修缮工程定额、市政工程定额、园林工程定额、公路工程定额、矿山井巷工程定额等。

安装工程定额按专业对象分为电气设备安装工程定额、机械设备安装工程定额、热力设备安装工程定额、通信设备安装工程定额、化学工业设备安装工程定额、工业管道安装工程定额、工艺金属结构安装工程定额等。

4. 按主编单位和管理权限分类

工程定额可以分为全国统一定额、行业统一定额、地区统一定额、企业定额、补充定额等。

全国统一定额是由国家建设行政主管部门综合全国工程建设中技术和施工组织管理的情况编制，并在全国范围内执行的定额。

行业统一定额是考虑到各行业专业工程技术特点，以及施工生产和管理水平编制的。一般是只在本行业和相同专业性质的范围内使用。

地区统一定额包括省、自治区、直辖市定额。地区统一定额主要是考虑地区性特点对全国统一定额水平作适当调整和补充编制的。

企业定额是施工单位根据企业的施工技术、机械装备和管理水平编制的人工、材料、机械台班等的消耗标准。企业定额在企业内部使用，是企业综合素质的标志。企业定额水平一般应高于国家现行定额，才能满足生产技术发展、企业管理和市场竞争的需要。在工程量清单计价方法下，企业定额是施工企业进行建设工程投标报价的计价依据。

补充定额是指随着设计、施工技术的发展，现行定额不能满足需要的情况下，为了补充缺陷所编制的定额。补充定额只能在指定的范围内使用，可以作为以后修订定额的基础。

上述各种定额虽然适用于不同的情况和用途，但是它们是一个互相联系的、有机的整体，在实际工作中配合使用。

即问即答（即问即答解析见二维码）：

1. 下列关于工程计价的说法中，正确的是（　　）。

A. 工程计价包含计算工程量和套定额两个环节

B. 分部分项工程费 = $\sum$（基本构造单元工程量 × 相应单价）

C. 工程计价包括工程单价的确定和计算工程量

D. 工程计价中的工程单价仅指综合单价

2. 完成单位工程基本构造单元的工程量所需要的基本费用称作（　　）。

A. 直接工程费　　　　B. 综合单价　　　　C. 工程单价　　　　D. 定额基价

3.2　建设工程工程量清单计价规范

《建设工程工程量清单计价规范》（GB50500 – 2013）是 2013 年 7 月 1 日中华人民共和国住房和城乡建设部编写颁发的文件。内容根据《中华人民共和国建筑法》《中华人民共和国合同法》《中华人民共和国招投标法》等法律以及最高人民法院《关于审理建设工程施工合同纠纷适用法律问题的解释》，按照我国工程造价管理改革的总体目标，本着国家宏观调控、市场竞争形成价格的原则制定。

3.2.1　工程量清单计价规范的适用范围

清单计价规范适用于建设工程发承包及其实施阶段的计价活动。使用国有资金投资的建设工程发承包，必须采用工程量清单计价；非国有资金投资的建设工程，宜采用工程量清单计价；不采用工程量清单计价的建设工程，应执行计价规范中除工程量清单等专门性规定外的其他规定。

国有资金投资的项目包括全部使用国有资金（含国家融资资金）投资或国有资金投资为主的工程建设项目。

（1）国有资金投资的工程建设项目包括：

①使用各级财政预算资金的项目。

②使用纳入财政管理的各种政府性专项建设资金的项目。

③使用国有企事业单位自有资金，并且国有资产投资者实际拥有控制权的项目。

（2）国家融资资金投资的工程建设项目包括：

①使用国家发行债券所筹资金的项目。

②使用国家对外借款或者担保所筹资金的项目。

③使用国家政策性贷款的项目。

④国家授权投资主体融资的项目。

⑤国家特许的融资项目。

（3）国有资金（含国家融资资金）为主的工程建设项目是指国有资金占投资总额50%以上，或虽不足50%但国有投资者实质上拥有控股权的工程建设项目。

3.2.2　工程量清单计价规范的作用

（1）提供一个平等的竞争条件。工程量清单报价为投标者提供了一个平等竞争的条件，相同的工程量清单，由企业根据自身的实力来填报不同的单价。投标人的这种自主报价，使得企业的优势体现到投标报价中，可在一定程度上规范建筑市场秩序，确保工程质量。

（2）满足市场经济条件下竞争的需要。招投标过程就是竞争的过程，招标人提供工程量清单，投标人根据自身情况确定综合单价，利用单价与工程量逐项计算每个项目的合价，再分别填入工程量清单表内，计算出投标总价。单价成了决定性的因素，定高了不能中标，定低了又要承担过大的风险。单价的高低直接取决于企业管理水平和技术水平的高低，这种局面促成了企业整体实力的竞争，有利于我国建设市场的快速发展。

（3）有利于提高工程计价效率，能真正实现快速报价。采用工程量清单计价方式，各投标人以招标人提供的工程量清单为统一平台，结合自身的管理水平和施工方案进行报价，促进了各投标人企业定额的完善和工程造价信息的积累和整理，体现了现代工程建设中快速报价的要求。

（4）有利于工程款的拨付和工程造价的最终结算。中标后，业主要与中标单位签订施工合同，中标价就是确定合同价的基础，投标清单中的单价就成了拨付工程款的依据。业主根据施工企业完成的工程量，可以很容易地确定进度款的拨付额。工程竣工后，根据设计变更、工程量增减等，业主也很容易确定工程的最终造价，可在某种程度上减少业主与施工单位之间的纠纷。

（5）有利于业主对投资的控制。采用工程量清单报价的方式可对投资变化一目了然，在要进行设计变更时，能马上知道它对工程造价的影响，业主就能根据投资情况来决定是否变更或进行方案比较，以决定最恰当的处理方法。

3.2.3 工程量清单计价规范主要内容

《建设工程工程量清单计价规范》（GB50500 – 2013）（以下简称计价规范）包括总则、术语、一般规定、工程量清单编制、招标控制价、投标报价、合同价款约定、工程计量、合同价款调整、合同价款期中支付、竣工结算与支付、合同解除的价款结算与支付、合同价款争议的解决、工程造价鉴定、工程计价资料与档案、工程计价表格及 11 个附录。本节仅对其中主要内容进行阐述，其余内容详见计价规范。

3.2.3.1 总则

（1）本计价规范适用于建设工程发承包及实施阶段的计价活动。

（2）建设工程发承包及实施阶段的工程造价应由分部分项工程费、措施项目费、其他项目费、规费和税金组成。

（3）招标工程量清单、招标控制价、投标报价、工程计量、合同价款调整、合同价款结算与支付以及工程造价鉴定等工程造价文件的编制与核对，应由具有专业资格的工程造价人员承担。

（4）承担工程造价文件的编制与核对的工程造价人员及其所在单位，应对工程造价文件的质量负责。

（5）建设工程发承包及实施阶段的计价活动应遵循客观、公正、公平的原则。

（6）建设工程发承包及实施阶段的计价活动，除应符合本规范外，还应符合国家现行有关标准的规定。

3.2.3.2 术语

1. 工程量清单

载明建设工程分部分项工程项目、措施项目、其他项目的名称和相应数量以及规费、税金项目等内容的明细清单。

2. 招标工程量清单

招标人依据国家标准、招标文件、设计文件以及施工现场实际情况编制的，随招标文件发布供投标报价的工程量清单，包括其说明和表格。

3. 已标价工程量清单

构成合同文件组成部分的投标文件中已标明价格，经算术性错误修正（如有）且承包人已确认的工程量清单，包括其说明和表格。

4. 分部分项工程

分部工程是单项或单位工程的组成部分，是按结构部位、路段长度及施工特点或施工任务将单项或单位工程划分为若干个分部的工程；分项工程是分部工程的组成部分，是按不同施工方法、材料、工序及路段长度等将分部工程划分为若干个分项或项目的工程。

5. 措施项目

为完成工程项目施工，发生于该工程施工准备和施工过程中的技术、生活、安全、环境保护等方面的项目。

6. 项目编码

分部分项工程和措施项目清单名称的阿拉伯数字标识。

7. 项目特征

构成分部分项工程项目、措施项目自身价值的本质特征。

8. 综合单价

完成一个规定清单项目所需要的人工费、材料和工程设备费、施工机具使用费和企业管理费、利润以及一定范围内的风险费用。

9. 风险费用

隐含于已标价工程量清单综合单价中，用于化解发承包双方在工程合同中约定内容和范围内的市场价格波动风险的费用。

10. 工程成本

承包人为实施合同工程并达到质量标准，在确保安全施工的前提下，必须消耗或使用的人工、材料、工程设备、施工机械台班及其管理等方面发生的费用和按规定缴纳的规费、税金。

11. 单价合同

发承包双方约定以工程量清单及其综合单价进行合同价款计算、调整和确认的建设工程施工合同。

12. 总价合同

发承包双方约定以施工图及其预算和有关条件进行合同价款计算、调整和确认的建设工程施工合同。

13. 成本加酬金合同

发承包双方约定以施工工程成本再加合同约定酬金进行合同价款计算、调整和确认的建设工程施工合同。

14. 工程造价信息

工程造价管理机构根据调查和测算发布的建设工程人工、材料、工程设备、施工机械台班的价格信息，以及各类工程的造价指数、指标。

15. 工程造价指数

反映一定时期的工程造价相对于某一固定时期的工程造价变化程度的比值或比率。它包括：单位或单项工程划分的造价指数；按工程造价构成要素划分的人工、材料、机械等价格指数。

16. 工程变更

合同工程实施过程中由发包人提出或由承包人提出经发包人批准的合同工程任何一项工作的增、减、取消或施工工艺、顺序、时间的改变；设计图纸的修改；施工条件的改变；招标工程量清单的错、漏，从而引起合同条件的改变或工程量的增减变化。

17. 工程量偏差

承包人按照合同工程的图纸（含经发包人批准由承包人提供的图纸）实施，按照现行国家计量规范规定的工程量计算规则得到的完成合同工程项目应予计量的工程量与相应的招标工程量清单项目列出的工程量之间出现的量差。

18. 安全文明施工费

在合同履行过程中，承包人按照国家法律、法规、标准等规定，为保证安全施工、文明施工，保护现场内外环境和搭拆临时设施等所采用的措施而发生的费用。

19. 索赔

在工程合同履行过程中，合同当事人一方因非己方的原因而遭受损失，按合同约定或法律法规规定应由对方承担责任，从而向对方提出补偿的要求。

20. 现场签证

发包人现场代表（或其授权的监理人、工程造价咨询人）与承包人现场代表就施工过程中涉及的责任事件所作的签认证明。

21. 提前竣工（赶工）费

承包人应发包人的要求而采取加快工程进度措施，使合同工程工期缩短，由此产生的应由发包人支付的费用。

22. 误期赔偿费

承包人未按照合同工程的计划进度施工，导致实际工期超过合同工作（包括经发包人批准的延长工期），承包人应向发包人赔偿损失的费用。

23. 不可抗力

发承包双方在工程合同签订时不能预见的，对其发生的后果不能避免，并且不能克服的自然灾害和社会性突发事件。

24. 工程设备

构成或计划构成永久工程一部分的机电设备、金属结构设备、仪器装置及其他类似的设备和装置。

25. 缺陷责任期

承包人对已交付使用的合同工程承担合同约定的缺陷修复责任的期限。

26. 质量保证金

发承包双方在工程合同中约定，从应付合同价款中预留，用以保证承包人在缺陷责任期履行缺陷修复义务的金额。

27. 费用

承包人为履行合同所发生或将要发生的所有合理开支，包括管理费和应分摊的其他费用，但不包括利润。

28. 利润

承包人完成合同工程获得的盈利。

29. 企业定额

施工企业根据本企业的施工技术、机械装备和管理水平而编制的人工、材料和施工机械台班等的消耗标准。

30. 发包人

具有工程发包主体资格和支付工程价款能力的当事人以及取得该当事人资格的合法继承人，又称招标人。

31. 承包人

被发包人接受的具有工程施工承包主体资格的当事人以及取得该当事人资格的合法继承人，又称投标人。

32. 工程造价咨询人

取得工程造价咨询资质等级证书，接受委托从事建设工程造价咨询活动的当事人以及取得该当事人资格的合法继承人。

33. 造价工程师

取得造价工程师注册证书，在一个单位注册、从事建设工程造价活动的专业人员。

34. 单价项目

工程量清单中以单价计价的项目，即根据合同工程图纸（含设计变更）和相关工程现行国家计量规范规定的工程量计算规则进行计量，与已标价工程量清单相应综合单价进行价款计算的项目。

35. 总价项目

工程量清单中以总价计价的项目，即此类项目在相关工程现行国家计量规范中无工程量计算规则，以总价（或计算基础乘费率）计算的项目。

36. 工程计量

发承包双方根据合同约定，对承包人完成合同工程的数量进行的计算和确认。

37. 工程结算

发承包双方根据合同约定，对合同工程在实施中、终止时和已完工后进行的合同价款计算、调整和确认。它包括期中结算、终止结算、竣工结算。

38. 招标控制价

招标人根据国家或省级、行业建设主管部门颁发的有关计价依据和办法，以及拟定的招标文件和招标工程量清单，结合工程具体情况编制的招标工程的最高投标限价。

39. 投标价

投标人投标时响应招标文件要求所报出的对已标价工程量清单汇总后标明的总价。

40. 签约合同价（合同价款）

发承包双方在工程合同中约定的工程造价，包括了分部分项工程费、措施项目费、规费和税金的合同总金额。

41. 预付款

在开工前，发包人按照合同约定，预先支付给承包人用于购买合同工程施工所需的材料、工程设备，以及组织施工机械和人员进场等的款项。

42. 进度款

在合同工程施工过程中，发包人按照合同约定对付款周期内承包人完成的合同价款给予支付的款项，也是合同价款期中结算支付。

43. 合同价款调整

在合同价款调整因素出现后，发承包双方根据合同约定，对合同价款进行变动的提出、计算和确认。

44. 竣工结算价

发承包双方依据国家有关法律、法规和标准规定，按照合同约定确定的，包括在履行合同过程中按合同约定进行的合同价款调整，承包人按合同约定完成了全部承包工作后，发包人应付给承包人的合同总金额。

45. 工程造价鉴定

工程造价咨询人接受人民法院、仲裁机关委托，对施工合同纠纷案件中的工程造价争议，运用专门知识进行鉴别、判断和评定，并提出鉴定意见的活动，也称工程造价司法鉴定。

3.2.3.3　一般规定

1. 计价方式

使用国有资金投资的建设工程发承包，必须采用工程量清单计价。非国有资金投资的建设工程，宜采用工程量清单计价。不采用工程量清单计价的建设工程，应执行本规定除工程量清单等专门性规定外的其他规定。工程量清单应采用综合单价计价。措施项目中的安全文明施工费必须按国家或省级、行业建设主管部门的规定计算，不得作为竞争性费用。规费和税金必须按国家或省级、行业建设主管部门的规定计算，不得作为竞争性费用。

2. 发包人提供材料和工程设备

发包人提供的材料和工程设备应在招标文件中按照本规范附录的规定填写《发包人提供材料和工程设备一览表》，写明甲供材料的名称、规格、数量、单价、交货方式、交货地点等。承包人投标时，甲供材料单价应计入相应项目的综合单价中，签约后，发包人应按合同约定扣除甲供材料款，不予支付。

承包人应根据合同工程进度计划的安排，向发包人提交甲供材料交货的日期计划。发包人应按计划提供。

发包人提供的甲供材料如规格、数量或质量不符合合同要求，或由于发包人原因发生交货日期延误、交货地点及交货方式变更等情况的，发包人应承担由此增加的费用和（或）工期延误，并应向承包人支付合理利润。

发承包双方对甲供材料的数量发生争议不能达成一致的，应按照相关工程的计价定额同类项目规定的材料消耗量计算。

若发包人要求承包人采购已在招标文件中确定为甲供材料的，材料价格应由发承包双方根据市场调查确定，并应另行签订补充协议。

3. 承包人提供材料和工程设备

除合同约定的发包人提供的甲供材料外，合同工程所需的材料和工程设备应由承包人提供，承包人提供的材料和工程设备均应由承包人负责采购、运输和保管。

承包人应按合同约定将采购材料和工程设备的供货人及品种、规格、数量和供货时间等提交发包人确认，并负责提供材料和工程设备的质量证明文件，满足合同约定的质量标准。

对承包人提供的材料和工程设备经检测不符合合同约定的质量标准，发包人应立即要求承包人更换，由此增加的费用和（或）工期延误由承包人承担。对发包人要求检测承包人已具有合格证明的材料、工程设备，但经检测证明该项材料、工程设备符合合同约定的质量标准，发包人应承担由此增加的费用和（或）工期延误，并向承包人支付合理利润。

4. 计价风险

建设工程发承包，必须在招标文件、合同中明确计价中的风险内容及其范围，不得采用无限风险、所有风险或类似语句规定计价中的风险内容及其范围。

出现下列影响合同价款的因素，应由发包人承担：国家法律、法规、规章和政策变化；省级或行业建设主管部门发布的人工费调整，但承包人对人工费或人工单价的报价高于发布的除外；由政府定价或政府指导价管理的原材料等价格进行了调整。

由于市场价格波动影响合同价款，应由发承包双方合理分摊并在合同中约定。合同中没有约定，发、承包双方发生争议时，按下列规定实施：材料、工程设备的涨幅超过招标时基准价格5%以上由发包人承担；施工机械使用费涨幅超过招标时基准价格10%以上由发包人承担。

由于承包人使用机械设备、施工技术以及组织管理水平等自身原因造成施工费用增加的，应由承包人全部承担。

不可抗力发生时，影响合同价款的，发承包双方应按下列原则分别承担并调整合同价款和工期：合同工程本身的损害、因工程损害导致第三方人员伤亡和财产损失以及运至施工现场用于施工的材料和待安装的设备的损害，应由发包人承担；发包人、承包人人员伤亡应由其所在单位负责，并应承担相应费用；承包人的施工机械设备损坏及停工损失，应由承包人承担；停工期间，承包人应发包人要求留在施工场地的必要的管理人员及保卫人员的费用应由发包人承担；工程所需清理、修复费用，应由发包人承担。

不可抗力解除后复工的，若不能按期竣工，应合理延长工期。发包人要求赶工的，赶工费用应由发包人承担。

3.2.3.4　招标控制价

1. 一般规定

国有资金投资的建设工程招标，招标人必须编制招标控制价。招标控制价应由有编制能力的招标人或受其委托具有相应资质的工程造价咨询人编制和复核。工程造价咨询人接受招标人委托编制招标控制价，不得再就同一工程接受投标人委托编制投标报价。招标控制价应按照本规范的规定编制，不应上调或下浮。当招标控制价超过批准的概算时，招标人应将其报原概算审批部门审核。招标人应在发布招标文件时公布招标控制价，同时应将招标控制价及有关资料报送工程所在地或有该工程管辖权的行业管理部门工程造价管理机构备案。

2. 编制与复核

招标控制价应根据下列依据编制与复核：本规范；国家或省级、行业建设主管部门颁发的计价定额和计价办法；建设工程设计文件及相关资料；拟定的招标文件及招标工程量清单；与建设项目相关的标准、规范、技术资料；施工现场情况、工程特点及常规施工方案；工程造价管理机构发布的工程造价信息，当工程造价信息没有发布时，参照市场价；其他相关资料。

综合单价中应包括招标文件中划分的应由投标人承担的风险范围及其费用。招标文件中没有明确的，如果是工程造价咨询人编制，应提请招标人明确；如果是招标人编制，应予以明确。

分部分项工程和措施项目中的单价项目，应根据拟定的招标文件和招标工程量清单项目中的特征描述及有关要求确定综合单价计算。

措施项目中的总价项目应根据拟定的招标文件和常规施工方案按本规范的规定计价。

其他项目应按下列规定计价：暂列金额应按招标工程量清单中列出的金额填写；暂估价中的材料、工程设备单价应按招标工程量清单中列出的单价计入综合单价；暂估价中的专业工程金额应按招标工程量清单中列出的金额填写；计日工应按招标工程量清单中列出的项目根据工程特点和有关计价依据确定的综合单价计算；总承包服务费应根据招标工程量清单列出的内容和要求估算。

规费和税金必须按国家或省级、行业建设主管部门的规定计算，不得作为竞争性费用。

3.2.3.5 投标报价

1. 一般规定

投标价应由投标人或受其委托具有相应资质的工程造价咨询人编制；投标人应依据相关规定自主确定报价；投标报价不得低于工程成本；投标人必须按招标工程量清单填报价格，项目编码、项目名称、项目特征、计量单位、工程量必须与招标工程量清单一致；投标人的投标报价高于招标控制价的应予废标。

2. 编制与复核

投标报价应根据下列依据编制和复核：本规范；国家或省级、行业建设主管部门颁发的计价办法；企业定额；国家或省级、行业建设主管部门颁发的计价定额和计价办法；招标文件、招标工程量清单及其补充通知、答疑纪要；建设工程设计文件及相关资料；施工现场情况、工程特点及投标时拟定的施工组织设计或施工方案；与建设项目相关的标准、规范等技术资料；市场价格信息或工程造价管理机构发布的工程造价信息；其他的相关资料。

综合单价中应包括招标文件中划分的应由投标人承担的风险范围及其费用，招标文件中没有明确的，应提请招标人明确。

分部分项工程和措施项目中的单价项目，应根据招标文件和招标工程量清单项目中的特征描述确定综合单价计算。

措施项目中的总价项目金额应根据招标文件及投标时拟定的施工组织设计或施工方案，按规范的规定自主确定。

其他项目应按下列规定报价：暂列金额应按招标工程量清单中列出的金额填写；材料、工程设备暂估价应按招标工程量清单中列出的单价计入综合单价；专业工程暂估价应按招标工程量清单中列出的金额填写；计日工应按招标工程量清单中列出的项目和数量，自主确定综合单价并计算计日工金额；总承包服务费应根据招标工程量清单中列出的内容和提出的要求自主确定。

规费和税金必须按国家或省级、行业建设主管部门的规定计算，不得作为竞争性费用。

招标工程量清单与计价表中列明的所有需要填写单价和合价的项目，投标人均应填写且只允许有一个报价。未填写单价和合价的项目，可视为此项费用已包含在已标价工程量清单中其他项目的单价和合价之中。当竣工结算时，此项目不得重新组价予以调整。

投标总价应当与分部分项工程费、措施项目费、其他项目费和规费、税金的合计金额一致。

3.2.3.6 合同价款约定

1. 一般规定

实行招标的工程合同价款应在中标通知书发出之日起 30 天内，由发承包双方依据招标文件和中标人的投标文件在书面合同中约定。合同约定不得违背招标、投标文件中关于工期、造价、质量等方面的实质性内容。招标文件与中标人投标文件不一致的地方，应以投标文件为准。

不实行招标的工程合同价款，应在发承包双方认可的工程价款基础上，由发承包双方在合同中约定。

实行工程量清单计价的工程，应采用单价合同；建设规模较小，技术难度较低，工期较短，且施工图设计已审查批准的建设工程可采用总价合同；紧急抢险、救灾以及施工技术特别复杂的建设工程可采用成本加酬金合同。

2. 约定内容

发承包双方应在合同条款中对下列事项进行约定：预付工程款的数额、支付时间及抵扣方式；安全文明施工措施的支付计划，使用要求等；工程计量与支付工程进度款的方式、数额及时间；工程价款的调整因素、方法、程序、支付及时间；施工索赔与现场签证的程序、金额确认与支付时间；承担计价风险的内容、范围以及超出约定内容、范围的调整办法；工程竣工结算单的编制与核对、结算款的支付及时间；工程质量保证金的数额、预留方式及时间；违约责任以及发生合同价款争议的解决方法及时间；与履行合同、支付价款有关的其他事项等。

3.2.3.7　工程计量

1. 一般规定

工程量必须按照相关工程现行国家计量规范规定的工程量计算规则计算。工程计量可选择按月或按工程形象进度分段计量，具体计量周期应在合同中约定。因承包人原因造成的超出合同工程范围施工或返工的工程量，发包人不予计量。

2. 单价合同的计量

工程量必须以承包人完成合同工程应予计量的工程量确定。施工中进行工程计量，当发现招标工程量清单中出现缺项、工程量偏差、或因工程变更引起工程量增减时，应按承包人在履行合同义务中完成的工程量计算。承包人应当按照合同约定的计量周期和时间向发包人提交当期已完工程量报告。发包人应在收到报告 7 天内核实，并将核实计量结果通知承包人。发包人未在约定时间内进行核实的，承包人提交的计量报告中所列的工程量应视为承包人实际完成的工程量。

发包人认为需要进行现场计量核实时，应在计量前 24 小时通知承包人，承包人应为计量提供便利条件并派人参加。当双方均同意核实结果时，双方应在上述记录上签字确认。承包人收到通知后不派人参加计量，视为认可发包人的计量核实结果。发包人不按照约定时间通知承包人，致使承包人未能派人参加计量，计量核实结果无效。

当承包人认为发包人核实后的计量结果有误时，应在收到计量结果通知后的 7 天内向发包人提出书面意见，并应附上其认为正确的计量结果和详细的计算资料。发包人收到书面意见后，应在 7 天内对承包人的计量结果进行复核后通知承包人。承包人对复核计量结果仍有异议的，按照合同约定的争议解决办法处理。

承包人完成已标价工程量清单中每个项目的工程量并经发包人核实无误后，发承包双方应对每个项目的历次计量报表进行汇总，以核实最终结算工程量，并应在汇总表上签字确认。

3. 总价合同的计量

采用工程量清单方式招标形成的总价合同，其工程量按单价合同工程计量的相关规定执行。

采用经审定批准的施工图纸及其预算方式发包形成的总价合同，除按照工程变更规定的工程量增减外，总价合同各项目的工程量应为承包人用于结算的最终工程量。

总价合同约定的项目计量应以合同工程经审定批准的施工图纸为依据，发承包双方应在合同中约定工程计量的形象目标或时间节点进行计量。

3.2.4 工程量清单编制规定

工程量清单是载明建设工程分部分项工程项目、措施项目和其他项目的名称和相应数量以及规费和税金项目等内容的明细清单。由招标人根据国家标准、招标文件、设计文件以及施工现场实际情况编制的称为招标工程量清单，而作为投标文件组成部分的已标明价格并经承包人确认的称为已标价工程量清单。招标工程量清单应由具有编制能力的招标人或受其委托，具有相应资质的工程造价咨询人或招标代理人编制。采用工程量清单方式招标，招标工程量清单必须作为招标文件的组成部分，其准确性和完整性由招标人负责。招标工程量清单应以单位（项）工程为单位编制，由分部分项工程项目清单、措施项目清单、其他项目清单、规费项目和税金项目清单组成。

3.2.4.1 分部分项工程清单

分部分项工程是"分部工程"和"分项工程"的总称。"分部工程"是单位工程的组成部分，系按结构部位、施工特点或施工任务将单位工程划分为若干分部的工程。例如，绿化工程分为绿地整理、栽植花木、绿地喷灌等分部工程。"分项工程"是分部工程的组成部分，系按不同施工方法、材料、工序等将分部工程划分为若干个分项工程。例如，栽植花木分为栽植乔木、栽植灌木、栽植竹类、栽植棕榈类、栽植绿篱、栽植攀缘植物、栽植色带、栽植花卉、栽植水生植物、垂直墙体绿化种植、花卉立体布置、铺种草皮、喷播植草（灌木）籽、植草砖内植草、挂网、箱/钵栽植等分项工程。

分部分项工程项目清单必须载明项目编码、项目名称、项目特征、计量单位和工程量。园林工程分部分项工程项目清单必须根据《园林绿化工程工程量计算规范》（GB50858－2013）规定的项目编码、项目名称、项目特征、计量单位和工程量计算规则进行编制。其格式如表3.2.1所示，在分部分项工程项目清单的编制过程中，由招标人负责前六项内容填列，金额部分在编制招标控制价时填列。投标报价时，金额由投标人填写，但投标人对分部分项工程量清单计价表中的序号、项目编码、项目名称、项目特征、计量单位、工程量不能做出修改。

表 3.2.1　　　　　　　　　　　分部分项工程清单及计价表

工程名称：　　　　　　　　　　　　　　　　　　　　　　　　　　第　页　共　　页

序号	项目编码	项目名称	项目特征	计量单位	工程量	金额	
						综合单价	合价

1. 项目编码

项目编码是分部分项工程和单价措施项目清单名称的阿拉伯数字标识。清单项目编码以五级编码设置，用 12 位阿拉伯数字表示。一、二、三、四级编码为全国统一，即 1～9 位应按工程量计算规范附录的规定设置；第五级即 10～12 位为清单项目编码，应根据拟建工程的工程量清单项目名称设置，不得有重号。这三位清单项目编码由招标人针对招标工程项目具体编制，并应自 001 起顺序编制。补充的项目编码由工程量计算规范的代码与 B 和三位阿拉伯数字组成。

各级编码代表的含义如下：

（1）第一级表示专业工程代码（二位）。

（2）第二级表示附录分类顺序码（二位）。

（3）第三级表示分部工程顺序码（二位）。

（4）第四级表示分项工程项目名称顺序码（三位）。

（5）第五级表示清单项目名称顺序码（三位）。

项目编码结构如图 3.2.1 所示。

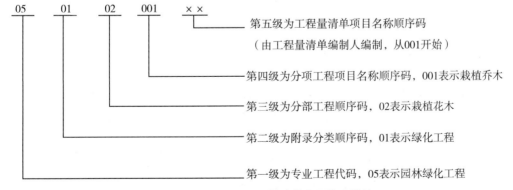

图 3.2.1　园林项目工程量清单项目编码结构

当同一标段（或合同段）的一份工程量清单中含有多个单位工程且工程量清单是以单位工程为编制对象时，在编制工程量清单时应特别注意对项目编码 10～12 位的设置不得有重码的规定。

2. 项目名称

园林工程分部分项工程项目清单的项目名称应按《园林绿化工程工程量计算规范》（GB50858 - 2013）附录的项目名称结合拟建工程的实际确定。附录表中的"项目名称"为分项工程名称，是形成分部分项工程项目清单名称的基础。即在编制分部分项工程清单时，以附录中的分项工程项目名称为基础，考虑该项目的规格、型号、材质等特征要求，结合拟建工程的实际情况，使其工程量清单项目名称具体化、细化，以反映影响工程造价的主要因素。清单项目名称应表达详细、准确，专业工程量计算规范中的分项工程项目名称如有缺陷，招标人可作补充，并报当地工程造价管理机构（省级）备案。

3. 项目特征

项目特征是构成分部分项工程项目、措施项目自身价值的本质特征。项目特征是对项目的准确描述，是确定一个清单项目综合单价不可缺少的重要依据，是区分清单项目的依据，是履行合同义务的基础。园林工程分部分项工程项目清单的项目特征应按《园林绿化工程工程量计算规范》（GB50858 - 2013）附录中规定的项目特征，结合技术规范、标准图集、施工图纸，按照工程结构、使用材质及规格等，给予详细而准确的表述和说明。凡项目特征中未描述到的其他独有特征，由清单编制人视项目具体情况确定，以准确描述清单项目为准。

在《园林绿化工程工程量计算规范》（GB50858 - 2013）附录中还有关于清单项目"工程内容"的描述。工程内容是指完成清单项目可能发生的具体工作和操作程序，但应注意的是，在编制分部分项工程项目清单时，工程内容通常无须描述，因为在工程量计算规范中，工程量清单项目与工程量计算规则、工程内容有一一对应关系，当采用工程量计算规范这一标准时，工程内容均有规定。

4. 计量单位及有效位数

（1）计量单位应采用基本单位，除专业另有特殊规定外均按以下单位计量：

①以重量计算的项目——吨或千克（t 或 kg）。

②以体积计算的项目——立方米（m^3）。

③以面积计算的项目——平方米（m^2）。

④以长度计算的项目——米（m）。

⑤以自然计量单位为计算的项目——个、套、株、项、组、台等。

当计量单位有两个或两个以上时，应根据所编工程量清单项目的特征要求，选择最适宜表现该项目特征并方便计量的单位。

（2）计量单位的有效位数应遵守以下规定：

①以"t"为单位的，应保留三位小数，第四位小数四舍五入。

②以"m^3""m^2""m""kg"为单位的，应保留两位小数，第三位小数四舍五入。

③以"个""株"等为单位的，应取整数。

5. 工程量的计算

工程量主要是通过工程量计算规则计算得到。工程量计算规则是指对清单项目工程量计算的规定。除另有说明外，所有清单项目的工程量应以实体工程量为准，并以完成后的净值计算；投标人投标报价时，应在单价中考虑施工中的各种损耗和需要增加的工程量。

3.2.4.2　措施项目清单

措施项目清单应根据相关工程现行工程量计算规范的规定编制，并应根据拟建工程的实际情况列项。例如，《园林绿化工程工程量计算规范》（GB50858 - 2013）中规定的措施项目，包括：脚手架工程；模板工程；树木支撑架、草绳绕树干、搭设遮阴（防寒）棚工程；围堰、排水工程；安全文明施工及其他措施项目。措施项目中可以计算工程量的项目清单宜采用分部分项工程量清单的方式使用单价措施项目清单与计价表，列出项目编码、项目名称、项目特征、计量单位和工程量计算规则（见表3.2.2）。

表 3.2.2　　　　　　　　　单价措施项目清单及计价表

工程名称：　　　　　　　　　　　　　　　　　　　　　　　　　　　　第 　页 共 　页

序号	项目编码	项目名称	项目特征	计量单位	工程量	金额	
						综合单价	合价

措施项目费用的发生与使用时间、施工方法或者两个以上的工序相关，如：安全文明施工；夜间施工；非夜间施工照明；二次搬运；冬雨季施工；地上、地下设施和建筑物的临时保护设施；已完工程及设备保护等，不能计算工程量的项目（总价措施项目），以"项"为计量单位，宜采用总价措施项目清单与计价表，投标单位一经报价就视为管理费、利润包含在内（见表3.2.3）。

表 3.2.3　　　　　　　　　总价措施项目清单与计价表

工程名称：　　　　　　　　　　　　　　　　　　　　　　　　　　　　第 　页 共 　页

序号	项目编码	项目名称	计算基础	费率（%）	金额（元）	备注
		安全文明施工费				
		夜间施工增加费				
		二次搬运费				
		冬雨季施工增加费				
		…				
		合计				

注：1. "计算基础"中安全文明施工费可为"定额基价""定额人工费""定额人工费 + 定额施工机具使用费"，其他项目可为"定额人工费"或"定额人工费 + 定额施工机具使用费"。

2. 按施工方案计算的措施费，若无"计算基础"和"费率"的数值，也可只填"金额"数值，但应在备注栏说明施工方案出处或计算方法。

3.2.4.3 其他项目清单

其他项目清单是指分部分项工程项目清单、措施项目清单所包含的内容以外，因招标人的特殊要求而发生的与拟建工程有关的其他费用项目和相应数量的清单。工程建设标准的高低、工程的复杂程度、工程的工期长短、工程的组成内容、发包人对工程管理的要求等都直接影响其他项目清单的具体内容。其他项目清单包括暂列金额、暂估价、计日工、总承包服务费，其中暂估价包括材料暂估单价、工程设备暂估单价、专业工程暂估价。专业工程的暂估价一般应是综合暂估价，应当包括除规费和税金以外的管理费、利润等取费。其他项目清单宜按照表3.2.4的格式编制，出现未包含在表格中内容的项目，可根据工程实际情况补充。

表3.2.4　　　　　　　　　其他项目清单与计价汇总表

工程名称：　　　　　　　　　　　　　　　　　　　　　　　　　第 页 共 页

序号	项目名称	金额（元）
1	暂列金额	
2	暂估价	
2.1	材料（工程设备）暂估价	—
2.2	专业工程暂估价	
3	计日工	
4	总承包服务费	
合计		

注：材料（工程设备）暂估单价进入清单项目综合单价，此处不汇总。

3.2.4.4 规费、税金项目清单

规费项目清单应按照下列内容列项：社会保险费，包括养老保险费、失业保险费、医疗保险费、工伤保险费、生育保险费；住房公积金；工程排污费；出现计价规范中未列的项目，应根据省级政府或省级有关权力部门的规定列项。

税金项目清单应包括增值税、城市维护建设税、地方教育费附加。出现计价规范未列的项目，应根据税务部门的规定列项。

3.2.5 工程量清单计价表组成

3.2.5.1 招标控制价封面

招标控制价封面由招标人负责完成（见表3.2.5）。

表 3.2.5　　　　　　　　　　　　　　　**招标控制价封面**

项目名称：＿＿＿＿＿＿＿＿＿＿＿＿＿＿＿＿

招标控制价总额（万元）：＿＿＿＿＿＿＿（大写）

招标人：＿＿＿＿＿＿＿＿　单位盖章：＿＿＿＿＿＿＿＿＿＿＿

编制单位资质证书号：＿＿＿＿　资格证章：＿＿＿＿＿＿＿＿＿＿

编制人：＿＿＿＿＿＿＿＿　资格证章：＿＿＿＿＿＿＿＿＿＿

审核人：＿＿＿＿＿＿＿＿　资格证章：＿＿＿＿＿＿＿＿＿＿

专业负责人：＿＿＿＿＿＿＿＿＿＿＿＿＿＿＿＿＿＿

单位负责人：＿＿＿＿＿＿＿＿＿＿＿＿＿＿＿＿＿＿

编制单位（公章）：　　　　　　编制时间：年　月　日

3.2.5.2　投标总价封面

投标总价封面由投标人按规定的内容填写、签字、盖章（见表 3.2.6）。

表 3.2.6　　　　　　　　　　　　　　　**投标总价封面**

招 标 人：＿＿＿＿＿＿＿＿＿＿＿＿＿＿＿＿

工程名称：＿＿＿＿＿＿＿＿＿＿＿＿＿＿＿＿

投标总价(小写)：＿＿＿＿＿＿＿＿＿＿＿＿＿

　　　(大写)：＿＿＿＿＿＿＿＿＿＿＿＿＿

投标人：＿＿＿＿＿＿＿＿＿＿＿＿＿＿＿＿　（单位盖章）

法定代表人：＿＿＿＿＿＿＿＿＿＿＿＿＿＿　（签字或盖章）

编制人：＿＿＿＿＿＿＿＿＿＿＿＿＿＿＿＿　（造价人签字盖专用章）

编制时间：＿＿＿＿＿＿＿＿＿＿＿＿＿＿＿

3.2.5.3　投标报价总说明

投标报价总说明应按表 3.2.7 内容填写。

表 3.2.7　　　　　　　　　　　　　　　**投标报价总说明**

工程概况：建设规模、工程特征、计划工期、合同工期、施工现场实际情况、施工组织设计的特点、交通运输情况、自然地埋条件、环境保护要求等。

工程质量等级：

工程量清单计价编制依据：

其他需说明的问题：

3.2.5.4　工程项目投标报价汇总表

工程项目投标报价汇总表（见表 3.2.8）由投标人负责填写。

表 3.2.8 工程项目投标报价汇总表

序号	单项工程名称	金额（元）	其中		
			暂估价	安全文明费	规费
	合计				

3.2.5.5 单项工程费汇总表

单项工程费汇总表（见表 3.2.9）由投标人负责填写。

表 3.2.9 单项工程费汇总表

序号	单位工程名称	金额（元）	其中		
			暂估价	安全文明费	规费
	合计				

3.2.5.6 单位工程费汇总表

单位工程费汇总表（见表 3.2.10）由投标人负责填写。

表 3.2.10 单位工程费汇总表

序号	汇总内容	金额（元）	其中：暂估价（元）
1	分部分项工程费		
2	措施项目费		
2.1	安全文明施工费		
3	其他项目费		
4	规费		
5	税金		
	合计 = 1 + 2 + 3 + 4 + 5		

即问即答（即问即答解析见二维码）：

1. 根据《建设工程工程量清单计价规范》的规定，下列（　　）不得作为竞争性费用。

A. 安全文明施工费　　　　　　　　　　B. 规费

C. 税金　　　　　　　　　　　　　　D. 材料费

2. 招标控制价编制的依据有（　　　　）。

A. 建设工程工程量清单计价规范　　　B. 企业定额

C. 行业建设主管部门颁发的计价定额　D. 工程造价信息

3. 采用工程量清单计价方式招标时，对招标工程量清单的完整性和准确性负责的是（　　　　）。

A. 编制招标文件的招标代理人　　　　B. 编制清单的工程造价咨询人

C. 发布招标文件的招标人　　　　　　D. 确定中标的投标人

4. 某分部分项工程的清单编码为 050201003001，则该附录分类顺序编码为（　　　　）。

A. 05　　　　　　B. 02　　　　　　C. 01　　　　　　D. 003

3.3　预算定额

工程计价定额是指工程定额中直接用于工程计价的定额或指标，包括预算定额、概算定额、概算指标和估算指标等。其中，预算定额在建设工程市场交易中使用得最为广泛。

3.3.1　预算定额概念与用途

1. 预算定额的概念

预算定额是在正常的施工条件下，完成一定计量单位合格分项工程和结构构件所需消耗的人工、材料、施工机具台班数量及其相应费用标准。预算定额是工程建设中一项重要的技术经济文件，是编制施工图预算的主要依据，是确定和控制工程造价的基础。

2. 预算定额的用途和作用

预算定额是编制施工图预算、确定建筑安装工程造价的基础。施工图设计一经确定，工程预算造价就取决于预算定额水平和人工、材料及机具台班的价格。预算定额起着控制劳动消耗、材料消耗和机具台班使用的作用，进而起着控制建设产品价格的作用。

预算定额是编制施工组织设计的依据。施工组织设计的重要任务之一，是确定施工中所需人力、物力的供求量，并做出最佳安排。施工单位在缺乏本企业的施工定额的情况下，根据预算定额，亦能够比较精确地计算出施工中各项资源的需要量，为有计划地组织材料采购和预制件加工、劳动力和施工机具的调配，提供了可靠的计算依据。

预算定额是工程结算的依据。工程结算是建设单位和施工单位按照工程进度对已完成的分部分项工程实现货币支付的行为。按进度支付工程款时，需要根据预算定额将已完分项工程的造价计算出来。单位工程验收后，再按竣工工程量、预算定额和施工合同规定进行结算，以保证建设单位建设资金的合理使用和施工单位的经济收入。

预算定额是施工单位进行经济活动分析的依据。预算定额规定的物化劳动和劳动消耗指标，是施工单位在生产经营中允许消耗的最高标准。施工单位必须以预算定额作为评价企业工作的重要标准，作为努力实现的目标。施工单位可根据预算定额对施工中的人工、材料、机具的消耗情况进行具体的分析，以便找出并克服低功效、高消耗的薄弱环节，提高竞争能力。只有在施工中尽量降低劳动消耗，采用新技术、提高劳动者素质，提高劳动生产率，才能取得较好的经济效益。

预算定额是编制概算定额的基础。概算定额是在预算定额基础上综合扩大编制的。利用预算定额作为编制依据，不但可以节省编制工作的大量人力、物力和时间，收到事半功倍的效果，还可以使概算定额在水平上与预算定额保持一致，以免造成执行中的不一致。

预算定额是合理编制招标控制价、投标报价的基础。在深化改革中，预算定额的指令性作用将日益削弱，而对施工单位按照工程个别成本报价的指导性作用仍然存在，因此预算定额作为编制招标控制价的依据和施工企业报价的基础性作用仍将存在，这也是由于预算定额本身的科学性和指标性决定的。

3.3.2　预算定额消耗量的编制方法

确定预算定额人工、材料、机具台班消耗指标时，必须先按施工定额的分项逐项计算出消耗指标，然后再按预算定额的项目加以综合。但是，这种综合不是简单地合并和相加，而需要在综合过程中增加两种定额之间的适当的水平差。预算定额的水平，首先取决于这些消耗量的合理确定。

人工、材料和机具台班消耗量指标，应根据定额编制原则和要求，采用理论与实际相结合、图纸计算与施工现场测算相结合、编制人员与现场工作人员相结合等方法进行计算和确定，使定额既符合政策要求，又与客观情况一致，便于贯彻执行。

1. 预算定额中人工工日消耗量的计算

预算定额中的人工工日消耗量可以有两种确定方法。一种是以劳动定额为基础确定；另一种是以现场观察测定资料为基础计算，当遇到劳动定额缺项时，采用现场工作日写实等测时方法测定和计算定额的人工耗用量。

预算定额中人工工日消耗量是指在正常施工条件下，生产单位合格产品所必需消耗的人工工日数量，是由分项工程所综合的各个工序劳动定额包括的基本用工、其他用工两部分组成的。

基本用工，是指完成一定计量单位的分项工程或结构构件的各项工作过程的施工任务所必需消耗的技术工种用工。

其他用工，是指辅助基本用工消耗的工日，包括超运距用工、辅助用工和人工幅度差用工。

2. 预算定额中材料消耗量的计算

材料消耗量计算方法主要有：

（1）凡有标准规格的材料，按规范要求计算定额计量单位的耗用量。

（2）凡设计图纸标注尺寸及下料要求的按设计图纸尺寸计算材料净用量。

（3）换算法。各种胶结、涂料等材料的配合比用料，可以根据要求条件换算，得出材料用量。

（4）测定法，包括实验室试验法和现场观察法。例如，各种强度等级的混凝土及砌筑砂浆配合比的耗用原材料数量的计算，须按照规范要求试配，经过试压合格以后并经过必要的调整后得出水泥、砂子、石子、水的用量。对新材料、新结构不能用其他方法计算定额消耗用量时，须用现场测定方法来确定，根据不同条件可以采用写实记录法和观察法，得出定额的消耗量。

材料损耗量，指在正常条件下不可避免的材料损耗，如现场内材料运输及施工操作过程中的损耗等。其关系式如下：

$$材料损耗率 = \frac{材料损耗量}{材料净用量} \times 100\% \tag{3.3.1}$$

$$材料损耗量 = 材料净用量 \times 损耗率 \tag{3.3.2}$$

$$材料消耗量 = 材料净用量 + 损耗量 \tag{3.3.3}$$

或

$$材料消耗量 = 材料净用量 \times (1 + 损耗率) \tag{3.3.4}$$

3. 预算定额中机具台班消耗量的计算

预算定额中的机具台班消耗量是指在正常施工条件下，生产单位合格产品（分部分项工程或结构构件）必需消耗的某种型号施工机具的台班数量。

（1）根据施工定额确定机械台班消耗量的计算。这种方法是指用施工定额中机械台班产量加机械幅度差计算预算定额的机械台班消耗量。

机械台班幅度差是指在施工定额中所规定的范围内没有包括，而在实际施工中又不可避免产生的影响机械或使机械停歇的时间。其内容包括：施工机械转移工作面及配套机械相互影响损失的时间；在正常施工条件下，机械在施工中不可避免的工序间歇；工程开工或收尾时工作量不饱满所损失的时间；检查工程质量影响机械操作的时间；临时停机、停电影响机械操作的时间；机械维修引起的停歇时间。

综上所述，预算定额的机械台班消耗量按下式计算：

$$预算定额机械耗用台班 = 施工定额机械耗用台班 \times (1 + 机械幅度差系数) \tag{3.3.5}$$

【例3.3.1】已知履带式单斗液压挖掘机挖四类土，一次正常循环工作时间是42秒，每次循环平均挖土量1.0m³，机械时间利用系数为0.8，机械幅度差系数为30%。求该机械挖土方1000m³的预算定额机械耗用台班量。

解：机械纯工作 1 小时循环次数 = 3600/42 = 85.71（次/台时）

机械纯工作 1 小时正常生产率 = 85.71 × 1.0 = 85.71（m³/台时）

施工机械台班产量定额 = 85.71 × 8 × 0.8 = 548.54（m³/台班）

施工机械台班时间定额 = 1/548.54 = 0.00182（台班/m³）

预算定额机械耗用台班 = 0.00182 × (1 + 30%) = 0.00237（台班/m³）

挖土方 1000m³ 预算定额机械耗用台班量 = 1000 × 0.00237 = 2.37（台班）

（2）以现场测定资料为基础确定机械台班消耗量。如遇到施工定额缺项者，则需要依据单位时间完成的产量测定。

3.3.3　预算定额基价编制

预算定额基价就是预算定额分项工程或结构构件的单价，只包括人工费、材料费和施工机具使用费，也称工料单价。

预算定额基价一般通过编制单位估价表、地区单位估价表及设备安装价目表确定单价，用于编制施工图预算。在预算定额中列出的"预算价值"或"基价"，应视作该定额编制时的工程单价。

预算定额基价的编制方法，简单说就是工、料、机的消耗量和工、料、机单价的结合过程。其中，人工费是由预算定额中每一分项工程各种用工数，乘以地区人工工日单价之和算出；材料费是由预算定额中每一分项的各种材料消耗量，乘以地区相应材料预算价格之和算出；机具费是由预算定额中每一分项工程的各种机械台班消耗量，乘以地区相应施工机械台班预算价格之和，以及仪器仪表使用费汇总后算出。上述单价均为不含增值税进项税额的价格。

分项工程预算定额基价的计算公式为：

$$分项工程预算定额基价 = 人工费 + 材料费 + 机具使用费 \qquad (3.3.6)$$

其中：

$$人工费 = \sum（预算定额中各种人工工日用量 × 人工日工资单价）$$

$$材料费 = \sum（预算定额中各种材料耗用量 × 相应材料单价）$$

$$机具使用费 = \sum（预算定额中机械台班用量 × 机械台班单价）$$

$$+ \sum（仪器仪表台班用量 × 仪器仪表台班单价）$$

预算定额基价是根据现行定额和当地的价格水平编制的，具有相对的稳定性。但是为了适应市场价格的变动，在编制预算时，必须根据工程造价管理部门发布的调价文件对固定的工程预算单价进行修正。修正后的工程单价乘以根据图纸计算出来的工程量，就可以获得符合实际市场情况的人工、材料、机具费用。

【例 3.3.2】××省园林绿化及仿古建筑工程预算定额（2018 版）基价的编制过程如表 3.3.1 所示。

表 3.3.1　　　　　　　　××省园林绿化及仿古建筑工程预算定额（2018 版）基价

工作内容：挖穴栽植、扶正回土、筑水围、浇水、覆土保墒、整形清理　　　　　　　计量单位：10 株

定额编号				1 – 111	1 – 112
项目				栽植乔木（带土球）	
				胸径（cm 以内）	
				17	20
基价（元）				1883.01	2364.99
其中	人工费（元）			1398.00	1680.00
	材料费（元）			21.35	25.62
	机械费（元）			463.66	659.37
名称		单位	单价（元）	消耗量	
人工	一类人工	工日	125.00	11.184	13.440
材料	水	m³	4.27	5.000	6.000
机械	汽车式起重机 8t	台班	648.48	0.715	—
	汽车式起重机 10t	台班	709.76	—	0.929

表中定额子目 1 – 111 的定额基价计算过程为：

定额人工费 = 125.00 × 11.184 = 1398.00（元）

定额材料费 = 4.27 × 5.000 = 21.35（元）

定额机械费 = 648.48 × 0.715 = 463.66（元）

定额基价 = 1398.00 + 21.35 + 463.66 = 1883.01（元）

3.3.4　××省园林绿化及仿古建筑工程预算定额

《××省园林绿化及仿古建筑工程预算定额》（2018 版）由总说明、仿古建筑工程建筑面积计算规定、各章节说明、各章节工程量算规则和各章节定额项目表等五部分组成。

3.3.4.1　总说明

《××省园林绿化及仿古建筑工程预算定额》（2018 版）是根据××省建设厅、××省发展和改革委员会、××省财政厅《关于组织编制〈××省建设工程计价依据（2018

版)》的通知》要求，以及国家标准《建设工程工程量清单计价规范》（GB50500 – 2013）、《仿古建筑工程工程量计算规范》（GB50855 – 2013）、《园林绿化工程工程量计算规范》（GB50858 – 2013）等有关规定，在《××省园林绿化及仿古建筑工程预算定额》（2010 版）的基础上，结合本省实际情况编制的。

本定额消耗量是依据国家和××省设计规范、施工规范及安全操作规程等要求，按照正常的施工条件，成熟的施工工艺，合理的施工组织设计，以及合格的材料（成品、半成品）为基础确定的，反映××省园林绿化工程及仿古建筑工程施工的社会平均消耗量水平；本定额是完成定额项目规定工作内容每计量单位所需的人工、材料、施工机械的消耗量标准。本定额的工作内容仅对主要工序做了说明，次要工序虽然未一一列出，但是定额均已考虑。

本定额是编制设计概算的基础，是编制招标控制价（施工图预算）的依据，是编制投标报价以及施工合同价约定、竣工结算办理、工程计价争议调解以及工程造价鉴定等的参考依据。

本定额包括园林绿化工程、仿古建筑工程和通用项目工程。定额共有十九章，分上下两册。其中园林绿化工程实体项目按《园林绿化工程工程量计算规范》（GB50858 – 2013）的要求，设置园林绿化工程、园路及园桥工程和园林景观工程等三章；仿古建筑工程实体项目按《仿古建筑工程工程量计算规范》要求，设置砖细工程、石作工程、琉璃砌筑工程、混凝土及钢筋工程、屋面工程、仿古木作工程、地面工程、抹灰工程、油漆工程等九章；通用项目参考相关计算规范编制了土石方、圆木桩、基础垫层工程，砌筑工程及装饰装修工程三章。园林绿化及仿古建筑工程的措施项目统一设置，内容包括脚手架工程、模板工程、垂直运输工程及其他措施工程等四章。

本定额适用于该省区域内的绿化、园路、园桥及园林景观和仿古建筑的新建、扩建、改建工程，包括道路、庭园、建筑内外和建筑物之间的绿化及小型园林建筑工程。

定额中凡注明"××以内"或"××以下"者，均包括本身在内；注明"××以外"或"××以上"者，则不包括其本身。定额中遇两个或两个以上系数时，按连乘的方法计算。

3.3.4.2 园林绿化工程定额

园林绿化工程定额包括砍伐乔木，种植土回（换）填，整理绿化用地，绿地起坡造型、屋顶花园基底处理，起挖乔木，起挖竹类，起挖棕榈，起挖灌木、藤本，起挖地被、草皮，苗木假植，栽植乔木，栽植竹类，栽植棕榈，栽植灌木、藤本，栽植绿篱，栽植花卉，栽植地被，栽植水生植物，挂网，栽植草皮，植草砖内植草，大树起挖，大树迁移，大树栽植，喷灌配件安装，乔木养护，灌木养护，绿篱养护，竹类养护，球形植物养护，草本花卉养护，攀缘植物养护，地被植物养护，草坪养护，树木支撑，草绳麻布绕树干，搭设遮阴（防寒）棚等38个分部分项工程定额项目。砍伐乔木定额子目如表3.3.2所示。

表 3.3.2　　　　　　　　　　　　　砍伐乔木定额子目

工作内容：降低树尾、砍伐、截干、集中堆放、清理场地　　　　　　　　计量单位：10 株

定额编号			1 - 1	1 - 2	1 - 3	1 - 4
项目			砍伐乔木			
			胸径（cm）			
			10 以内	20 以内	30 以内	40 以内
基价（元）			35.63	127.71	296.47	595.60
其中	人工费（元）		35.63	107.50	230.00	459.38
	材料费（元）		—	—	—	—
	机械费（元）		—	20.21	66.47	136.22
名称	单位	单价（元）	消耗量			
人工	一类人工	工日	125.00	0.285	0.860	1.840	3.675
机械	平台作业升降车 16m	台班	338.17	—	—	0.108	0.216
	汽车式起重机 12t	台班	748.60	—	0.027	0.040	—
	汽车式起重机 20t	台班	942.85	—	—	—	0.067

3.3.4.3　园路、园桥工程定额

　　园路、园桥工程定额包括园路基层、园路面层、园桥、园路台阶、护岸等 5 个分部分项工程定额项目。园路垫层定额子目如表 3.3.3 所示。

表 3.3.3　　　　　　　　　　　　　园路垫层定额子目

工作内容：筛土、浇水、拌和、铺设、找平、灌浆、振实、养护　　　　　计量单位：10m³

定额编号		2 - 3	2 - 4	2 - 5	2 - 6
项目		垫层			
		砂	石屑	碎石	混凝土
基价（元）		1932.03	991.44	2186.01	4251.20
其中	人工费（元）	376.52	376.52	549.86	1370.52
	材料费（元）	1555.51	614.92	1636.15	2841.24
	机械费（元）	—	—	—	39.44

续表

定额编号			2 - 3	2 - 4	2 - 5	2 - 6
项目			垫层			
			砂	石屑	碎石	混凝土
名称	单位	单价（元）	消耗量			
人工	二类人工	工日	135.00	2.789	2.789	4.073	10.152
材料	黄砂 毛砂	t	87.38	17.630	—	—	—
	石屑	t	38.83	—	15.450	—	—
	碎石 46~60	t	102.00	—	—	15.950	—
	现浇现拌混凝土 C15 (40)	m³	276.46	—	—	—	10.200
	水	m³	4.27	3.000	3.000	—	5.000
	其他材料费	元	1.00	2.19	2.19	9.25	—
机械	混凝土搅拌机 500L	台班	116.00	—	—	—	0.340

3.3.4.4 园林景观工程定额

园林景观工程定额包括湖石、黄石假山堆砌，塑假石山，斧劈石堆砌，石峰、石笋堆砌、布置景石，草屋面，竹屋面，瓦屋面，木（防腐木）屋面，花架，园林桌椅，石灯，石球，仿石音箱，塑类小品，景窗，花式、博古架，花盆（坛、箱），柔性水池，镶贴玻璃钢仿竹片，喷泉管架制作、安装，喷泉喷头安装等22个分部分项工程定额项目。黄石假山堆砌定额子目如表3.3.4所示。

表3.3.4　　　　　　　黄石假山堆砌定额子目

工作内容：放样、选石、运石，调、制、运混凝土（砂浆），堆砌、塞垫嵌缝、清理、养护

计量单位：t

定额编号		3 - 13	3 - 14	3 - 15	3 - 16
项目		黄石假山			
		高度（m）			
		1 以内	2 以内	3 以内	4 以内
基价（元）		233.98	254.39	330.08	375.35
其中	人工费（元）	86.81	91.26	105.30	100.58
	材料费（元）	97.70	106.33	159.18	199.64
	机械费（元）	49.47	56.80	65.60	75.13

续表

定额编号			3 - 13	3 - 14	3 - 15	3 - 16
项目			黄石假山			
			高度（m）			
			1 以内	2 以内	3 以内	4 以内
名称	单位	单价（元）	消耗量			
人工	二类人工	工日	135.00	0.643	0.676	0.780	0.745
材料	黄石	t	68.97	1.000	1.000	1.000	1.000
	现浇现拌混凝土 C15（16）	m³	290.06	0.060	0.080	0.080	0.100
	水泥砂浆 1：2.5	m³	252.49	0.040	0.050	0.050	0.050
	铁件	kg	3.71	—	—	10.000	15.000
	条石	m³	307.00	—	—	0.050	0.100
	水	m³	4.27	0.170	0.170	0.170	0.250
	其他材料费	元	1.00	0.50	0.80	1.20	1.62
机械	汽车式起重机 5t	台班	366.47	0.135	0.155	0.179	0.205

3.3.4.5　土石方、圆市桩、基础垫层工程定额

土石方、圆木桩、基础垫层工程定额包括人工挖地槽、地沟，人工挖地坑，挖淤泥、流砂、支挡土板，人工凿岩石、翻挖路面，土、石方运输，平整场地、原土夯实及回填，机械土方，打圆木桩，基础垫层等 9 个分部分项工程定额项目。人工挖地槽、地沟定额子目如表 3.3.5 所示。

表 3.3.5　　　　　　　　　　人工挖地槽、地沟定额子目

工作内容：挖土、抛土于槽边 1m 以外或装筐、修整底边　　　　　　　　　　计量单位：10m³

定额编号			4 - 1	4 - 2	4 - 3	4 - 4
项目			一、二类土			
			干土深度（m）			
			1 以内	2 以内	3 以内	4 以内
基价（元）			138.38	152.63	175.50	213.75
其中	人工费（元）		138.38	152.63	175.50	213.75
	材料费（元）		—	—	—	—
	机械费（元）		—	—	—	—
名称	单位	单价（元）	消耗量			
人工	一类人工	工日	125.00	1.107	1.221	1.404	1.710

3.3.4.6 砌筑工程定额

砌筑工程定额包括普通砖石基础，混凝土类砖基础，标准砖砌内墙，标准砖砌外墙，弧形砖墙，空斗墙，玻璃砖墙、空花墙，砖柱，多孔砖砌体，混凝土类砖砌体，轻质砌块专用连接件，柔性材料嵌缝，其他砌体，台阶，毛石、方整石砌体，护坡、散水，蘑菇石墙、浆砌冰梅花岗岩墙，浆砌冰梅墙、浆砌细条石墙等 19 个分部分项工程定额项目。标准砖砌内墙定额子目如表 3.3.6 所示。

表 3.3.6　　　　　　　　标准砖砌内墙定额子目

工作内容：调制砂浆，砌砖，立门窗框，安放木砖、垫块　　　　　　　　　　　计量单位：10m³

定额编号			5 – 6	5 – 7	5 – 8	5 – 9
项目			砖砌内墙			
			1/4 砖	1/2 砖	3/4 砖	1 砖
基价（元）			5312.31	4794.00	4567.74	4296.08
其中	人工费（元）		2640.87	2133.00	1907.28	1636.47
	材料费（元）		2638.90	2609.86	2603.12	2599.17
	机械费（元）		32.54	51.14	57.34	60.44
名称	单位	单价（元）	消耗量			
人工	二类人工	工日	135.00	19.562	15.800	14.128	12.122
材料	标准砖 240×115×53	千块	388.00	6.060	5.540	5.400	5.290
	混合砂浆 M5.0	m³	227.82	1.240	2.000	2.190	2.360
	水	m³	4.27	1.200	1.100	1.100	1.100
	其他材料费	元	1.00	—	—	4.30	4.30
机械	灰浆搅拌机 200L	台班	154.97	0.210	0.330	0.370	0.390

3.3.4.7 装饰装修工程定额

装饰装修工程定额包括楼地面找平层，楼地面整体面层，楼地面块料面层，扶手，踢脚线，墙柱梁面一般抹灰，墙柱梁面装饰抹灰，墙面勾缝、挂（钉）钢丝（板）网，墙柱梁面块料面层，墙柱梁面特殊砂浆、装饰线、凿毛，板间壁，天棚抹灰，天棚吊顶，普通木门窗安装，金属门窗、塑钢门窗安装，门窗五金安装等 16 个分部分项工程定额项目。楼地面找平层定额子目如表 3.3.7 所示。

表 3.3.7　　　　　　　　　　　楼地面找平层定额子目

工作内容：清理底层，调制水泥砂浆，抹平、压实，细石混凝土的搅拌、振捣、养护

计量单位：100m²

定额编号			6－1	6－2	6－3	6－4
项目			细石混凝土		水泥砂浆找平层	
			30mm 厚	每增减 5mm	20mm 厚	每增减 5mm
基价（元）			1590.35	260.99	1205.19	204.98
其中	人工费（元）		592.10	93.47	675.18	72.70
	材料费（元）		905.85	153.10	483.52	121.43
	机械费（元）		92.40	14.42	46.49	10.85
名称		单位	单价（元）	消耗量		
人工	三类人工	工日	155.00	3.820	0.603	4.356	0.469
材料	现浇现拌混凝土 C20（16）	m³	296.00	3.030	0.510	—	—
	水泥砂浆 1：3	m³	238.10	—	—	2.020	0.510
	水	m³	4.27	2.100	0.500	0.600	—
机械	灰浆搅拌机 200L	台班	154.97	—	—	0.300	0.070
	涡浆式混凝土搅拌机 500L	台班	288.37	0.310	0.050	—	—
	混凝土振捣器 平板式	台班	12.54	0.240	—	—	—

3.3.4.8　砖细工程定额

砖细工程定额包括做细望砖，砖细加工，砌城砖墙及清水墙，砖细及青条砖贴面，砖细镶边、月洞、地穴及门窗樘套，漏窗，砖细槛墙、坐槛栏杆，砖细构件，砖细小构件，砖雕及碑镌字等 10 个分部分项工程定额项目。砖细加工定额子目如表 3.3.8 所示。

3.3.4.9　石作工程定额

石作工程定额包括石料加工，毛料石台基及台阶，毛料石望柱、栏杆、磴，毛料石柱、梁、枋，毛料石门窗石、槛垫石，毛料石石屋面，毛料石石作配件，毛料石石雕及镌字，机割石台基及台阶，机割石望柱、栏杆、磴，机割石柱、梁、枋，机割石门窗框等 12 个分部分项工程定额项目。石料加工定额子目如表 3.3.9 所示。

表3.3.8   砖细加工定额子目

工作内容：选料、开砖、刨面、刨边缝、起线、补磨   计量单位：10m²

定额编号				7-6	7-7	7-8	7-9
项目				望砖刨面		方砖刨面	
				平面	弧形面	平面	弧形面
基价（元）				723.73	814.41	990.02	1484.63
其中	人工费（元）			723.23	813.91	989.52	1484.13
	材料费（元）			0.50	0.50	0.50	0.50
	机械费（元）						
名称		单位	单价（元）	消耗量			
人工	三类人工	工日	155.00	4.666	5.251	6.384	9.575
材料	其他材料费	元	1.00	0.50	0.50	0.50	0.50

表3.3.9   石料加工定额子目

工作内容：选、运石料，翻动石料、打荒、划线，按做缝、剁细、扁光进行加工   计量单位：10m²

定额编号				8-1	8-2	8-3	8-4
项目				表面加工（平面）			
				打荒	一步做糙	二步做糙	一遍剁斧
基价（元）				102.91	1230.07	1476.05	1673.37
其中	人工费（元）			100.91	1228.07	1474.05	1671.37
	材料费（元）			2.00	2.00	2.00	2.00
	机械费（元）			—	—	—	—
名称		单位	单价（元）	消耗量			
人工	三类人工	工日	155.00	0.651	7.923	9.510	10.783
材料	其他材料费	元	1.00	2.00	2.00	2.00	2.00

3.3.4.10 琉璃工程定额

琉璃工程定额包括琉璃墙身、琉璃其他配件、琉璃花窗等3个分部分项工程定额项目。琉璃其他配件定额子目如表3.3.10所示。

3.3.4.11 混凝土及钢筋工程定额

混凝土及钢筋工程定额包括现浇现拌混凝土基础，现浇现拌混凝土柱，现浇现拌混凝土梁，现浇现拌混凝土桁、枋、机，现浇现拌混凝土墙、板，现浇现拌其他混凝土，现浇商品混凝土基础，现浇商品混凝土柱，现浇商品混凝土梁，现浇商品混凝土桁、枋、机，现

表 3.3.10　　　　　　　　　　　　　琉璃其他配件定额子目

工作内容：准备工器具、运料、调运灰浆、样活、打琉璃珠、摆砌、灌浆、勾缝打点、清理、抹净等

计量单位：见表

定额编号			9－10	9－11	9－12	9－13
项目			霸王拳	坠山花	宝瓶	套兽
			份		个	
基价（元）			9.21	155.55	17.45	14.66
其中	人工费（元）		8.37	142.29	15.97	13.18
	材料费（元）		0.84	12.49	1.48	1.48
	机械费（元）		—	0.77	—	—
名称	单位	单价（元）	消耗量			
人工	三类人工	工日	155.00	0.054	0.918	0.103	0.085
材料	琉璃霸王拳	份	—	(1.020)	—	—	—
	琉璃坠山花	份	—	—	(1.020)	—	—
	琉璃宝瓶	个	—	—	—	(1.000)	—
	琉璃套兽	个	—	—	—	—	(1.000)
	氧化铁红	kg	6.79	0.002	0.393	—	—
	生石灰	kg	0.30	0.068	14.254	1.360	1.360
	麻丝	kg	2.76	0.003	0.523	0.100	0.100
	其他材料费	元	1.00	0.80	4.10	0.80	0.80
机械	灰浆搅拌机 200L	台班	154.97	—	0.005	—	—

浇商品混凝土墙、板，现浇商品其他混凝土，预制混凝土柱，预制混凝土梁，预制混凝土屋架，预制混凝土桁、枋、机，预制混凝土板，预制混凝土椽，预制混凝土其他构件，钢筋混凝土预制构件场外汽车运输，钢筋混凝土预制构件安装，现浇构件普通钢筋制作、安装，预制构件普通钢筋制作、安装，钢筋植筋、预埋铁件、螺栓制作、安装，钢筋机械连接、焊接等25个分部分项工程定额项目。现浇混凝土柱定额子目如表3.3.11所示。

3.3.4.12　屋面工程定额

屋面工程定额包括卷材防水，涂料防水，刚性防水、防潮，屋面排水，嵌填缝，变形缝盖板，止水带及止水条，保温砂浆，泡沫玻璃，聚氨酯硬泡（喷涂），保温板材，其他保温隔热，铺望砖，蝴蝶瓦屋面，蝴蝶瓦瓦脊，蝴蝶瓦围墙瓦顶，蝴蝶瓦花沿、滴水，蝴蝶瓦泛水、斜沟，筒瓦盖瓦，筒瓦瓦脊，筒瓦围墙瓦顶，筒瓦排山，筒瓦花沿、滴水，烧制品屋脊头，堆塑屋脊头，琉球窗，琉璃瓦盖瓦，琉璃屋脊，琉璃瓦花边、滴水，琉璃瓦斜沟，琉璃瓦排山，琉璃围墙瓦顶，琉璃吻兽，琉璃包头脊、翘角、套兽，琉璃宝顶、走兽等35个分部分项工程定额项目。卷材防水定额子目如表3.3.12所示。

表 3.3.11 现浇混凝土柱定额子目

工作内容：混凝土搅拌、水平运输、浇捣、养护　　　　　　　　　　　　计量单位：10m³

定额编号			10 – 7	10 – 8	10 – 9	10 – 10
项目			圆形柱、矩形柱			异型柱 构造柱
			断面周长（cm）			
			70 以内	100 以内	100 以上	
基价（元）			4856.99	4766.83	4650.18	5378.88
其中	人工费（元）		1599.48	1521.18	1442.88	2095.74
	材料费（元）		3069.98	3069.98	3040.60	3030.12
	机械费（元）		187.53	175.67	166.70	253.02
	名称	单位	单价（元）	消耗量		
人工	二类人工	工日	135.00	11.848	11.268	10.688	15.524
材料	现浇现拌混凝土 C20（20）	m³	292.53	10.200	10.200	10.150	10.150
	草袋	m²	3.62	2.100	2.100	1.800	1.500
	水	m³	4.27	18.400	18.400	15.200	13.000
机械	涡浆式混凝土搅拌机 500L	台班	288.37	0.630	0.590	0.560	0.850
	混凝土振捣器插入式	台班	4.65	1.260	1.190	1.120	1.700

表 3.3.12 卷材防水定额子目

工作内容：基层清理，配制涂刷冷底子油、熬制沥青，铺贴沥青玻璃纤维布　　　　计量单位：100m²

定额编号			11 – 1	11 – 2	11 – 3	11 – 4
项目			改性沥青卷材			
			热熔法一层		热熔法每增一层	
			平面	立面	平面	立面
基价（元）			3178.24	3429.18	3135.64	3351.55
其中	人工费（元）		341.16	592.10	292.49	508.40
	材料费（元）		2837.08	2837.08	2843.15	2843.15
	机械费（元）		—	—	—	—
	名称	单位	单价（元）	消耗量		
人工	三类人工	工日	155.00	2.201	3.820	1.887	3.280
材料	弹性体改性沥青防水卷材 3.0mm	m²	23.28	115.635	115.635	115.635	115.635
	改性沥青嵌缝油膏	kg	7.16	5.977	5.977	5.165	5.165
	液化石油气	kg	3.79	26.992	26.992	30.128	30.128

3.3.4.13　仿古木作工程定额

仿古木作工程定额包括柱，梁，桁（檩）条、枋、替木、搁栅，椽，戗角，斗拱，木作配件，古式木门窗、槛、框、门窗配件，古式木栏杆、坐凳、雨达板，鹅颈靠背、挂落（楣子）、飞罩，木地板、木楼梯、板间壁及天花，匾额、楹联，木材雕刻等 14 分部分项工程定额项目。柱定额子目如表 3.3.13 所示。

表 3.3.13　　　　　　　　　　　　　柱定额子目

工作内容：1. 制作：放样、选料运料、錾剥、刨光、划线、凿眼、锯榫、汇榫
　　　　　2. 安装：安装、吊线、校正、临时支撑、伸入墙内部分刷水柏油　　　　计量单位：10m³

定额编号			12 - 1	12 - 2	12 - 3	12 - 4
项目			立贴式圆柱（cm 以内）			
			φ14	φ18	φ22	φ26
			制作、安装			
基价（元）			51677.31	47220.41	43251.50	37796.13
其中	人工费（元）		30595.61	27556.37	24428.78	19578.36
	材料费（元）		20870.80	19464.97	18646.74	18087.19
	机械费（元）		210.90	199.07	175.98	130.58
名称	单位	单价（元）	消耗量			
人工	三类人工	工日	155.00	197.391	177.783	157.605	126.312
材料	杉原木 综合	m³	1466.00	14.176	13.218	12.660	12.279
	水柏油	kg	0.44	5.000	5.000	5.000	5.000
	圆钉	kg	4.74	7.000	7.000	7.000	7.000
	其他材料费	元	1.00	53.40	52.00	51.80	50.80
机械	木工平刨床 500mm	台班	21.04	5.565	5.020	4.445	3.559
	汽车式起重机 5t	台班	366.47	0.256	0.255	0.225	0.152

3.3.4.14　地面工程定额

地面工程定额包括细墁地面、糙墁地面、细墁散水、糙墁散水、墁石子地等 5 个分部分项工程定额项目。细墁地面定额子目如表 3.3.14 所示。

3.3.4.15　抹灰工程定额

抹灰工程定额包括墙、柱面仿古抹灰，其他仿古抹灰 2 个分部分项工程定额项目。墙、柱面仿古抹灰定额子目如表 3.3.15 所示。

表 3.3.14　　　　　　　　　　**细墁地面定额子目**

工作内容：选料、场内运输、放样、清理基层、铺砂、铺砖、修边、补磨、油灰加工、擦缝、净面、清理等

计量单位：10m²

定额编号			13－1	13－2	13－3	13－4
项目			方砖（规格：mm）			
			300×300 以内	400×400 以内	500×500 以内	500×500 以上
			砂基层			
基价（元）			2410.84	1880.57	2943.03	5027.58
其中	人工费（元）		502.74	478.85	475.34	442.94
	材料费（元）		1908.10	1401.72	2467.69	4584.64
	机械费（元）		—	—	—	—
名称	单位	单价（元）	消耗量			
人工	二类人工	工日	135.00	3.724	3.547	3.521	3.281
材料	方砖 300×300×35	百块	1552.00	1.156	—	—	—
	方砖 400×400×50	百块	1988.00	—	0.650	—	—
	方砖 500×500×70	百块	5680.00	—	—	0.416	—
	方砖 600×600×80	百块	15517.00	—	—	—	0.289
	黄砂 净砂	t	92.23	0.878	0.878	0.878	0.878
	熟桐油	kg	11.17	2.400	2.000	1.600	1.210
	细灰	kg	0.24	5.000	5.000	4.000	3.060
	其他材料费	元	1.00	5.00	5.00	5.00	5.00

表 3.3.15　　　　　　　　**墙、柱面仿古抹灰定额子目**

工作内容：清理基层，调运砂浆，分层抹灰找平、罩面压光

计量单位：100m²

定额编号			14－1	14－2
项目			混合砂浆底、纸筋灰浆面	
			墙面、墙裙	柱、梁面
基价（元）			2760.52	3628.52
其中	人工费（元）		1953.00	2821.00
	材料费（元）		747.86	747.86
	机械费（元）		59.66	59.66
名称	单位	单价（元）	消耗量	
人工	三类人工	工日	155.00	12.600	18.200

定额编号			14 – 1	14 – 2
项目			混合砂浆底、纸筋灰浆面	
			墙面、墙裙	柱、梁面
材料	水泥砂浆 1∶2.5	m³	252.49	0.500	0.500
	水泥石灰麻刀砂浆 1∶2∶4	m³	328.16	1.000	1.000
	纸筋灰浆	m³	331.19	0.760	0.760
	轻煤	kg	7.84	5.000	5.000
	水	m³	4.27	0.200	0.200
	其他材料费	元	1.00	1.70	1.70
机械	灰浆搅拌机 200L	台班	154.97	0.385	0.385

3.3.4.16　油漆工程定额

油漆工程定额包括木材面油漆、混凝土构件油漆、抹灰面油漆、水质涂料、外墙涂料及金属漆、仿石纹（木纹）油漆、地仗等 7 个分部分项工程定额项目。木材面油漆定额子目如表 3.3.16 所示。

表 3.3.16　　　　　　　　　　　木材面油漆定额子目

工作内容：清理基层、刮腻子、打磨、刷油漆等全部过程　　　　　　　　　　　计量单位：100m²

定额编号			15 – 1	15 – 2	15 – 3	15 – 4
项目			广漆（国漆）三遍			
			木门窗	柱、梁、架、桁、枋古式大木构件	斗拱、牌科、戗角等古式零星木构件	其他木材面
基价（元）			9225.99	7347.94	8753.15	6492.46
其中	人工费（元）		8602.50	7056.38	8463.00	6149.63
	材料费（元）		623.49	291.56	290.15	342.83
	机械费（元）		—	—	—	—
名称	单位	单价（元）	消耗量			
人工	三类人工	工日	155.00	55.500	45.525	54.600	39.675
材料	生漆	kg	11.16	15.600	7.200	7.200	8.600
	熟桐油	kg	11.17	15.600	7.200	7.200	8.600
	石膏粉	kg	0.68	6.600	3.100	3.100	3.600
	松香水	kg	4.74	12.100	5.600	5.600	6.700

续表

定额编号			15 – 1	15 – 2	15 – 3	15 – 4
项目			广漆（国漆）三遍			
			木门窗	柱、梁、架、桁、枋古式大木构件	斗拱、牌科、戗角等古式零星木构件	其他木材面
材料	银珠	kg	138.00	0.600	0.300	0.290	0.340
	氧化铁红	kg	6.79	6.200	2.900	2.900	3.400
	木砂纸	张	1.03	41.000	18.900	18.900	20.400
	血料	kg	3.02	8.100	3.800	3.800	4.500
	其他材料费	元	1.00	21.71	10.10	10.07	11.98

3.3.4.17 脚手架工程定额

脚手架工程包括综合脚手架、单项脚手架 2 个分部分项工程定额项目。单项脚手架定额子目如表 3.3.17 所示。

表 3.3.17   **单项脚手架定额子目**

工作内容：搭设、拆除脚手架、安全网，铺、翻脚手板等全部过程   计量单位：100m²

定额编号				16 – 32
项目				搭拆水上打桩平台
基价（元）				5247.06
其中	人工费（元）			4300.16
	材料费（元）			899.70
	机械费（元）			47.20
	名称	单位	单价（元）	消耗量
人工	三类人工	工日	135.00	31.853
材料	圆木桩	m³	1379.00	0.320
	木模板	m³	1445.00	0.140
	铁件	kg	3.71	16.700
	圆钉	kg	4.74	4.200
	毛竹	根	25.86	4.500
	竹脚手片	m²	8.19	2.500
	竹篾	百根	5.02	5.700
	其他材料费	元	1.00	8.80
机械	其他机械费	元	1.00	47.20

3.3.4.18　模板工程定额

模板工程定额包括现浇钢筋混凝土基础模板，现浇钢筋混凝土柱、梁模板，现浇钢筋混凝土桁、枋、连机模板，现浇钢筋混凝土墙、板模板，现浇钢筋混凝土其他模板，预制柱模板，预制梁模板，预制桁、枋、连机模板，预制板模板，预制椽模板，预制屋架模板，其他预制构件模板，地膜、胎膜等 13 个分部分项工程定额项目。现浇桁、枋、连机模板定额子目如表 3.3.18 所示。

表 3.3.18　现浇桁、枋、连机模板定额子目

工作内容：模板制作、安装、拆除、维护、整理、堆放及场内外运输；模板黏接物及模板内杂物清理、刷隔离剂等　　　　　　　　　　　　　　　　　　　　　计量单位：100m²

定额编号			17 – 27	17 – 28
项目			矩形桁条、枋、连机	圆形桁条
			木模	
基价（元）			7863.11	11036.79
其中	人工费（元）		5331.69	5957.89
	材料费（元）		2508.65	5052.33
	机械费（元）		22.77	26.57
	名称	单位	单价（元）	消耗量
人工	三类人工	工日	155.00	34.398	38.438
材料	木模板	m³	1445.00	1.506	2.248
	圆钉	kg	4.74	11.530	31.780
	胶合板 δ3	m²	13.10	—	105.00
	钢支撑	kg	3.97	56.955	56.955
	隔离剂	kg	4.67	10.000	10.000
	镀锌铁丝 φ0.7~1	kg	6.74	0.180	0.180
	复合硅酸盐水泥	kg	0.32	7.000	7.000
	黄砂 净砂	t	92.23	0.017	0.017
机械	木工圆锯机 500mm	台班	27.50	0.828	0.966

3.3.4.19　垂直运输工程定额

垂直运输工程定额包括机械垂直运输、人工垂直运输金属材、人工垂直运输板材、人工垂直运输地材、人工垂直运输其他材料等 5 个分部分项工程定额项目。机械垂直运定额子目如表 3.3.19 所示。

表 3.3.19　　　　　　　　　　　**机械垂直运输定额子目**

工作内容：单位工程合理工期内完成全部工程所需的垂直运输全部操作过程　　　　　计量单位：100m²

定额编号				18 – 1	18 – 2
项目				园林古建筑	
				垂直高度（20m 以内）	
				单檐	每增一檐
基价（元）				3521.44	704.37
其中	人工费（元）			—	—
	材料费（元）			—	—
	机械费（元）			3521.44	704.37
	名称	单位	单价（元）	消耗量	
机械	自升式塔式起重机 400kN·m	台班	572.07	3.024	0.605
	电动卷扬机 – 单筒慢速 10kN	台班	171.01	10.476	2.095

3.3.4.20　其他措施工程定额

其他措施工程定额包括建筑物超高人工降效增加费、建筑物超高机械降效增加费、建筑物超高加压水泵台班及其他费用、建筑物层高超过 3.6m 增加压水泵台班、土草围堰、筑岛填心、湿土排水等 7 个分部分项工程定额项目。建筑物超高人工降效增加费定额子目如表 3.3.20 所示。

表 3.3.20　　　　　　　　　**建筑物超高人工降效增加费定额子目**

工作内容：1. 工人上下班降低工效、上下楼及自然休息增加时间

　　　　　2. 垂直运输影响的时间　　　　　　　　　　　　　　　　　　计量单位：万元

定额编号				19 – 1	19 – 2
项目				建筑物檐高（m 以内）	
				30	40
基价（元）				200.00	454.40
其中	人工费（元）			200.00	454.40
	材料费（元）			—	—
	机械费（元）			—	—
	名称	单位	单价（元）	消耗量	
人工	人工费	元	1.00	200.00	454.40

练习题（见二维码）：

自我测试（见二维码）：

第4章 园林绿化工程工程量计算规范

学习思维导图

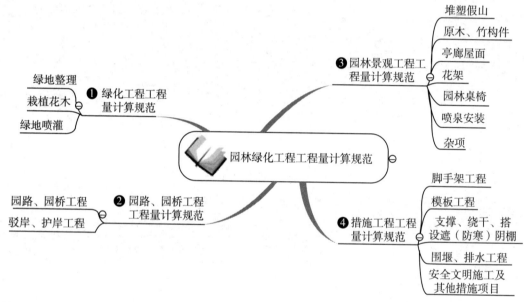

学习目标

知识目标	能力目标	相关知识
熟悉绿化工程清单项目设置的规定	理解绿化工程清单工程量计算规则，并能熟练运用	4.1 绿化工程工程量计算规范
熟悉园路、园桥工程清单项目设置的规定	理解园路、园桥工程清单工程量计算规则，并能熟练运用	4.2 园路、园桥工程工程量计算规范
熟悉园林景观工程清单项目设置的规定	理解园林景观工程清单工程量计算规则，并能熟练运用	4.3 园林景观工程工程量计算规范
熟悉措施工程清单项目设置的规定	理解技术措施项目清单工程量计算规则，并能熟练运用	4.4 措施工程工程量计算规范

园林绿化工程分部分项工程量清单、措施项目清单需要根据国家标准《园林绿化工程工程量计算规范》（GB50858－2013）进行编制。《园林绿化工程工程量计算规范》（GB50858－2013）分为 4 个部分：绿化工程、园路园桥工程、园林景观工程和措施工程。

4.1　绿化工程工程量计算规范

4.1.1　绿地整理

绿地整理工程量清单项目设置、项目特征描述的内容、计量单位、工程量计算规则应按表 4.1.1 的规定执行。

表 4.1.1　　　　　　　　　　绿地整理（编码：050101）

项目编码	项目名称	项目特征	计量单位	工程量计算规则	工作内容
050101001	砍伐乔木	树干胸径	株	按数量计算	1. 砍伐 2. 废弃物运输 3. 场地清理
050101002	挖树根（蔸）	地径			1. 挖树根 2. 废弃物运输 3. 场地清理
050101003	砍挖灌木丛及根	丛高或蓬径	1. 株 2. m²	1. 以株计量，按数量计算 2. 以平方米计量，按面积计算	1. 砍挖 2. 废弃物运输 3. 场地清理
050101004	砍挖竹及根	根盘直径	株（丛）	按数量计算	
050101005	砍挖芦苇及根	根盘丛径			
050101006	清除草皮	草皮种类	m²	按面积计算	1. 除草 2. 废弃物运输 3. 场地清理
050101007	清除地被植物	植物种类			1. 清除植物 2. 废弃物运输 3. 场地清理
050101008	屋面清理	1. 屋面做法 2. 屋面高度		按设计图示尺寸以面积计算	1. 原屋面清扫 2. 废弃物运输 3. 场地清理

项目编码	项目名称	项目特征	计量单位	工程量计算规则	工作内容
050101009	种植土回（换）填	1. 回填土质要求 2. 取土运距 3. 回填厚度 4. 弃土运距	1. m³ 2. 株	1. 以立方米计量，按设计图示回填面积乘以回填厚度以体积计算 2. 以株计量，按设计图示数量计算	1. 土方挖、运 2. 回填 3. 找平、找坡 4. 废弃物运输
050101010	整理绿化用地	1. 回填土质要求 2. 取土运距 3. 回填厚度 4. 找平找坡要求 5. 弃渣运距	m²	按设计图示尺寸以面积计算	1. 排地表水 2. 土方挖、运 3. 耙细、过筛 4. 回填 5. 找平、找坡 6. 拍实 7. 废弃物运输
050101011	绿地起坡造型	1. 回填土质要求 2. 取土运距 3. 起坡平均高度	m³	按设计图示尺寸以体积计算	1. 排地表水 2. 土方挖、运 3. 耙细、过筛 4. 回填 5. 找平、找坡 6. 废弃物运输
050101012	屋顶花园基底处理	1. 找平层厚度、砂浆种类、强度等级 2. 防水层种类、做法 3. 排水层厚度、材质 4. 过滤层厚度、材质 5. 回填轻质土厚度、种类 6. 屋面高度 7. 阻根层厚度、材质、做法	m²	按设计图示尺寸以面积计算	1. 抹找平层 2. 防水层铺设 3. 排水层铺设 4. 过滤层铺设 5. 填轻质土壤 6. 阻根层铺设 7. 运输

注：整理绿化用地项目包含厚度≤300mm 的回填土，厚度>300mm 的回填土应按现行国家标准《房屋建筑与装饰工程工程量计算规范》（GB50854）相应项目编码列项。

4.1.1.1 伐树、挖树根

伐树包括砍、伐、挖、清除、整理、堆放。挖树根是将树根拔除。清理树墩除用人工挖掘外，直径在50cm以上的大树墩可用推土机清除。凡土方开挖深度不大于50cm或填方高度较小的土方施工，对于现场及排水沟中的树木移除应按当地有关部门的规定办理审批手续，若遇到名木古树必须注意保护，并做好移植工作。

4.1.1.2　砍挖竹及根

根据竹子地下茎的形态特征可以划分为丛生竹与散生竹。丛生竹靠地下茎竹蔸上的笋芽出土成竹，无延伸的竹鞭，竹秆紧密相依，在地面形成密集的竹丛，如菲白竹、凤尾竹；丛生竹根系较浅，可用山锄连蔸带土挖起。散生竹在土中有横向生长的竹鞭，竹鞭顶芽通常不出土，由鞭上侧芽成竹，竹秆在地面上散生，如翠竹、紫竹；散生竹根系纵横交错，比较顽强，通常需要将地面上的竹子砍掉，用镰刀、山锄、板锄将竹根清理干净。

4.1.1.3　砍挖芦苇及根

芦苇根细长、坚韧，挖掘工具要锋利，芦苇根必须清除干净。

4.1.1.4　清除草皮、清除地被植物

杂草与地被植物的清除便于土地的耕翻与平整。杂草、地被植物的清除主要是为了消灭多年生的杂草，为避免草坪建成后杂草与草坪争水分、养料，所以在种草前应彻底清除。

4.1.1.5　整理绿化用地

在进行绿化施工之前，绿化用地上所有建筑垃圾和其他杂物，都要清除干净。若土质已遭碱化或其他污染，要清除恶土，置换肥沃客土。

整理绿化用地项目包含300mm以内回填土；厚度300mm以上回填土，应按《房屋建筑与装饰工程工程量计算规范》（GB50854）相应项目编码列项。

4.1.1.6　绿地起坡造型

绿地起坡造型是指一定园林绿地范围内植物种植地的起伏状况。在园林绿地中，适宜的微地形处理有利于丰富造园要素，形成景观层次，达到加强园林艺术和改善生态环境的目的。

4.1.1.7　屋顶花园基底处理

屋顶花园基底通常由防水层、隔离层、防穿刺层、保护层、排水层、过滤层、基质层等几部分构成。

屋顶花园需要重点考虑防水处理和种植基质的使用。防水层材料应选用耐腐蚀、耐碱、耐霉烂和耐穿刺性好的材料，为提高防水设施的可靠性，宜采用涂料和高分子复合卷材，高分子卷材强度高、耐穿刺好，涂料是无接缝的防水层，可以弥补卷材接缝可靠性差

的缺陷。种植基质采用轻型优质的栽培基质与种植土按一定比例混合，具有自重轻、有机质含量高、肥效性强、不易板结等优点。

4.1.2　栽植花木

栽植花木工程量清单项目设置、项目特征描述的内容、计量单位、工程量计算规则应按表 4.1.2 的规定执行。

表 4.1.2　　　　　　　　栽植花木（编码：050102）

项目编码	项目名称	项目特征	计量单位	工程量计算规则	工作内容
050102001	栽植乔木	1. 种类 2. 胸径或干径 3. 株高、冠径 4. 起挖方式 5. 养护期	株	按设计图示数量计算	1. 起挖 2. 运输 3. 栽植 4. 养护
050102002	栽植灌木	1. 种类 2. 根盘直径 3. 冠丛高 4. 蓬径 5. 起挖方式 6. 养护期	1. 株 2. m²	1. 以株计量，按设计图示数量计算 2. 以平方米计量，按设计图示尺寸以绿化水平投影面积计算	
050102003	栽植竹类	1. 竹种类 2. 竹胸径或根盘丛径 3. 养护期	株（丛）	按设计图示数量计算	
050102004	栽植棕榈类	1. 种类 2. 株高、地径 3. 养护期	株		
050102005	栽植绿篱	1. 种类 2. 篱高 3. 行数、蓬径 4. 单位面积株数 5. 养护期	1. m 2. m²	1. 以米计量，按设计图示长度以延长米计算 2. 以平方米计量，按设计图示尺寸以绿化水平投影面积计算	
050102006	栽植攀缘植物	1. 植物种类 2. 地径 3. 单位长度株数 4. 养护期	1. 株 2. m	1. 以株计量，按设计图示数量计算 2. 以米计量，按设计图示种植长度以延长米计算	

项目编码	项目名称	项目特征	计量单位	工程量计算规则	工作内容
050102007	栽植色带	1. 苗木、花卉种类 2. 株高或蓬径 3. 单位面积株数 4. 养护期	m²	按设计图示尺寸以绿化水平投影面积计算	1. 起挖 2. 运输 3. 栽植 4. 养护
050102008	栽植花卉	1. 花卉种类 2. 株高或蓬径 3. 单位面积株数 4. 养护期	1. 株（丛、缸） 2. m²	1. 以株（丛、缸）计量，按设计图示数量计算 2. 以平方米计量，按设计图示尺寸以水平投影面积计算	1. 起挖 2. 运输 3. 栽植 4. 养护
050102009	栽植水生植物	1. 植物种类 2. 株高或蓬径或芽数/株 3. 单位面积株数 4. 养护期	1. 丛（缸） 2. m²		
050102010	垂直墙体绿化种植	1. 植物种类 2. 生长年数或地（干）径 3. 栽植容器材质、规格 4. 栽植基质种类、厚度 5. 养护期	1. m² 2. m	1. 以平方米计量，按设计图示尺寸以绿化水平投影面积计算 2. 以米计量，按设计图示种植长度以延长米计算	1. 起挖 2. 运输 3. 栽植容器安装 4. 栽植 5. 养护
050102011	花卉立体布置	1. 草本花卉种类 2. 高度或蓬径 3. 单位面积株数 4. 种植形式 5. 养护期	1. 单体（处） 2. m²	1. 以单体（处）计量，按设计图示数量计算 2. 以平方米计量，按设计图示尺寸以面积计算	1. 起挖 2. 运输 3. 栽植 4. 养护
050102012	铺种草皮	1. 草皮种类 2. 铺种方式 3. 养护期	m²	按设计图示尺寸以绿化投影面积计算	1. 起挖 2. 运输 3. 铺底砂（土） 4. 栽植 5. 养护
050102013	喷播植草（灌木）籽	1. 基层材料种类、规格 2. 草（灌木）籽种类 3. 养护期			1. 基层处理 2. 坡地细整 3. 喷播 4. 覆盖 5. 养护

项目编码	项目名称	项目特征	计量单位	工程量计算规则	工作内容
050102014	植草砖内植草	1. 草坪种类 2. 养护期	m²	按设计图示尺寸以绿化投影面积计算	1. 起挖 2. 运输 3. 覆土（砂） 4. 铺设 5. 养护
050102015	挂网	1. 种类 2. 规格		按设计图示尺寸以挂网投影面积计算	1. 制作 2. 运输 3. 安放
050102016	箱/钵栽植	1. 箱/钵体材料品种 2. 箱/钵外形尺寸 3. 栽植植物种类、规格 4. 土质要求 5. 防护材料种类 6. 养护期	个	按设计图示箱/钵数量计算	1. 制作 2. 运输 3. 安放 4. 栽植 5. 养护

注：1. 挖土外运、借土回填、挖（凿）土（石）方应包括在相关项目内。

2. 苗木计算应符合下列规定：胸径应为地表向上 1.2m 高处树干直径；冠径又称冠幅，应为苗木冠丛垂直投影面的最大直径和最小直径之间的平均值；蓬径应为灌木、灌木丛垂直投影面的直径；地径应为地表面向上 0.1m 高处树干直径；干径应为地表面向上 0.3m 高处树干直径；株高应为地表面至树顶端的高度；冠丛高应为地表面至乔（灌）木顶端的高度；篱高应为地表面至绿篱顶端的高度；养护期应为招标文件中要求苗木种植结束后承包人负责养护的时间。

3. 苗木移（假）植应按花木栽植相关项目单独编码列项。

4. 土球包裹材料、树体输液保湿及喷洒生根剂等费用包含在相应项目内。

5. 墙体绿化浇灌系统按本规范绿地喷灌相关项目单独编码列项。

6. 发包人如有成活率要求时，应在特征描述中加以描述。

4.1.2.1　栽植乔木

乔木是指树身高大、具有明显主干的树木，由根部发独立的主干，树干和树冠有明显区分。如香樟、银杏、雪松、杜英、广玉兰、白玉兰、重阳木、悬铃木、栾树、无患子、合欢、红枫、鸡爪槭、马褂木、龙柏、柳杉、池杉、马尾松等。

乔木分为常绿乔木和落叶乔木两大类。常绿乔木有香樟、雪松、杜英、广玉兰、柳杉、马尾松等，落叶乔木有银杏、白玉兰、重阳木、悬铃木、栾树、无患子、合欢、红枫、鸡爪槭、池杉等。

城市道路主干道、广场、公园等绿地种植的乔木要求树干主干挺直，树冠枝叶茂密、层次分明、冠形匀称，根系完整，植株无病害。次干道及上述绿地以外的其他绿地种植的乔木要求树干主干不应有明显弯曲，树冠冠形匀称、无明显损伤，根系完整，植株无明显病害。林地种植的乔木要求树干主干弯曲不超过一次，树冠无严重损伤，根系完整，植株无明显病害。

4.1.2.2　栽植灌木

灌木是指没有明显的主干、呈丛生状态的树木。如金叶女贞、海桐、蜡梅、夹竹桃、绣线菊、紫荆、寿星桃、倭海棠、月季、茶梅、含笑、龟甲冬青、八角金盘、桃叶珊瑚、十大功劳、榆叶梅、丁香等。灌木分常绿灌木和落叶灌木两大类。常绿灌木有海桐、夹竹桃、茶梅、含笑、龟甲冬青、八角金盘、桃叶珊瑚、十大功劳等。落叶灌木有蜡梅、绣线菊、紫荆、寿星桃、月季、倭海棠、木槿、榆叶梅、丁香等。

自然式种植的灌木要求姿态自然、优美、丛生灌木分枝不少于 5 根，且生长均匀，无明显病害。整形式种植的灌木要求冠形呈规则式，根系完整，土球符合要求，无明显病害。

4.1.2.3　栽植竹类

竹类植物是指禾本科竹亚科植物，如毛竹、刚竹、四季竹、紫竹、箬竹、方竹等。

竹类植物要求为：散生竹宜选 2 ~ 3 年生母竹，主干完整，来鞭 35cm 左右，去鞭 70cm 左右；丛生竹来鞭 20cm 左右，去鞭 30cm 左右，同时要求植株根蒂（竹竿与竹鞭之间的着生点）及鞭芽无损伤。

4.1.2.4　栽植棕榈类

棕榈树属常绿乔木，树干圆形，常残存有老叶柄及其下部的叶鞘，叶簇竖干顶，形如扇，掌状裂深达中下部。棕榈树栽于庭院、路边及花坛之中，树势挺拔，叶色葱茏，适于四季观赏。

4.1.2.5　栽植绿篱

绿篱又称植篱或树篱，是指密集种植的园林植物经过修剪整形而形成的篱垣，其功能是用来分隔空间和作为屏障以及美化环境等。选择绿篱的树种要求为：耐整体修剪，萌发性强，分枝丛生，枝叶茂密；能耐荫；外界机械损伤抗性强；能耐密植，生长力强。作为绿篱的树种，在形态上常以枝细、叶小、常绿为佳；在习性上还要具有"一慢三强"的特性，即枝叶密集，生长缓慢，下枝不易枯萎；基部萌芽力或再生力强；能适应或抵抗不良环境，生命力强。

4.1.2.6　栽植攀缘植物

攀缘植物，也称藤本植物，是指植物茎叶有钩刺附生物，可以攀缘峭壁或缠绕附近物生长的藤科植物。这个特性使园林绿化能够从平面向立体空间延伸，丰富了城市绿化方式。攀缘植物具有很高的生态学价值及观赏价值，可用于降温、减噪，观叶、观花、观果等。而且攀缘植物没有固定的株形，具有很强的空间可塑性，可以营造不同的景观效果，被广泛用于建筑、墙面、棚架、绿廊、凉亭、篱垣、阳台、屋顶等处。

攀缘植物种类繁多、千姿百态。根据茎质地的不同，又可分为木质藤本（如葡萄、紫藤、凌霄等）与草质藤本（如牵牛花等）。根据其攀爬的方式，可以分为"缠绕藤本"（如牵牛）、"吸附藤本"（如常春藤）、"卷须藤本"（如葡萄）和"攀缘藤本"（如藤棕）。藤本植物要求具有攀缘性，根系发达，枝叶茂密，无明显病害，苗龄一般以 2～3 年生为宜。

4.1.2.7　栽植色带

色带是一定地带同种或不同种花卉及观叶植物配合起来所形成的具有一定面积的有观赏价值的风景带。栽植色带最需要注意的是将所栽植苗木栽成带状，并且配置有序，使之具有一定的观赏价值。

4.1.2.8　栽植花卉

花卉包括广义和狭义两种。狭义的花卉是指具有观赏价值的草本植物，如凤仙、菊花、一串红等。广义的花卉除具有观赏价值的草本植物外，还包括草本或木本的地被植物、花灌木、开花乔木以及盆景等，如月季、桃花、茶花、梅花等。清单计算规范与定额中的花卉通常是指狭义概念的花卉。

4.1.2.9　栽植水生植物

水生植物是指生长在湿地或水里的植物，如千屈菜、梭鱼草、鸢尾、荷花、睡莲、菖蒲、水葱、水芹菜、浮萍、水葫芦等。

4.1.2.10　垂直墙体绿化种植

垂直墙体绿化又叫立体绿化。由于城市土地有限，为此要充分利用空间，在墙壁、阳台、窗台、屋顶、棚架等处，栽植各种植物。绿化墙体一般外表面覆盖爬墙植物和攀缘植物，常见的适合垂直绿化的藤本植物有爬山虎、常春藤、凌霄、金银花、扶芳藤等，其中爬山虎是最为广泛的墙体绿化材料。

4.1.2.11　花卉立体布置

花卉立体布置是相对于一般平面花卉布置而言的一种园林装饰手法，即通过适当的载体，结合园林色彩美学及装饰绿化原理，经过合理的植物配置，将植物的装饰功能从平面延伸到空间，形成立体或三维的装饰效果。

4.1.2.12　铺种草皮

草坪是指经过人工选育的多年生矮生密集型草本植被，经过修剪养护，形成整齐均匀状如地毯，起到绿化保洁和美化环境的草本植物。按种植类型分可分为单纯型草坪与混合型草坪；按对温度的生态适应性分可分为冷季型草坪与暖季型草坪。冷季型草坪草有早熟禾、黑麦草、高羊茅、剪股颖等。暖季型草坪草有狗牙根、画眉草、地毯草、结缕草、假俭草等。

4.1.2.13　喷播植草（灌市）籽

喷播植草的喷播技术是结合喷播和免灌两种技术而成的新型绿化方法，将绿化用草（灌木）籽与保水剂、胶粘剂、绿色纤维覆盖物及肥料等，在搅拌容器中与水混合成胶状的混合浆液，用压力泵将其喷播于待播土地上。

4.1.2.14　植草砖内植草

植草砖既可以形成一定覆盖率的草地，又可用作"硬"地使用，绿化与使用两不误，通常用于室外停车场地面铺装。大量使用的植草砖主要为"孔穴式植草砖"，在砖洞内填种植土，洒上草籽或直接铺草。

4.1.2.15　挂网

挂网通常与喷播相结合，用于边坡绿化和垂直绿化。挂网喷播通常在边坡上锚固金属网、钢筋网或高强塑料三维网中的一种，采用压缩空气喷枪将混合好的客土喷射到坡面上，再在其上喷射种子。

4.1.2.16　箱/钵栽植

花箱/花钵是用木材、木质混合材料、复合材料或石材制成的一种栽植容器，具有外观漂亮、结实耐用、移动方便的优点；可以根据箱/钵样式、大小的不同，进行组合配置，组合的形式可以是几何式、自然式、混合式、集中布置、散置等，具体布局形式由美化地点的具体情况决定。

4.1.3　绿地喷灌

绿地喷灌工程量清单项目设置、项目特征描述的内容、计量单位、工程量计算规则应按表4.1.3规定执行。

表 4.1.3 绿地喷灌（编码：050103）

项目编码	项目名称	项目特征	计量单位	工程量计算规则	工作内容
050103001	喷灌管线安装	1. 管道品种、规格 2. 管件品种、规格 3. 管道固定方式 4. 防护材料种类 5. 油漆品种、刷漆遍数	m	按设计图示管道中心线长度以延长米计算，不扣除检查（阀门）井、阀门、管件及附件所占的长度	1. 管道铺设 2. 管道固筑 3. 水压试验 4. 刷防护材料、油漆
050103002	喷灌配件安装	1. 管道附件、阀门、喷头品种、规格 2. 管道附件、阀门、喷头固定方式 3. 防护材料种类 4. 油漆品种、刷漆遍数	个	按设计图示数量计算	1. 管道附件、阀门、喷头安装 2. 水压试验 3. 刷防护材料、油漆

注：1. 挖填土石方应按现行国家标准《房屋建筑与装饰工程工程量计算规范》（GB50854）附录 A 相关编码列项。

2. 阀门井应按现行国家标准《市政工程工程量计算规范》（GB50857）相关项目编码列项。

绿地喷灌系统通常由喷头、管材和管件、控制设备、过滤装置、加压设备及水源等部分组成。如果采用市政供水作为喷灌水源，并且管网水压能够满足设计要求，则系统中无须加压设备；如果水源的水质能够满足喷灌要求，则系统中无须过滤装置。

4.1.3.1 喷灌管线安装

管件和管材构成了喷灌系统的输水管网，将有压水流从水源按照一定方式输送到系统中每个喷头底部。用于绿地喷灌系统的管材和管件应该保证在规定的工作压力不发生开裂和爆管现象。同时，还应具有抗老化、不锈蚀、便于安装的性能。

管道铺设应在槽床标高和管道基础质量检查合格后进行。铺设管道前要对管材、管件、密封圈等进行一次外观检查，有质量问题不得采用。对于金属管道在铺设之前应预先进行防锈处理，铺设时如发现防锈层损伤或脱落应及时修补。

4.1.3.2 喷灌配件安装

喷头是喷灌系统中的重要设备，它是将有压水流破碎成细小的水滴，按照一定的分布规律喷洒在绿地上。为了达到喷灌系统的设计和使用要求，选用喷头应符合以下条件：在设计工作压力下，能够将连续水流破碎成细小水滴，具有良好的雾化能力；在设计工作压力和无风条件下，具有确定的水量分布规律；喷头材质具有良好的抗老化、耐锈蚀和抗机械冲击等性能；结构合理、使用简便、经久耐用。

阀门是用来开闭管路、控制流向、调节和控制输送介质参数的管路件，是绿地喷灌系统中的控制设备。状态性控制设备的作用是控制管网水流方向、流量和压力等状态参数，如各种球阀、闸阀、电磁阀和水力阀等。安全性控制设备的作用是保证喷灌系统的运行安全和正常维护，如减压阀、逆止阀、空气阀、水锤消除阀和自动泄水阀等。

即问即答（即问即答解析见二维码）：

1. 根据《园林绿化工程工程量计算规范》的规定，下列（　　）是以平方米为计量单位。

A. 砍伐乔木　　　　B. 栽植攀缘植物　　　　C. 绿地整理　　　　D. 绿地起坡造型

2. （　　）应为地表面向上 1.2m 高处树干直径。

A. 胸径　　　　B. 地径　　　　C. 干径　　　　D. 蓬径

4.2　园路、园桥工程工程量计算规范

4.2.1　园路、园桥工程

园路、园桥工程量清单项目设置、项目特征描述的内容、计量单位、工程量计算规则应按表4.2.1规定执行。

表4.2.1　　　　　　　　　　园路、园桥工程（编码：050201）

项目编码	项目名称	项目特征	计量单位	工程量计算规则	工作内容
050201001	园路	1. 路床土石类别 2. 垫层厚度、宽度、材料种类 3. 路面厚度、宽度、材料种类 4. 砂浆强度等级	m²	按设计图示尺寸以面积计算，不包括路牙	1. 路基、路床整理 2. 垫层铺筑 3. 路面铺筑 4. 路面养护
050201002	踏（蹬）道			按设计图示尺寸以水平投影面积计算，不包括路牙	
050201003	路牙铺设	1. 垫层厚度、材料种类 2. 路牙材料种类、规格 3. 砂浆强度等级	m	按设计图示尺寸以长度计算	1. 基层清理 2. 垫层铺设 3. 路牙铺设

项目编码	项目名称	项目特征	计量单位	工程量计算规则	工作内容
050201004	树池围牙、盖板（算子）	1. 围牙材料种类、规格 2. 铺设方式 3. 盖板材料种类、规格	1. m 2. 套	1. 以米计量，按设计图示尺寸以长度计算 2. 以套计量，按设计图示数量计算	1. 清理基层 2. 围牙、盖板运输 3. 围牙、盖板铺设
050201005	嵌草砖（格）铺装	1. 垫层厚度 2. 铺设方式 3. 嵌草砖（格）品种、规格、颜色 4. 漏空部分填土要求	m^2	按设计图示尺寸以面积计算	1. 原土夯实 2. 垫层铺设 3. 铺砖 4. 填土
050201006	桥基础	1. 基础类型 2. 垫层及基础材料种类、规格 3. 砂浆强度等级	m^3	按设计图示尺寸以体积计算	1. 垫层铺筑 2. 起重架搭、拆 3. 基础砌筑 4. 砌石
050201007	石桥墩、石桥台	1. 石料种类、规格 2. 勾缝要求 3. 砂浆强度等级、配合比	m^3	按设计图示尺寸以体积计算	1. 石料加工 2. 起重架搭、拆 3. 墩、台、券石、券脸砌筑 4. 勾缝
050201008	拱券石	1. 石料种类、规格 2. 券脸雕刻要求 3. 勾缝要求 4. 砂浆强度等级、配合比			
050201009	石券脸		m^2	按设计图示尺寸以面积计算	
050201010	金刚墙砌筑		m^3	按设计图示尺寸以体积计算	1. 石料加工 2. 起重架搭、拆 3. 砌石 4. 填土夯实
050201011	石桥面铺筑	1. 石料种类、规格 2. 找平层厚度、材料种类 3. 勾缝要求 4. 混凝土强度等级 5. 砂浆强度等级	m^2	按设计图示尺寸以面积计算	1. 石材加工 2. 抹找平层 3. 起重架搭、拆 4. 桥面、桥面踏步铺设 5. 勾缝
050201012	石桥面檐板	1. 石料种类、规格 2. 勾缝要求 3. 砂浆强度等级、配合比			1. 石材加工 2. 檐板铺设 3. 铁锔、银锭安装 4. 勾缝

项目编码	项目名称	项目特征	计量单位	工程量计算规则	工作内容
050201013	石汀步（步石、飞石）	1. 石料种类、规格 2. 砂浆强度等级、配合比	m³	按设计图示尺寸以体积计算	1. 基层整理 2. 石材加工 3. 砂浆调运 4. 砌石
050201014	木制步桥	1. 桥宽度 2. 桥长度 3. 木材种类 4. 各部位截面长度 5. 防护材料种类	m²	按桥面板设计图示尺寸以面积计算	1. 木桩加工 2. 打木桩基础 3. 木梁、木桥板、木桥栏杆、木扶手制作、安装 4. 连接铁件、螺栓安装 5. 刷防护材料
050201015	栈道	1. 栈道宽度 2. 支架材料种类 3. 面层材料种类 4. 防护材料种类	m²	按栈道面板设计图示尺寸以面积计算	1. 凿洞 2. 安装支架 3. 铺设面板 4. 刷防护材料

注：1. 园路、园桥工程的挖土方、开凿石方、回填等应按现行国家标准《市政工程工程量计算规范》（GB50857）相关项目编码列项。

2. 如遇某些构件使用钢筋混凝土或金属构件时，应按现行国家标准《房屋建筑与装饰装修工程工程量计算规范》（GB50854）或《市政工程工程量计算规范》（GB50857）相关项目编码列项。

3. 地伏石、石望柱、石栏杆、石栏板、扶手、撑鼓等应按国家现行标准《仿古建筑工程工程量计算规范》（GB50855）相关项目编码列项。

4. 亲水（小）码头各分部分项项目按照园桥相应项目编码列项。

5. 台阶项目应按现行国家标准《房屋建筑与装饰装修工程工程量计算规范》（GB50854）相关项目编码列项。

6. 混合类构件园桥应按现行国家标准《房屋建筑与装饰装修工程工程量计算规范》（GB50854）或《通用安装工程工程量计算规范》（GB50856）相关项目编码列项。

4.2.1.1　园路

园路使用不同的材质铺贴，具有不同的风格特点，或自然野趣，或古典优雅。园路根据铺装材质的不同，大致可分为以下6类：石材铺装园路、木材铺装园路、砖铺装园路、洗米石铺装园路、卵石铺装园路、混凝土铺装园路。

4.2.1.2　踏（蹬）道

踏（蹬）道是与山体结合通往景区、景点的山地园路，它是利用局部天然山石、露岩等凿出的或利用混凝土、石料、木质材料等铺筑而成的上山蹬道。

4.2.1.3 路牙

路牙是指用凿打成长条形的石材、混凝土预制的长条形砌块、砖铺筑而成的条形构造物，铺装在道路边缘，起保护路面的作用。机制标准砖铺装路牙，有立栽和侧栽两种形式。在园林中，道牙也可用瓦、大卵石等制成。设置在路面边缘与其他构造带分界的条石称为路缘石。

4.2.1.4 树池围牙、盖板

树池是指当在有铺装的地面上栽种树木时，应在树木的周围保留一块没有铺装的土地，通常把它叫作树池或树穴。

树池围牙是树池四周做成的围牙，又称树池侧石，是将预制的混凝土块或条石置于树池的边缘。树池盖板，又称树箅子，是由两块或四块对称的板体对接构成，盖板体的中心处设有树孔，树孔周围设有多个漏水孔。

4.2.1.5 嵌草砖铺装

嵌草路面有两种类型：一种为在块料路面铺装时，在块料与块料之间，留有空隙，在其间种草，如冰裂纹嵌草、空心砖纹嵌草、人字纹嵌草等；另一种是制作成可以种草的各种纹样的混凝土路面砖。预制混凝土砌块按照设计可以有多种形状，大小规格也很多种，也可做成各种彩色的砌块。砌块的形状基本可分为实心和空心两类。

4.2.1.6 桥基础

桥基础是把桥梁自重以及作用于桥梁上的各种荷载传递至地基的构件。石拱桥对基础的要求比梁桥的要求高，否则就可能造成桥基下沉，拱圈变形开裂的危险。基础的类型主要有条形基础、独立基础、杯形基础及桩基础等。

4.2.1.7 石桥墩、石桥台

桥墩位于两桥台之间，是多跨桥梁的中间支承结构，它除承受上部结构的荷载外，还要承受流水压力、水面以上的风力以及可能出现的冰荷载，船只、排筏和漂浮物的撞击力。桥台位于桥梁两端，是支撑桥梁上部结构并和路堤相衔接的构筑物，其功能除传递桥梁上部结构的荷载到基础外，还具有抵挡台后的填土压力、稳定桥头路基，使桥头线路和桥上线路可靠而平稳地连接的作用。

4.2.1.8 拱券石

旋石即碹石，古代多称券石。石券最外端的一圈旋石叫"旋脸石"，券洞内的叫"内旋石"。旋脸石可雕刻花纹，也可加工成光面。石券正中的一块旋脸石常称为"龙口石"，也有叫"龙门石"；龙口石上若雕凿有兽面者叫"兽面石"。拱旋石应选用细密质地的花岗岩、砂岩石等，加工成上宽下窄的楔形石块。石块一侧有榫头，另一侧有榫眼，拱券石相互扣合，再用水泥砂浆砌筑连接。

4.2.1.9　石券脸

石券脸，又称石旋脸，是石券最外端的一圈旋石的外面。

4.2.1.10　金刚墙

金刚墙是指券脚下的垂直承重墙，又称"平水墙"，是一种加固性质的墙，一般在装饰面墙的背后保证其稳固性。因此，古建筑对凡是看不见的加固墙都称为金刚墙。梢孔（即边孔）内侧以内的金刚墙一般做成分水尖形，故称为"分水金刚墙"，梢孔外侧的叫"两边金刚墙"。金刚墙砌筑是将砂浆作为胶结材料将石材结合成墙体的整体，以满足正常使用要求及承受各种荷载。

4.2.1.11　石桥面

石桥面铺筑是指桥面一般用石板、石条铺砌。

4.2.1.12　石桥面檐板

石桥面檐板是指钉在石桥面檐口处起封闭作用的板。铺设时，要求横梁间距一般不大于1.8m。石板厚度应在80mm以上。

4.2.1.13　石汀步

石汀步的材质大致分为自然石、加工石及人工石。自然石的选择，以呈平圆形或角形的花岗岩最为普遍；加工石依加工程度的不同，有保留自然外观而略做整形的石块，有经机械切片而成的石板等，外形相差很大；人工石是指水泥砖、混凝土制平板或砖块等，通常形状工整一致。

4.2.1.14　木制步桥

木制步桥是指建筑在庭园内的、由木材加工制作的、主桥孔洞5m以内，供游人通行兼有观赏价值的桥梁。这种桥易与园林环境融为一体，但其承载量有限，且不宜长期保存。

4.2.1.15　栈道

栈道原指沿悬崖峭壁修建的一种道路，又称阁道、复道；中国古代高楼间架空的通道也称栈道；栈道现在的含义比较广泛。园林里富有情趣的楼梯状的木质道路，即为木栈道。

4.2.2 驳岸、护岸

驳岸、护岸工程量清单项目设置、项目特征描述的内容、计量单位、工程量计算规则应按表4.2.2规定执行。

表4.2.2   驳岸、护岸（编码：050202）

项目编码	项目名称	项目特征	计量单位	工程量计算规则	工作内容
050202001	石（卵石）砌驳岸	1. 石料种类、规格 2. 驳岸截面、长度 3. 勾缝要求 4. 砂浆强度等级、配合比	1. m³ 2. t	1. 以立方米计量，按设计图示尺寸以体积计算 2. 以吨计量，按质量计算	1. 石料加工 2. 砌石（卵石） 3. 勾缝
050202002	原木桩驳岸	1. 木材种类 2. 桩直径 3. 桩单根长度 4. 防护材料种类	1. m 2. 根	1. 以米计量，按设计图示桩长（包括桩尖）计算 2. 以根计量，按设计图示数量计算	1. 木桩加工 2. 打木桩 3. 刷防护材料
050202003	满（散）铺砂卵石护岸（自然护岸）	1. 护岸平均宽度 2. 粗细砂比例 3. 卵石粒径	1. m² 2. t	1. 以平方米计量，按设计图示尺寸以护岸展开面积计算 2. 以吨计量，按卵石使用质量计算	1. 修边坡 2. 铺卵石
050202004	点（散）布大卵石	1. 大卵石粒径 2. 数量	1. 块(个) 2. t	1. 以块（个）计量，按设计图示数量计算 2. 以吨计量，按卵石使用质量计算	1. 布石 2. 安砌 3. 成型
050202005	框格花木护岸	1. 展开宽度 2. 护坡材质 3. 框格种类与规格	m²	按设计图示尺寸展开宽度乘以长度以面积计算	1. 修边坡 2. 安放框格

注：1. 驳岸工程的挖土方、开凿石方、回填等应按现行国家标准《房屋建筑与装饰装修工程工程量计算规范》（GB50854）附录A相关项目编码列项。

2. 木桩钎（梅花桩）按原木桩驳岸项目单独编码列项。

3. 钢筋混凝土仿木桩驳岸，其钢筋混凝土及表面装饰应按现行国家标准《房屋建筑与装饰装修工程工程量计算规范》（GB50854）相关项目编码列项，若表面"塑松皮"按本规范附录C"园林景观工程"相关项目编码列项。

4. 框格花木护岸的铺草皮、撒草籽等应按本规范"绿化工程"相关项目编码列项。

驳岸是挡土墙的一种，它是正面临水的挡土墙，可以支撑墙后的土壤，保护坡岸不受水体的冲刷。驳岸的形式有规则式和自然式。规则式驳岸是指用块石、砖、砼等砌筑整齐的几何形式岸壁；自然式驳岸是指用山石砌成，外部形体曲折而有变化的岸壁。

护坡也是驳岸的一种形式，它们之间并没有严格的区别和界限。一般来说，驳岸有近乎垂直的墙面，以防止岸土下坍；而护坡则没有用来支撑土壤的近于垂直的墙面，它的作用在于阻止冲刷，其坡度一般在土壤的自然安息角内。

4.2.2.1　石砌驳岸

石砌驳岸是指用块石对园林水景岸坡的处理，是园林工程中最为主要的护岸形式。它主要依靠墙身自重来保证岸壁的稳定，抵抗墙后土壤的压力。驳岸结构由基础、墙身和压顶三部分组成。

4.2.2.2　原市桩驳岸

原木桩驳岸是指公园、小区、街边绿地等的溪流河边造景驳岸，一般采用松木树干，横向截断成规定长度的木桩打压而成的驳岸。

4.2.2.3　铺砂卵石护岸

满铺或散铺砂卵石的护岸，又叫自然护岸，是将大量的卵石、砂石等按一定级配与层次堆积散铺于斜坡式岸边，使坡面土壤的密实度增大，抗坍塌的能力也随之增强。在水体岸坡上采用这种护岸方式，除了能起到固定坡土的作用外，还能使坡面得到很好的美化。

4.2.2.4　点布大卵石

点布大卵石是按照若干块山石布置石景时"散漫理之"的做法，其布置方式的最大特点是卵石的分散、随意布置，主要是用来点缀溪水景观，使河畔更具有自然山地的野趣。

4.2.2.5　框格花市护坡

框格花木护坡是在开挖坡面上挂网，利用浆砌块石、现浇钢筋混凝土框格梁或安装预制混凝土框格进行边坡坡面防护，然后在框格内喷射植被混凝土以达到护坡绿化的目的。框格的常用形式有 4 种：方型、菱形、人字型、弧型。

即问即答（即问即答解析见二维码）：

根据《园林绿化工程工程量计算规范》的规定，亲水（小）码头各分部分项项目按照（　　）相应项目编码列项。

A. 园路　　　　　　B. 园桥　　　　　　C. 园林景观　　　　　　D. 驳岸

4.3 园林景观工程工程量计算规范

4.3.1 堆塑假山

堆塑假山工程量清单项目设置、项目特征描述的内容、计量单位、工程量计算规则应按表4.3.1规定执行。

表4.3.1 堆塑假山（编码：050301）

项目编码	项目名称	项目特征	计量单位	工程量计算规则	工作内容
050301001	堆筑土山丘	1. 土丘高度 2. 土丘坡度要求 3. 土丘底外接矩形面积	m³	按设计图示山丘水平投影外接矩形面积乘以高度的 1/3 以体积计算	1. 取土、运土 2. 堆砌、夯实 3. 修整
050301002	堆砌石假山	1. 堆砌高度 2. 石料种类、单块重量 3. 混凝土强度等级 4. 砂浆强度等级、配合比	t	按设计图示尺寸以质量计算	1. 选料 2. 起重机搭、拆 3. 堆砌、修整
050301003	塑假山	1. 假山高度 2. 骨架材料种类、规格 3. 山皮料种类 4. 混凝土强度等级 5. 砂浆强度等级、配合比 6. 防护材料种类	m²	按设计图示尺寸以展开面积计算	1. 骨架制作 2. 假山胎模制作 3. 塑假山 4. 山皮料安装 5. 刷防护材料
050301004	石笋	1. 石笋高度 2. 石笋材料种类 3. 砂浆强度等级、配合比	支	1. 以块（支、个）计量，按设计图示数量计算 2. 以吨计量，按设计图示石料质量计算	1. 选石料 2. 石笋安装
050301005	点风景石	1. 石料种类 2. 石料规格、比重 3. 砂浆配合比	1. 块 2. t		1. 选石料 2. 起重架搭、拆 3. 点石
050301006	池、盆景置石	1. 底盘种类 2. 山石高度 3. 山石种类 4. 混凝土强度等级 5. 砂浆强度等级、配合比	1. 座 2. 个		1. 底盘制作、安装 2. 池、盆景山石安装、砌筑

项目编码	项目名称	项目特征	计量单位	工程量计算规则	工作内容
050301007	山（卵）石护角	1. 石料种类、规格 2. 砂浆配合比	m^3	按设计图示尺寸以体积计算	1. 石料加工 2. 砌石
050301008	山坡（卵）石台阶	1. 石料种类、规格 2. 台阶坡度 3. 砂浆强度等级	m^2	按设计图示尺寸以水平投影面积计算	1. 选石料 2. 台阶砌筑

注：1. 假山（堆筑土山丘除外）工程的挖土方、开凿石方、回填等应按现行国家标准《房屋建筑与装饰装修工程工程量计算规范》（GB50854）相关项目编码列项。

2. 如遇某些构配件使用钢筋混凝土或金属构件时，应按现行国家标准《房屋建筑与装饰装修工程工程量计算规范》（GB50854）或《市政工程工程量计算规范》（GB50857）相关项目编码列项。

3. 散铺河滩石按点风景石项目单独编码列项。

4. 堆筑土山丘，适用于夯填、堆筑而成。

4.3.1.1　堆筑土山丘

堆筑土山丘是指山体以土壤堆成，或利用原有凸起的地形、土丘，加堆土以突出其高耸的山形，在陡坎、陡坡处可用块石作护坡或挡土墙。这种类型的假山往往占地面积很大，是构成园林基本地形和基本景观背景的重要构造因素。

4.3.1.2　堆砌石假山

堆山材料主要是自然山石，只在石间空隙处填土配植植物。此类假山一般规模都比较小，主要用在庭院、水池等空间比较闭合的环境中，或者作为瀑布、滴泉的山体应用。

4.3.1.3　塑假山

塑假山是指采用水泥材料以人工塑造的方式来制作假山或石景。做人造山石，一般以砖或钢筋为骨架做成山石模胚与骨架，然后再挂浆打底、制作山石纹理与着色。

4.3.1.4　石笋

石笋为石形，修长呈条柱状，立地似竹笋而得名。其石质类似青石者称为"慧剑"，对含有白色小砾石或小卵石者称为"白果笋"或"子母剑"，对黑色如炭者称为"乌炭笋"。

4.3.1.5　点风景石

点风景石是指以山石为材料，点布独立的不具备山形但以奇特的形状为审美特征的石质观赏品。

4.3.1.6　池、盆景置石

池石是布置在水池中的点风景石。盆景置石是在园林庭院中布置的大型的山水盆景。

盆景中的山水景观大多数是按照真山真水形象塑造的，而且有着显著的小中见大的艺术效果，能够让人领会到咫尺千里的山水意境。

4.3.1.7 山（卵）石护角

山（卵）石护角是指土山或堆石山的山角堆砌的山石，起挡土石和点缀的作用。

4.3.1.8 山坡（卵）石台阶

山坡（卵）石台阶指随山坡而砌，多使用不规整的块石砌筑，该台阶一般无严格统一的每步台阶高度限制，踏步和踢脚无需石表面加工或有少许加工。

4.3.2 原木、竹构件

原木、竹构件工程量清单项目设置、项目特征描述的内容、计量单位、工程量计算规则应按表4.3.2规定执行。

表4.3.2　　　　　　原木、竹构件（编码：050302）

项目编码	项目名称	项目特征	计量单位	工程量计算规则	工作内容
050302001	原木（带树皮）柱、梁、檩、椽	1. 原木种类 2. 原木直（稍）径（不含树皮厚度）	m	按设计图示尺寸以长度计算（包括榫长）	1. 构件制作 2. 构件安装 3. 刷防护材料
050302002	原木（带树皮）墙	3. 墙龙骨材料种类、规格 4. 墙底层材料种类、规格	m²	按设计图示尺寸以面积计算（不包括柱、梁）	
050302003	树枝吊挂楣子	5. 构件联结方式 6. 防护材料种类		按设计图示尺寸以框外围面积计算	
050302004	竹柱、梁、檩、椽	1. 竹种类 2. 竹直（稍）径 3. 连接方式 4. 防护材料种类	m	按设计图示尺寸以长度计算	
050302005	竹编墙	1. 竹种类 2. 墙龙骨材料种类、规格 3. 墙底层材料种类、规格 4. 防护材料种类	m²	按设计图示尺寸以面积计算（不包括柱、梁）	
050302006	竹吊挂楣子	1. 竹种类 2. 竹稍径 3. 防护材料种类		按设计图示尺寸以框外围面积计算	

4.3.2.1　原市（带树皮）柱、梁、檩、椽

原木（带树皮）柱、梁、檩、椽主要取伐倒木的树干或适用的粗枝，按树种、树径，横向截断成规定长度的柱、梁、檩、椽。

4.3.2.2　原市（带树皮）墙

原木（带树皮）墙指取伐倒木的树干，也可取适用的粗枝，保留树皮，只进行横向截断成规定长度的木材所制成的墙体，用来分隔空间。

4.3.2.3　树枝、竹吊挂楣子

吊挂楣子因其倒挂在檐枋之下，所以也有称倒挂楣子、挂落，它用棂条组成各种图案，常见的图案有：步步紧、灯笼锦、盘肠纹、金钱如意、万字拐子、斜万字、龟背锦、冰裂纹等。用树枝编织加工制成的倒挂楣子叫树枝吊挂楣子；用竹材作成的有各种花纹图案的倒挂楣子叫竹吊挂楣子。

4.3.2.4　竹柱、梁、檩、椽

竹柱、梁、檩、椽主要取伐倒木的毛竹，按竹径横向截断成规定长度的柱、梁、檩、椽。

4.3.2.5　竹编墙

竹编墙指用竹编成的墙体，用来分隔空间和防护之用。

4.3.3　亭廊屋面

亭廊屋面工程量清单项目设置、项目特征描述的内容、计量单位、工程量计算规则应按表 4.3.3 规定执行。

表 4.3.3　　　　　　　　　　　　亭廊屋面（编码：050303）

项目编码	项目名称	项目特征	计量单位	工程量计算规则	工作内容
050303001	草屋面	1. 屋面坡度 2. 铺草种类 3. 竹材种类 4. 防护材料种类	m²	按设计图示尺寸以斜面积计算	1. 整理、选料 2. 屋面铺设 3. 刷防护材料
050303002	竹屋面			按设计图示尺寸以实铺面积计算（不包括柱、梁）	
050303003	树皮屋面			按设计图示尺寸以屋面结构外围面积计算	

续表

项目编码	项目名称	项目特征	计量单位	工程量计算规则	工作内容
050303004	油毡瓦屋面	1. 冷底子油品种 2. 冷底子油涂刷遍数 3. 油毡瓦颜色规格	m²	按设计图示尺寸以斜面积计算	1. 清理基层 2. 材料裁接 3. 刷油 4. 铺设
050303005	预制混凝土穹顶	1. 穹顶弧长、直径 2. 肋截面尺寸 3. 板厚 4. 混凝土强度等级 5. 拉杆材质、规格	m³	按设计图示尺寸以体积计算。混凝土脊和穹顶的肋、基梁并入屋面体积	1. 模板制作、运输、安装、拆除、保养 2. 混凝土制作、运输、浇筑、振捣、养护 3. 构件运输、安装 4. 砂浆制作、运输 5. 接头灌缝、养护
050303006	彩色压型钢板（夹芯板）攒尖亭屋面板	1. 屋面坡度 2. 穹顶弧长、直径 3. 彩色压型钢（夹芯）板品种、规格 4. 拉杆材质、规格 5. 嵌缝材料种类 6. 防护材料种类	m²	按设计图示尺寸以实铺面积计算	1. 压型板安装 2. 护角、包角、泛水安装 3. 嵌缝 4. 刷防护材料
050303007	彩色压型钢板（夹芯）穹顶				
050303008	玻璃屋面	1. 屋面坡度 2. 龙骨材质、规格 3. 玻璃材质、规格 4. 防护材料种类			1. 制作 2. 运输 3. 安装
050303009	木（防腐木）屋面	1. 木（防腐木）种类 2. 防护层处理			

注：1. 柱顶石（磉蹬石）、钢筋混凝土屋面板、钢筋混凝土亭屋面板、木柱、木屋架、钢柱、钢屋架、屋面木基层和防水层等，应按现行国家标准《房屋建筑与装饰工程工程量计算规范》（GB50854）中相关项目编码列项。

2. 膜结构的亭、廊，应按现行国家标准《仿古建筑工程工程量计算规范》（GB50855）及《房屋建筑与装饰工程工程量计算规范》（GB50854）中相关项目编码列项。

3. 竹构件连接方式包括：竹钉固定、竹篾绑扎、铁丝连接。

4.3.3.1 草、竹、树皮、油毡瓦、玻璃屋面

草、竹、树皮、油毡瓦、玻璃屋面指亭廊等建筑盖顶层的构造层由草、竹、树皮、油

毡瓦、玻璃铺设而成的屋面。

4.3.3.2　穹顶

穹顶指屋顶形状呈半球形或近乎半球形的多曲面体顶盖，有钢筋混凝土穹顶、钢结构穹顶、铁艺穹顶、玻璃穹顶、竹结构穹顶。预制混凝土穹顶是由在工厂或工地现场制作混凝土构件，在设计位置进行安装的穹顶。彩色压型钢板（夹芯板）穹顶是由单层厚度 0.8 ~ 1.6mm 的薄钢板经冲压加工而成的彩色瓦楞状产品，或双层瓦楞状板间夹有轻质芯材的产品，制作成的穹顶。

4.3.3.3　攒尖顶屋面板

攒尖顶屋面指将形成屋顶的所有坡屋面顶端，都攒积到一个顶点所构成的屋顶，是园林建筑中亭式建筑的主要屋顶，常用于亭、榭、阁和塔等建筑。攒尖顶有单檐、重檐之分，按形状可分为角式攒尖和圆形攒尖。彩色压型钢板（夹芯板）攒尖亭屋面板是由单层厚度 0.8 ~ 1.6mm 的薄钢板经冲压加工而成的彩色瓦楞状产品，或双层瓦楞状板间夹有轻质芯材的产品，制作成的攒尖亭屋面板。

4.3.3.4　木（防腐木）屋面

木（防腐木）屋面指亭廊等建筑盖顶层的构造层由木材（防腐木）铺设的屋面。防腐木是将普通木材经过人工添加化学防腐剂之后，使其具有防腐蚀、防潮、防真菌、防虫蚁、防霉变以及防水等特性。园林景观常用的防腐木主要有柳桉木和菠萝格两种材质。

4.3.4　花架

花架工程量清单项目设置、项目特征描述的内容、计量单位、工程量计算规则应按表 4.3.4 规定执行。

表 4.3.4　　　　　　　　　　花架（编码：050304）

项目编码	项目名称	项目特征	计量单位	工程量计算规则	工作内容
050304001	现浇混凝土花架柱、梁	1. 柱截面、高度、根数 2. 盖梁截面、高度、根数 3. 连系梁截面、高度、根数 4. 混凝土强度等级	m³	按设计图示尺寸以体积计算	1. 模板制作、运输、安装、拆除、保养 2. 混凝土制作、运输、浇筑、振捣、养护

项目编码	项目名称	项目特征	计量单位	工程量计算规则	工作内容
050304002	预制混凝土花架柱、梁	1. 柱截面、高度、根数 2. 盖梁截面、高度、根数 3. 连系梁截面、高度、根数 4. 混凝土强度等级 5. 砂浆配合比	m³	按设计图示尺寸以体积计算	1. 模板制作、运输、安装、拆除、保养 2. 混凝土制作、运输、浇筑、振捣、养护 3. 构件运输、安装 4. 砂浆制作、运输 5. 接头灌缝、养护
050304003	金属花架柱、梁	1. 钢材品种、规格 2. 柱、梁截面 3. 油涂品种、刷漆遍数	t	按设计图示尺寸以质量计算	1. 制作、运输 2. 安装 3. 油漆
050304004	木花架柱、梁	1. 木材种类 2. 柱、梁截面 3. 连接方式 4. 防护材料种类	m³	按设计图示截面乘长度（包括榫长）以体积计算	1. 构件制作、运输、安装 2. 刷防护材料、油漆
050304005	竹花架柱、梁	1. 竹种类 2. 竹胸径 3. 油漆品种、刷漆遍数	1. m 2. 根	1. 以长度计量，按设计图示花架构件尺寸以延长米计算 2. 以根计量，按设计图示花架柱、梁数量计算	1. 制作 2. 运输 3. 安装 4. 油漆

注：花架基础、玻璃天棚、表面装饰及涂料项目应按现行国家标准《房屋建筑与装饰工程工程量计算规范》（GB50854）中相关项目编码列项。

4.3.4.1 现浇混凝土花架柱、梁

现浇混凝土花架柱、梁是指直接在现场支模、绑扎钢筋、浇灌混凝土而成形的花架柱、梁。

4.3.4.2 预制混凝土花架柱、梁

预制混凝土花架柱、梁是指在施工现场安装之前，按照花架柱、梁各部件的有关尺

寸，进行预先下料，加工成组合部件或在预制加工厂定购各种花架柱、梁构件，经运输、吊装、就位才能成形的花架柱、梁。

4.3.4.3　金属花架柱、梁

金属花架柱、梁是指由钢、不锈钢、铝合金等金属材料制成的花架柱、梁。

4.3.4.4　木花架柱、梁

木花架柱、梁指由木材制成的花架柱、梁。

4.3.4.5　竹花架柱、梁

竹花架柱、梁指由竹材制成的花架柱、梁。

4.3.5　园林桌椅

园林桌椅工程量清单项目设置、项目特征描述的内容、计量单位、工程量计算规则应按表4.3.5规定执行。

表4.3.5　　　　　　　　园林桌椅（编码：050305）

项目编码	项目名称	项目特征	计量单位	工程量计算规则	工作内容
050305001	预制钢筋混凝土飞来椅	1. 座凳面厚度、宽度 2. 靠背扶手截面 3. 靠背截面 4. 座凳楣子形状、尺寸 5. 混凝土强度等级 6. 砂浆配合比	m	按设计图示尺寸以座凳面中心线长度计算	1. 模板制作、运输、安装、拆除、保养 2. 混凝土制作、运输、浇筑、振捣、养护 3. 构件运输、安装 4. 砂浆制作、运输 5. 接头灌缝、养护
050305002	水磨石飞来椅	1. 座凳面厚度、宽度 2. 靠背扶手截面 3. 靠背截面 4. 座凳楣子形状、尺寸 5. 砂浆配合比			1. 砂浆制作、运输 2. 制作 3. 运输 4. 安装

项目编码	项目名称	项目特征	计量单位	工程量计算规则	工作内容
050305003	竹制飞来椅	1. 竹材种类 2. 座凳面厚度、宽度 3. 靠背扶手截面 4. 靠背截面 5. 座凳楣子形状、尺寸 6. 铁件尺寸、厚度 7. 防护材料种类	m	按设计图示尺寸以座凳面中心线长度计算	1. 座凳面、靠背扶手、靠背、楣子制作、安装 2. 铁件安装 3. 刷防护材料
050305004	现浇混凝土桌凳	1. 桌凳形状 2. 基础尺寸、埋设深度 3. 桌面尺寸、支墩高度 4. 凳面尺寸、支墩高度 5. 混凝土强度等级、砂浆配合比	个	按设计图示数量计算	1. 模板制作、运输、安装、拆除、保养 2. 混凝土制作、运输、浇筑、振捣、养护 3. 砂浆制作、运输
050305005	预制混凝土桌凳	1. 桌凳形状 2. 基础形状、尺寸、埋设深度 3. 桌面形状、尺寸、支墩高度 4. 凳面尺寸、支墩高度 5. 混凝土强度等级 6. 砂浆配合比			1. 模板制作、运输、安装、拆除、保养 2. 混凝土制作、运输、浇筑、振捣、养护 3. 构件运输、安装 4. 砂浆制作、运输 5. 接头灌缝、养护
050305006	石桌石凳	1. 石材种类 2. 基础形状、尺寸、埋设深度 3. 桌面形状、尺寸、支墩高度 4. 凳面尺寸、支墩高度 5. 混凝土强度等级 6. 砂浆配合比			1. 土方挖运 2. 桌凳制作 3. 桌凳运输 4. 桌凳安装 5. 砂浆制作、运输
050305007	水磨石桌凳	1. 基础形状、尺寸、埋设深度 2. 桌面形状、尺寸、支墩高度 3. 凳面尺寸、支墩高度 4. 混凝土强度等级 5. 砂浆配合比			1. 桌凳制作 2. 桌凳运输 3. 桌凳安装 4. 砂浆制作、运输

项目编码	项目名称	项目特征	计量单位	工程量计算规则	工作内容
050305008	塑树根桌凳	1. 桌凳直径 2. 桌凳高度 3. 砖石种类 4. 砂浆强度等级、配合比 5. 颜料品种、颜色	个	按设计图示数量计算	1. 砂浆制作、运输 2. 砖石砌筑 3. 塑树皮 4. 绘制木纹
050305009	塑树节椅				
050305010	塑料、铁艺、金属椅	1. 木座板面截面 2. 座椅规格、颜色 3. 混凝土强度等级 4. 防护材料种类			1. 制作 2. 安装 3. 刷防护材料

注：木制飞来椅按现行国家标准《仿古建筑工程工程量计算规范》（GB50855）相关项目编码列项。

4.3.5.1　飞来椅

飞来椅是亭廊等建筑上在临空一侧设置的可以当作栏杆，同时又是可以倚靠的、一般具有向外探出的"鹅颈"状（弓形）靠背的座椅，俗称美人靠或吴王靠、鹅颈椅。飞来椅与亭廊柱的连接可以使用铁件，包括靠背、扶手、坐凳面与柱或墙的连接铁件，坐凳腿与地面的连接铁件。飞来椅根据材质不同，可以分为钢筋混凝土飞来椅、水磨石飞来椅、竹制飞来椅、木制飞来椅。

4.3.5.2　现浇混凝土桌凳

现浇混凝土桌凳是指在施工现场直接按桌凳各部件相关尺寸进行支模、绑扎钢筋、浇灌混凝土等制作桌凳。

4.3.5.3　预制混凝土桌凳

预制混凝土桌凳是指在施工现场安装之前，按照桌凳各部件相关尺寸，进行预先下料、加工和部件组合或在预制加工厂定购各种桌凳构件。

4.3.5.4　石桌石凳

石桌石凳是使用天然石料的桌凳，可以经人工雕凿或直接使用自然石料。

4.3.5.5　水磨石桌凳

水磨石桌凳是将碎石、玻璃、石英石等骨料拌入水泥黏结制成混凝土制品后，经表面研磨、抛光而成的桌凳。以水泥黏结制成的水磨石叫无机磨石，用环氧黏结制成的水磨石又叫环氧磨石或有机磨石，水磨石按施工制作工艺又分现场浇筑水磨石和预制板材水磨石。

4.3.5.6　塑树根桌凳

塑树根桌凳是指用砖或混凝土胎外挂或直接使用钢筋、钢丝网等做成树根形的笼状骨架，再仿照树根粉以水泥砂浆或麻刀灰制成的桌凳。

4.3.5.7 塑树节椅

塑树节椅是指用金属或砖等刚性材料骨架和水泥砂浆等，依照树木的外形，制作出树皮、树根、树干、壁画、竹子等装饰的座椅。

4.3.5.8 塑料、铁艺、金属椅

塑料、铁艺、金属椅是指用塑料、铁艺、金属制成的各种形态的椅子，包括仿竹、仿树木的塑料椅。

4.3.6 喷泉安装

喷泉安装工程量清单项目设置、项目特征描述的内容、计量单位、工程量计算规则应按表4.3.6规定执行。

表4.3.6　　　　　　　　喷泉安装（编码：050306）

项目编码	项目名称	项目特征	计量单位	工程量计算规则	工作内容
050306001	喷泉管道	1. 管材、管件、阀门、喷头品种 2. 管道固定方式 3. 防护材料种类	m	按设计图示管道中心线长度以延长米计算，不扣除检查（阀门）井、阀门、管件及附件所占的长度	1. 土（石）方挖运 2. 管材、管件、阀门、喷头安装 3. 刷防护材料 4. 回填
050306002	喷泉电缆	1. 保护管品种、规格 2. 电缆品种、规格		按设计图示单根电缆长度以延长米计算	1. 土（石）方挖运 2. 电缆保护管安装 3. 电缆敷设 4. 回填
050306003	水下艺术装饰灯具	1. 灯具品种、规格 2. 灯光颜色	套		1. 灯具安装 2. 支架制作、运输、安装
050306004	电气控制柜	1. 规格、型号 2. 安装方式		按设计图示数量计算	1. 电气控制柜（箱） 2. 系统调试
050306005	喷泉设备	1. 设备品种 2. 设备规格、型号 3. 防护网品种、规格	台		1. 设备安装 2. 系统调试 3. 防护网安装

注：1. 喷泉水池应按现行国家标准《房屋建筑与装饰工程工程量计算规范》（GB50854）中相关项目编码列项。

2. 管架项目应按现行国家标准《房屋建筑与装饰工程工程量计算规范》（GB50854）中钢支架项目单独编码列项。

4.3.6.1 喷泉管道

喷泉管道主要由吸水管、供水管、补给水管、溢水管、泄水管等组成。装饰性小型喷泉，其管道可直接埋入土中，或用山石、矮灌木遮住。大型喷泉，分主管和次管，主管要敷设于可人行的地沟中，为了便于维修应设置检查井；次管直接置于水池内。喷泉所有的管线都要有不小于2%的坡度，便于停止运行时将水排完，所有管道均要进行防腐处理，管道连接要严密，安装必须牢固。

4.3.6.2 喷泉电缆

喷泉电缆是为实现喷泉正常工作而设置的输电线缆。电缆通常是由几根或几组导线（每组至少两根）绞合而成的类似绳索的电缆，每组导线之间相互绝缘，并常围绕着一根中心扭成，整个外面包有高度绝缘的覆盖层。

当电缆敷设于水下时，经常浸水或潮湿的地方，则要求电缆具有防水、耐水的功能，即要求具有全阻水的功能，以便阻止水分浸入电缆内部，保证电缆在水下长期稳定运行，因此，喷泉电缆需选用防水电缆。

4.3.6.3 水下艺术装饰灯具

水下艺术装饰灯具是水景中常用的设备，尤其是在喷泉中广泛使用，主要有全封闭式水下彩灯、半封闭式水下彩灯和高密封水下彩灯。常用的材料有塑料、铝合金、黄铜及不锈钢。

4.3.6.4 电气控制柜

电气控制柜是按电气接线要求将开关设备、测量仪表、保护电器和辅助设备组装在封闭或半封闭金属柜中，其布置应满足电力系统正常运行的要求，便于检修，不危及人身及周围设备安全。

4.3.6.5 喷泉设备

喷泉设备是指用水、光、声、画等方式营造水景造型的设备，如加压水泵、音响效果设备、水幕电影设备、激光投射设备、自动补水装置、电子控制设备等。

4.3.7 杂项

杂项工程量清单项目设置、项目特征描述的内容、计量单位、工程量计算规则应按表4.3.7规定执行。

表 4.3.7　　　　　　　　　杂项（编码：050307）

项目编码	项目名称	项目特征	计量单位	工程量计算规则	工作内容
050307001	石灯	1. 石料种类 2. 石灯最大截面 3. 石灯高度 4. 砂浆配合比	个	按设计图示数量计算	1. 制作 2. 安装
050307002	石球	1. 石料种类 2. 球体直径 3. 砂浆配合比			
050307003	塑仿石音箱	1. 音箱石内空尺寸 2. 铁丝型号 3. 砂浆配合比 4. 水泥漆颜色			1. 胎模制作、安装 2. 铁丝网制作、安装 3. 砂浆制作、运输 4. 喷水泥漆 5. 埋置仿石音箱
050307004	塑树皮梁、柱	1. 塑树种类 2. 塑竹种类 3. 砂浆配合比 4. 喷字规格、颜色 5. 油漆品种、颜色	1. m² 2. m	1. 以平方米计量，按设计图示尺寸以梁柱外表面积计算 2. 以米计量，按设计图示尺寸以构件长度计算	1. 灰塑 2. 刷涂颜料
050307005	塑竹梁、柱				
050307006	铁艺栏杆	1. 铁艺栏杆高度 2. 铁艺栏杆单位长度重量 3. 防护材料种类	m	按设计图示尺寸以长度计算	1. 铁艺栏杆安装 2. 刷防护材料
050307007	塑料栏杆	1. 栏杆高度 2. 塑料种类			1. 下料 2. 安装 3. 校正
050307008	钢筋混凝土艺术围栏	1. 围栏高度 2. 混凝土强度等级 3. 表面涂敷材料种类	1. m² 2. m	1. 以平方米计量，按设计图示尺寸以面积计算 2. 以米计量，按设计图示尺寸以延长米计算	1. 制作 2. 运输 3. 安装 4. 砂浆制作、运输 5. 接头灌缝、养护
050307009	标志牌	1. 材料种类、规格 2. 镌字规格、种类 3. 喷字规格、颜色 4. 油漆品种、颜色	个	按设计图示数量计算	1. 选料 2. 标志牌制作 3. 雕凿 4. 镌字、喷字 5. 运输、安装 6. 刷油漆

续表

项目编码	项目名称	项目特征	计量单位	工程量计算规则	工作内容
050307010	景墙	1. 土质类别 2. 垫层材料种类 3. 基础材料种类、规格 4. 墙体材料种类、规格 5. 墙体厚度 6. 混凝土、砂浆强度等级、配合比 7. 饰面材料种类	1. m³ 2. 段	1. 以立方米计量，按设计图示尺寸以体积计算 2. 以段计量，按设计图示尺寸以数量计算	1. 土（石）方挖运 2. 垫层、基础铺设 3. 墙体砌筑 4. 面层铺贴
050307011	景窗	1. 景窗材料品种、规格 2. 混凝土强度等级 3. 砂浆强度等级、配合比 4. 涂刷材料品种	m²	按设计图示尺寸以面积计算	1. 制作 2. 运输 3. 砌筑安放 4. 勾缝 5. 表面涂刷
050307012	花饰	1. 花饰材料品种、规格 2. 砂浆配合比 3. 涂刷材料品种			
050307013	博古架	1. 博古架材料品种、规格 2. 混凝土强度等级 3. 砂浆配合比 4. 涂刷材料品种	1. m² 2. m 3. 个	1. 以平方米计量，按设计图示尺寸以面积计算 2. 以米计量，按设计图示尺寸以延长米计算 3. 以个计量，按设计图示数量计算	1. 制作 2. 运输 3. 砌筑安放 4. 勾缝 5. 表面涂刷
050307014	花盆（坛、箱）	1. 花盆（坛）的材质及类型 2. 规格尺寸 3. 混凝土强度等级 4. 砂浆配合比	个	按设计图示尺寸以数量计算	1. 制作 2. 运输 3. 安放
050307015	摆花	1. 花盆（钵）的材质及类型 2. 花卉品种与规格	1. m² 2. 个	1. 以平方米计量，按设计图示尺寸以水平投影面积计算 2. 以个计量，按设计图示数量计算	1. 搬运 2. 安放 3. 养护 4. 撤收

项目编码	项目名称	项目特征	计量单位	工程量计算规则	工作内容
050307016	花池	1. 土质类别 2. 池壁材料种类、规格 3. 混凝土、砂浆强度等级、配合比 4. 饰面材料种类	1. m³ 2. m 3. 个	1. 以立方米计量,按设计图示尺寸以体积计算 2. 以米计量,按设计图示尺寸以池壁中心线处延长米计算 3. 以个计量,按设计图示数量计算	1. 垫层铺设 2. 基础砌(浇)筑 3. 墙体砌(浇)筑 4. 面层铺贴
050307017	垃圾箱	1. 垃圾箱材质 2. 规格尺寸 3. 混凝土强度等级 4. 砂浆配合比	个	按设计图示尺寸以数量计算	1. 制作 2. 运输 3. 安放
050307018	砖石砌小摆设	1. 砖种类、规格 2. 石种类、规格 3. 砂浆强度等级、配合比 4. 石表面加工要求 5. 勾缝要求	1. m³ 2. 个	1. 以立方米计量,按设计图示尺寸以体积计算 2. 以个计量,按设计图示尺寸以数量计算	1. 砂浆制作、运输 2. 砌砖、石 3. 抹面、养护 4. 勾缝 5. 石表面加工
050307019	其他景观小摆设	1. 名称及材质 2. 规格尺寸	个	按设计图示尺寸以数量计算	1. 制作 2. 运输 3. 安装
050307020	柔性水池	1. 水池深度 2. 防水(漏)材料品种	m²	按设计图示尺寸以水平投影面积计算	1. 清理基层 2. 材料裁接 3. 铺设

注:砌筑果皮箱,放置盆景的须弥座等,应按砖石砌小摆设项目编码列项。

4.3.7.1 石灯

石灯是指用石料剔凿或拼制而成的园灯。

4.3.7.2 石球

石球是指用石料加工而成的球体,常有光面石球和毛面石球。

4.3.7.3 塑仿石音箱

塑仿石音箱是指用带色水泥砂浆和金属铁件等,仿照石料外形,制作出的音箱。

4.3.7.4　塑树皮梁、柱

塑树皮梁、柱是指梁、柱用水泥砂浆粉饰出树皮外形，以配合园林景点的装饰工艺。

4.3.7.5　塑竹梁、柱

塑竹是围墙、竹篱上所常用的装饰物，用角铁做心，水泥砂浆塑面，做出竹节，然后与主体构筑物固定。塑竹梁、柱即为梁、柱的主体构筑物以塑竹装饰的构件。

4.3.7.6　栏杆

栏杆在园林景观中被广泛使用，通常有低栏（0.2～0.3m）、高栏（1.1～1.3m）。一般来说，花坛和草坪边缘用低栏，既可以做装饰和点缀，又可以明确边界。在高低悬殊的地面、外围墙、临水线等用高栏，起到分隔与防护作用。

制作栏杆的材料有很多种，如木、石、竹、铁、塑料、钢筋混凝土等，园林景观中常用的有铁艺栏杆、塑料栏杆、钢筋混凝土艺术围栏、石栏杆等。

4.3.7.7　标志牌

标志牌是指用金属、木或其他材料做成的题有文字、图或识别记号的板。在公园中用得最广泛的种类有：表示园名、设施名或导游图的名牌；表明距离、方向的指示牌；介绍景观、现象、典故等的解说牌；提示灾害、安全、公德等的警告牌；说明物名、景名等名牌。

4.3.7.8　景墙

景墙是指在园林中用于造景、点缀园林的一种墙式建筑小品，其形式不拘一格，功能因需而设，材料丰富多样。景墙在园林中除了用作障景、漏景以及背景之外，很多城市更是把景墙作为城市文化建设、改善市容市貌的重要方式。景墙具有分隔空间、衬托景物、装饰美化或遮蔽视线的作用，是园林空间构图一个重要因素。

4.3.7.9　景窗

景窗俗称为花墙头、漏墙、花墙洞、漏花窗、花窗，是一种园林建筑中满格的装饰性透空窗，外观为不封闭的空窗，窗洞内装饰着各种漏空图案，透过景窗可隐约看到窗外景物。

4.3.7.10　花饰

花饰工程是传统上对于建筑工程的细部处理和装饰美化做法的综合性称谓。广义上，花饰工程包括表层花饰和花格装饰两类。狭义上，花饰工程仅指表层花饰。表层花饰是指将各种块体或线型的图案及浮雕饰件，安装镶贴于建筑物内外表面以丰富立面或顶面造型，或兼具吸声和隔热等功能；花格装饰，是利用成品花格装饰构件或是利用半成品饰件在现场组装成花格状成品，用于分隔或是连系建筑空间，满足遮阳、采光、通风等功能。表面装饰品按其使用材料，有混凝土、石材、木材、塑料、金属、玻璃、石膏等花饰。

4.3.7.11 博古架

博古架原本是一种在室内陈列古玩珍宝的多层木架。每层形状不规则，前后均敞开，无板壁封挡，便于从各个位置观赏架上放置的器物。计算规范里的博古架是指用石材、木材、钢筋混凝土为材料，制作顶盖、底板和设置于顶盖和底板之间的用于支撑顶盖的若干支架，用于摆放或展陈花卉、盆景、植物小型雕塑等作品。

4.3.7.12 花盆（坛、箱）

花盆（坛、箱）是为观赏花卉提供种植的一种容器，可以灵活布置在公园、景区、道路等处。随着城市建设的快速发展，花箱现已成为城市道路必不可少的城市家具。

4.3.7.13 摆花

摆花是在传统的花坛建设基础上发展起来的，具有见效快、布置方便、摆放随意等特点，能充分满足人们临时性美化装饰的需要。摆花是利用花卉丰富的色彩与变化的形态、完善的艺术构思、科学合理的布局等，布置出不同的景观，以表现一个特定、鲜明的主题。

4.3.7.14 花池

花池是种植花卉或灌木的用砖砌体或混凝土结构围合的小型构造物，池内填种植土、设排水孔、其高度一般不超过600mm。

4.3.7.15 柔性水池

水池的形态种类众多，常有规则严谨的几何形式和自由活泼的自然形式。水池按其修建材料的不同，可以分为刚性结构和柔性结构。刚性水池主要是采用钢筋混凝土或砖石修建；而柔性水池是采用玻璃布沥青、三元乙丙橡胶薄膜等柔性材料修建，具有自重轻，不漏水等优点。

4.3.7.16 小摆设

小摆设是园林中体量小巧、造型新颖，用来点缀园林空间和增添园林景致的装饰小品，如小雕塑、小摆件、须弥座、匾额、饮水泉、洗手池等。

即问即答（即问即答解析见二维码）：

1. 根据《园林绿化工程工程量计算规范》的规定，景墙按（　　）计算。

A. 设计图示尺寸以体积

B. 设计图示尺寸以数量计算

C. 设计图示尺寸以面积计算

2. 根据《园林绿化工程工程量计算规范》的规定，下列选项中以体积计算的有（　　）。

A. 现浇混凝土花架柱　　B. 木花架柱　　C. 预制混凝土花架柱　　D. 金属花架柱

4.4　措施工程工程量计算规范

4.4.1　脚手架工程

脚手架工程工程量清单项目设置、项目特征描述的内容、计量单位、工程量计算规则应按表 4.4.1 规定执行。

表 4.4.1　　　　　　　　　　脚手架工程（编码：050401）

项目编码	项目名称	项目特征	计量单位	工程量计算规则	工作内容
050401001	砌筑脚手架	1. 搭设方式 2. 墙体高度	m²	1. 按墙的长度乘墙的高度以面积计算（硬山建筑山墙高算至山尖）。独立砖石柱高度在 3.6m 以内时，以柱结构周长乘以柱高计算，独立砖石柱高度在 3.6m 以上时，以柱结构周长加 3.6m 乘以柱高计算 2. 凡砌筑高度在 1.5m 及以上的砌体，应计算脚手架	1. 场内、场外材料搬运 2. 搭、拆脚手架、斜道、上料平台 3. 铺设安全网 4. 拆除脚手架后材料分类堆放
050401002	抹灰脚手架			按抹灰墙面的长度乘高度以面积计算（硬山建筑山墙高算至山尖）。独立砖石柱高度在 3.6m 以内时，以柱结构周长乘以柱高计算，独立砖石柱高度在 3.6m 以上时，以柱结构周长加 3.6m 乘以柱高计算	
050401003	亭脚手架	1. 搭设方式 2. 檐口高度	1. 座 2. m²	1. 以座计量，按设计图示数量计算 2. 以平方米计量，按建筑面积计算	

项目编码	项目名称	项目特征	计量单位	工程量计算规则	工作内容
050401004	满堂脚手架	1. 搭设方式 2. 施工面高度	m²	按搭设的地面主墙间尺寸以面积计算	1. 场内、场外材料搬运 2. 搭、拆脚手架、斜道、上料平台 3. 铺设安全网 4. 拆除脚手架后材料分类堆放
050401005	堆砌（塑）假山脚手架	1. 搭设方式 2. 假山高度		按外围水平投影最大矩形面积计算	
050401006	桥身脚手架	1. 搭设方式 2. 桥身高度		按桥基础底面至桥面平均高度乘以河道两侧宽度以面积计算	
050401007	斜道	斜道高度	座	按搭设数量计算	

脚手架是为了保证各施工过程顺利进行而搭设的工作平台，根据使用需求不同可以分为砌筑脚手架、抹灰脚手架、亭脚手架、堆砌（塑）假山脚手架、满堂脚手架、桥身脚手架。砌筑脚手架是指供砌筑各种墙、柱所用的脚手架，是砌筑过程中堆放材料和工人进行操作的临时设施，按其搭设位置分为外墙脚手架和里脚手架两大类。满堂脚手架又称作满堂红脚手架，是一种在水平方向满铺搭设脚手架的施工工艺，多用于开间较大的建筑物顶部的装饰施工。

4.4.2 模板工程

模板工程工程量清单项目设置、项目特征描述的内容、计量单位、工程量计算规则应按表 4.4.2 规定执行。

表 4.4.2 模板工程（编码：050402）

项目编码	项目名称	项目特征	计量单位	工程量计算规则	工作内容
050402001	现浇混凝土垫层	厚度	m²	按混凝土与模板的接触面积计算	1. 制作 2. 安装 3. 拆除 4. 清理 5. 刷隔离剂 6. 材料运输
050402002	现浇混凝土路面				
050402003	现浇混凝土路牙、树池围牙	高度			
050402004	现浇混凝土花架柱	断面尺寸			
050402005	现浇混凝土花架梁	1. 断面尺寸 2. 梁底高度			
050402006	现浇混凝土花池	池壁断面尺寸			

项目编码	项目名称	项目特征	计量单位	工程量计算规则	工作内容
050402007	现浇混凝土桌凳	1. 桌凳形状 2. 基础尺寸、埋设深度 3. 桌面尺寸、支墩高度 4. 凳面尺寸、支墩高度	1. m³ 2. 个	1. 以立方米计量，按设计图示混凝土体积计算 2. 以个计量，按设计图示数量计算	1. 制作 2. 安装 3. 拆除 4. 清理 5. 刷隔离剂 6. 材料运输
050402008	石桥拱券石、石券脸胎架	1. 胎架面高度 2. 矢高、弦长	m²	按拱券石、石券脸弧形底面展开尺寸以面积计算	

模板工程指新浇混凝土成型的模板以及支承模板的一整套构造体系，其中，接触混凝土并控制预定尺寸、形状、位置的构造部分称为模板，支持和固定模板的杆件、桁架、联结件、金属附件、工作便桥等构成支承体系。模板工程是混凝土施工中的一种临时性结构。

4.4.3　树木支撑架、草绳绕树干、搭设遮阴（防寒）棚工程

树木支撑架、草绳绕树干、搭设遮阴（防寒）棚工程工程量清单项目设置、项目特征描述的内容、计量单位、工程量计算规则应按表4.4.3规定执行。

表 4.4.3　树木支撑架、草绳绕树干、搭设遮阴（防寒）棚工程（编码：050403）

项目编码	项目名称	项目特征	计量单位	工程量计算规则	工作内容
050403001	树木支撑架	1. 支撑类型、材质 2. 支撑材料规格 3. 单株支撑材料数量	株	按设计图示数量计算	1. 制作 2. 运输 3. 安装 4. 维护
050403002	草绳绕树干	1. 胸径（干径） 2. 草绳绕树干高度			1. 搬运 2. 绕杆 3. 余料清理 4. 养护期后清除
050403003	搭设遮阴（防寒）棚	1. 搭设高度 2. 搭设材料种类、规格	1. m² 2. 株	1. 以平方米计量，按遮阴（防寒）棚外围覆盖层的展开尺寸以面积计算 2. 以株计量，按设计图示数量计算	1. 制作 2. 运输 3. 搭设、维护 4. 养护期后清除

由于新移栽的树木根系尚未扎深扎实、覆土松软，极易摇晃摆动，甚至倒伏，此时需要做好树体支撑。树木支撑架是临时固定树体的一种保护措施。常用的支撑材料有树棍、毛竹、钢管等。

草绳绕树干是指树木栽植后，为防止新种树木因树皮缺水而干死，用草绳、麻布将树干缠绕起来，以减少水分从树皮蒸发，同时也能将水喷洒在草绳上以保持树皮的湿润。这是提高树木成活率的一种保护措施。

搭设遮阴（防寒）棚是指树木栽植后，为了防晒（防冻）而搭设遮阴网（塑料薄膜）的一种保护措施。

4.4.4 围堰、排水工程

围堰、排水工程工程量清单项目设置、项目特征描述的内容、计量单位、工程量计算规则应按表 4.4.4 规定执行。

表 4.4.4　　　　　围堰、排水工程（编码：050404）

项目编码	项目名称	项目特征	计量单位	工程量计算规则	工作内容
050404001	围堰	1. 围堰断面尺寸 2. 围堰长度 3. 围堰材料及灌装袋材料品种、规格	1. m³ 2. m	1. 以立方米计量，按围堰断面面积乘以堤顶中心线长度以体积计算 2. 以米计量，按围堰堤顶中心线长度以延长米计算	1. 取土、装土 2. 堆筑围堰 3. 拆除、清理围堰 4. 材料运输
050404002	排水	1. 种类及管径 2. 数量 3. 排水长度	1. m³ 2. 天 3. 台班	1. 以立方米计量，按需要排水量以体积计算，围堰排水按堰内水面面积乘以平均水深计算 2. 以天计量，按需要排水日历天计算 3. 以台班计量，按水泵排水工作台班计算	1. 安装 2. 使用、维护 3. 拆除水泵 4. 清理

围堰是指在有水的环境中，为建造园桥、栈道、临水建筑而修建的临时性围护结构，其作用是防止水和土进入建（构）筑物的修建位置。围堰高度高于施工期内可能出现的最高水位。为防止迎水面边坡受冲刷，常用片石、草皮或草袋填土围护。

排水是指排除施工场地或施工部位的地表水，可采取截水沟、集水井等方式。当基坑开挖不很深，基坑涌水量不大时，集水明排法是应用最广泛，亦是最简单、经济的方法。

4.4.5 安全文明施工及其他措施项目

安全文明施工及其他措施项目工程量清单项目设置、计量单位、工作内容及包含范围应按表4.4.5规定执行。

表4.4.5　　　　　　　　安全文明施工及其他措施项目（编码：050405）

项目编码	项目名称	工作内容及包含范围
050405001	安全文明施工	1. 环境保护：现场施工机械设备降低噪声、防扰民措施；水泥、种植土和其他易飞扬细颗粒建筑材料密闭存放或采取覆盖措施等；工程防扬尘洒水；土石方、杂草、种植遗弃物及建渣外运车辆防护措施等；现场污染源的控制、生活垃圾清理外运、场地排水排污措施；其他环境保护措施 2. 文明施工："五牌一图"；现场围挡的墙面美化、压顶装饰；现场厕所便槽刷白、贴面砖，水泥砂浆地面或地砖，建筑物内临时便溺设施；其他施工现场临时设施的装饰装修、美化措施；现场生活卫生设施；符合卫生要求的饮水设备、沐浴、消毒等设施；生活用洁净燃料；防煤气中毒、防蚊虫叮咬等措施；施工现场操作场地的硬化；现场绿化、治安综合治理；现场配备医药保健器材、物品和急救人员培训；用于现场工人的防暑降温、电风扇、空调等设备及用电；其他文明施工措施 3. 安全施工：安全资料、特殊作业专项方案的编制，安全施工标志的购置及安全宣传；"三宝"（安全帽、安全带、安全网）、"四口"（楼梯口、管井口、通道口、预留洞口）、"五临边"（园桥围边、驳岸围边、跌水围边、槽坑围边、卸料平台两侧），水平防护架、垂直防护架、外架封闭等防护；施工安全用电，包括配电箱三级配电、两级保护装置要求、外电防护措施；起重设备的安全防护措施及卸料平台的临边防护、层间安全门、防护棚等设施；园林工地起重机械的检验检测；施工机具防护棚及其围栏的安全保护设施；施工安全防护通道；工人的安全防护用品、用具购置；消防设施与消防器材的配置；电气保护、安全照明设施；其他安全防护措施 4. 临时设施：施工现场采用彩色、定型钢板，砖、混凝土砌块等围挡的安砌、维修、拆除；施工现场临时建筑物、构筑物的搭设、维修、拆除，如临时宿舍、办公室、食堂、厨房、厕所、诊疗所、临时文化福利用房、临时仓库、加工场、搅拌台、临时简易水塔、水池等；施工现场临时设施的搭设、维修、拆除，如临时供水管道、临时供电管线、小型临时设施等；施工现场规定范围内临时简易道路铺设，临时排水沟、排水设施安砌、维修、拆除；其他临时设施搭设、维修、拆除
050405002	夜间施工	1. 夜间固定照明灯具和临时可移动照明灯具的设置、拆除 2. 夜间施工时施工现场交通标志、安全标牌、警示灯等的设置、移动、拆除 3. 夜间照明设备及照明用电、施工人员夜班补助、夜间施工劳动效率降低等

项目编码	项目名称	工作内容及包含范围
050405003	非夜间施工照明	为保证工程施工正常进行，在如假山石洞等特殊施工部位施工时所采用的照明设备的安拆、维护及照明用电等
050405004	二次搬运	由于施工场地条件所限制而发生的材料、植物、成品、半成品等一次性运输不能到达堆放地点，必须进行的二次或多次搬运
050405005	冬雨季施工	1. 冬雨季施工时增加的临时设施（防寒保温、防雨、防风设施）的搭设、拆除 2. 冬雨季施工时对植物、砌体、混凝土等采用的特殊加温、保温和养护措施 3. 冬雨季施工时施工现场的防滑处理，对影响施工的雨雪的清除 4. 冬雨季施工时增加的临时设施、施工人员的劳动保护用品、冬雨季施工劳动效率降低等
050405006	反季节栽植影响措施	因反季节措施在增加材料、人工、防护、养护、管理等方面采取的种植措施及保证成活率措施
050405007	地上、地下设施的临时保护设施	在工程施工过程中，对已建成的地上、地下设施和植物进行的遮盖、封闭、隔离等必要保护措施
050405008	已完工程及设备保护	对已完工程及设备采取的覆盖、包裹、封闭、隔离等必要的保护措施

练习题（见二维码）：

自我测试（见二维码）：

第5章　绿化工程计量与计价

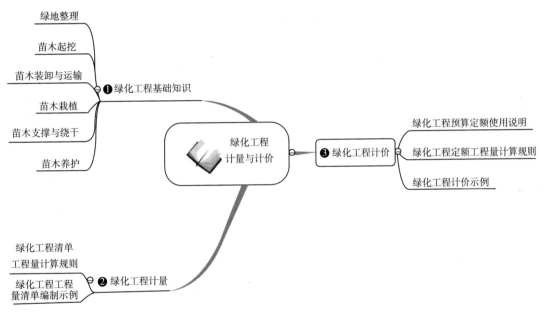

学习思维导图

绿地整理
苗木起挖
苗木装卸与运输
苗木栽植
苗木支撑与绕干
苗木养护
❶绿化工程基础知识

绿化工程
计量与计价

❸绿化工程计价
绿化工程预算定额使用说明
绿化工程定额工程量计算规则
绿化工程计价示例

绿化工程清单
工程量计算规则
绿化工程工程
量清单编制示例
❷绿化工程计量

学习目标

知识目标	能力目标	相关知识
了解绿化工程相关基础知识		5.1 绿化工程基础知识
掌握绿化工程清单工程量计算规则	（1）熟练且准确设置清单项目 （2）熟练计算清单工程量	5.2 绿化工程计量
（1）熟悉绿化工程预算定额的使用方法 （2）掌握绿化工程定额工程量的计算规则	（1）熟练计算定额工程量 （2）熟练套用定额子目与换算 （3）熟练计算管理费、利润 （4）熟练计算综合单价	5.3 绿化工程计价

5.1　绿化工程基础知识

广义的绿化工程是指绿化或美化环境的建设工程，是在一定的地域运用工程技术和艺术手段，通过改造地形、种植树木花草、营造建筑和布置园路等途径创作而成的供人们生产、生活的自然环境和游憩环境。狭义的绿化工程是指园林种植工程，为改善环境而进行的园林树木、花卉、草坪、地被植物等的种植。

5.1.1　绿地整理

绿地整理是指根据设计要求做微地形、翻土、客土、去除杂物、碎土过筛、耙平、填压土壤等。

绿地整理前应对施工场地做全面的了解，尤其是地下管线要根据实际情况加以保护或迁移，并清除地面上的灰渣、砂石、砖石、碎木、建筑垃圾、杂草、树根及盐渍土、油污土等不适合植物生长的土壤，换上或回填种植土，并最终达到设计标高。苗木栽植土壤要求土质肥沃、疏松、透气、排水良好。绿化栽植土壤有效土层厚度应符合《园林绿化工程施工及验收规范》（CJJ/T82 – 2012）的规定。

5.1.2　苗木起挖

5.1.2.1　选苗

在起苗之前，首先要进行选苗，除了根据设计提出对规格和树形的特殊要求外，还要注意选择生长健壮、无病虫害、无机械损伤、树形端正和根系发达的苗木。用作行道树种植的苗木分枝点应不低于3.5m。选苗时还应考虑起苗包装运输的方便，苗木选定后，要挂牌或在根基部位划出明显标记，以免挖错。

5.1.2.2　起苗

起苗的方法有两种：裸根起苗法和土球起苗法。裸根起苗法适用于大部分落叶树在休眠期的起挖，裸根起苗的根系范围可以比土球起苗稍大一些，并应尽量多保留较大根系，留些宿土；树木起出后要注意保持根部湿润，根系应打浆保护，避免因风吹日晒而失水干枯，并做到及时装运、及时种植；如果起出后不能及时运走，应埋土假植，并要求埋根的土壤湿润。土球起苗法适用于常绿树种、珍贵落叶树种和花灌木的起挖；土球起掘不得掘破土球，原则上土球破损的树木不得出圃；土球规格视各地气候及土壤条件不同而各异，对于特别难成活的树种一定要考虑加大土球，土球的高度一般可以比宽度少5～10cm，土球的形状可根据施工方便而挖成方形、圆形、半球形等；土球要削光滑，包装要严，草绳要打紧不能松脱，土球底部要封严不能漏土；包扎土球的绳索要粗细适宜、质地结实，以草麻绳为宜。土球包扎形式应根据树种的规格、土壤的质地、运输的距离等因素来选定，应保证包扎的牢固，严防土球破碎。

5.1.3　苗木装卸与运输

树木挖好后应随挖、随运、随栽，即尽量在最短的时间内将其运至目的地栽植。树木装运过程中，应做到轻抬、轻装、轻卸、轻放、不拖、不拉，使树木土球不破损碎裂，根盘不擦伤、撕裂，不伤枝杆。对有些树冠展开较大的树木应用绳索绑扎树冠，其根部必须放置在车头部位，树冠倒向车尾，叠放整齐，过重苗木不宜重叠，树身与车板接触处应用软物衬垫固定。

装运带土球的大树时，要用竹片或木条对大树的树皮进行保护，防止皮层受损伤，影响成活率。树木运输最好选择在夜间，同时做好防晒、防风、保湿等工作。树木运输前要用篷布等对大树进行保护，防止苗木在长途运输过程中失水而影响成活率。

5.1.4　定点放线

5.1.4.1　自然配置式

（1）坐标定点法：根据植物配置的疏密程度先按一定的比例在设计图及现场分别打好方格，表明树木在某方格的纵横坐标尺寸，再按此位置用皮尺量在现场相应的方格内。

（2）仪器测放法：用经纬仪或小平板仪依据地上原有基点或建筑物、道路将树群或孤植树依照设计图上的位置依次定出每株的位置。

（3）目测法：对于设计图上无固定点的绿化种植，如灌木丛、树群等可用上述两种方法划出树群树丛的栽植范围，其中每株树木的位置和排列可根据设计要求在所定范围内用目测法进行定点，定点时应注意植株的生态要求并注意自然美观。定好点后，多采用白灰洒点或打桩，标明树种、栽植数量、坑径。

5.1.4.2　整形式

对于成片整齐种植行道树，也可用仪器和皮尺定点放线，定点的方法是先确定绿地的边界、园路广场和小建筑物等的平面位置，以此作为依据，量出每株树木的位置，钉上木桩，其上写明树种名称。

一般行道树的定点是以道牙或道路的中心为依据，可用皮尺、测绳等，按设计的株距，每隔 10 株钉木桩，作为定位和栽植的依据，定点时如遇电杆、管道、涵洞、变压器等障碍物应躲开，不应拘泥于设计的尺寸，而应遵照与障碍物相距的有关规定来定位。

5.1.4.3　等距弧线式

若树木栽植为一弧线如街道曲线转弯处的行道树，放线时可从弧的开始到末尾以道牙或中心线为准，每隔一定距离分别画出与道牙垂直的直线。在此直线上，按设计要求的树与路牙的距离定点，把这些点连接起来就成为近似道路弧度的弧线，于此线上再按株距要求定出各点。

5.1.5　挖种植穴

5.1.5.1　种植穴规格

种植穴的大小一定要依据苗木的规格来确定，栽植穴应按植株的根盘或土球直径适当放大，使根盘能充分舒展。栽植穴的直径应大于土球或裸根苗根系展幅40~60cm，穴深宜为穴径的3/4~4/5。栽植穴应垂直下挖、上口下底应相等。如穴底需要施堆肥或设置滤水层，应按设计要求加深树穴的深度。栽植穴挖出的表层土和底土应分别堆放，底部应施基肥并回填表土或改良土。

5.1.5.2　挖穴方法

首先以定植点为圆心，以穴的规格1/2为半径画圆，用白灰或木桩标记。然后沿圆的标记向外起挖，将圆的范围挖出后，再继续深挖；切忌一开始就把白灰点挖掉或将木桩扔掉，这样穴的中心位置会偏移。

5.1.6　苗木栽植

栽植时应按设计要求核对苗木种类、规格及种植点的位置。在栽植前，苗木必须经过修剪，其主要目的是为了减少水分的蒸发，保证树势平衡以保证树木成活。修剪时其修剪量依不同树种要求而有所不同，修剪时要注意分枝点的高度。

栽植时应选择丰满完整的植株，并注意树干的垂直及主要观赏面的摆放方向。植株放入穴内待土填至土球深度的2/3时，浇足第一次水，经渗透后继续填土至地表持平时，再浇第二次水，以不再向下渗透为宜，三日内再复水一次，复水后若发现泥土下沉，应在根部补充种植土。树木栽植后，应沿树穴的外缘覆土保墒，高度约为10~20cm，以便灌溉，防止水土流失。

5.1.7　苗木支撑与绕干

胸径在5cm以上的树木定植后应立支架固定，特别是在栽植季节有大风的地区，以防止冠动根摇影响根系恢复生长，但要注意支架不能打在土球或骨干根上。可以用毛竹、木棍、钢管或混凝土作为支撑材料，常用的支撑形式有铁丝吊桩、短单桩、长单桩、扁担桩、三脚桩、四脚桩等（见图 5.1.1）。支撑桩的埋设深度，可按树种规格和土质确定，支撑高度一般是在植株高度的 1/2 以上。

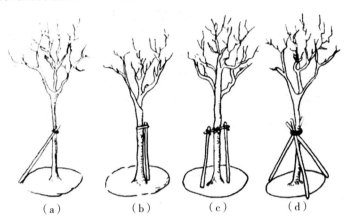

（a）　　　　　（b）　　　　　（c）　　　　　（d）

图 5.1.1　树木支撑形式

（a）单桩斜支　　（b）单桩立支　　（c）扁担桩支　　（d）三脚桩支

树木干径在 5cm 以上的乔木和珍贵树木栽植后，在主干与接近主干的主枝部分，应用草绳、麻布等绕树干，以保护主杆和接近主杆的主枝不易受伤，并抑制水分蒸发。

5.1.8　苗木养护

5.1.8.1　灌溉与排水

树木栽植后应根据不同的树种和立地条件及水文、气候情况，进行适时适量的灌溉，以保持土壤中的有效水分。生长在立地条件较差或对水分和空气湿度要求较高的树种，还应适当进行叶面喷水、喷雾。夏季浇水以早晚为宜，冬季浇水以中午为宜。如发现雨后积水应立即排除。

5.1.8.2　中耕除草、施肥

新栽树木长势较弱，应及时清除影响其生长的杂草，并及时给因浇水而板结的土壤松土。除草可结合中耕进行，中耕深度以不影响根系为宜。同时应按树木的生长情况和观赏要求适当施肥。

5.1.8.3　整形修剪

新栽树木可在原树形或造型基础上进行适度修剪。通过修剪，调整树形，促进树木生长；新栽观花或观果树木，应适当疏蕾摘果。主梢明显的乔木类，应保护顶芽。孤植树应保留下枝，保持树冠丰满。花灌木的修剪，应有利于促进短枝和花芽形成，促其枝叶繁茂、分布匀称。修剪应遵循"先上后下、先内后外、去弱留强、去老留新"的原则。藤本攀缘类木本植物为促进其分枝，宜适度修剪，并设攀缘设施。新栽绿篱按设计要求适当修剪整形，促其枝叶茂盛。

即问即答（即问即答解析见二维码）：

苗木定植后，通常需要立支架固定，常用的支撑形式有（　　）。

A. 单桩　　　　　　　B. 扁担桩　　　　　　　C. 三脚桩　　　　　　　D. 四脚桩

5.2 绿化工程计量

5.2.1 绿化工程清单工程量计算规则

园林绿化工程项目按《园林绿化工程工程量计算规范》（GB50858-2013）附录 A 列项，包括绿地整理、栽植花木、绿地喷灌 3 个小节共 30 个清单项目。

5.2.1.1 绿地整理清单工程量计算规则

绿地整理包括砍伐乔木、挖树根（蔸）、砍挖灌木丛及根、砍挖竹及根、砍挖芦苇及根、清除草皮、清除地被植物、屋面清理、种植土回（换）填、整理绿化用地、绿地起坡造型、屋顶花园基底处理等 12 个项目，项目编码为 050101001~050101012，如表 5.2.1 所示。

表 5.2.1 　　　　　　　　　　　绿地整理清单工程量计算规则

项目编码	项目名称	计量单位	工程量计算规则
050101001	砍伐乔木	株	按数量计算
050101002	挖树根（蔸）		
050101003	砍挖灌木丛及根	1. 株 2. m²	1. 以株计量，按数量计算 2. 以平方米计量，按面积计算
050101004	砍挖竹及根	株（丛）	按数量计算
050101005	砍挖芦苇（或其他水生植物）及根	m²	按面积计算
050101006	清除草皮		
050101007	清除地被植物		
050101008	屋面清理		按设计图示尺寸以面积计算

项目编码	项目名称	计量单位	工程量计算规则
050101009	种植土回（换）填	1. m³ 2. 株	1. 以立方米计量，按设计图示回填面积乘以回填厚度以体积计算 2. 以株计量，按设计图示数量计算
050101010	整理绿化用地	m²	按设计图示尺寸以面积计算
050101011	绿地起坡造型	m³	按设计图示尺寸以体积计算
050101012	屋顶花园基底处理	m²	按设计图示尺寸以面积计算

5.2.1.2　栽植花木清单工程量计算规则

栽植花木包括栽植乔木、栽植灌木、栽植竹类、栽植棕榈类、栽植绿篱、栽植攀缘植物、栽植色带、栽植花卉、栽植水生植物，垂直墙体绿化种植、花卉立体布置、铺种草皮、喷播植草（灌木）籽、植草砖内植草、挂网、箱/钵栽植等 16 个项目，项目编码为 050102001 ~ 050102016，如表 5.2.2 所示。

表 5.2.2　　栽植花木清单工程量计算规则

项目编码	项目名称	计量单位	工程量计算规则
050102001	栽植乔木	株	按设计图示数量计算
050102002	栽植灌木	1. 株 2. m²	1. 以株计量，按设计图示数量计算 2. 以平方米计量，按设计图示尺寸以绿化水平投影面积计算
050102003	栽植竹类	株（丛）	按设计图示数量计算
050102004	栽植棕榈类	株	
050102005	栽植绿篱	1. m 2. m²	1. 以米计量，按设计图示长度以延长米计算 2. 以平方米计量，按设计图示尺寸以绿化水平投影面积计算
050102006	栽植攀缘植物	1. 株 2. m	1. 以株计量，按设计图示数量计算 2. 以米计量，按设计图示种植长度以延长米计算
050102007	栽植色带	m²	按设计图示尺寸以绿化水平投影面积计算
050102008	栽植花卉	1. 株（丛、缸） 2. m²	1. 以株（丛、缸）计量，按设计图示数量计算 2. 以平方米计量，按设计图示尺寸以水平投影面积计算
050102009	栽植水生植物	1. 丛（缸） 2. m²	

项目编码	项目名称	计量单位	工程量计算规则
050102010	垂直墙体绿化种植	1. m² 2. m	1. 以平方米计量，按设计图示尺寸以绿化水平投影面积计算 2. 以米计量，按设计图示种植长度以延长米计算
050102011	花卉立体布置	1. 单体（处） 2. m²	1. 以单体（处）计量，按设计图示数量计算 2. 以平方米计量，按设计图示尺寸以面积计算
050102012	铺种草皮		按设计图示尺寸以绿化水平投影面积计算
050102013	喷播植草（灌木）籽	m²	
050102014	植草砖内植草		
050102015	挂网		按设计图示尺寸以挂网投影面积计算
050102016	箱/钵栽植	个	按设计图示箱/钵数量计算

5.2.1.3 绿地喷灌清单工程量计算规则

绿地喷灌设有喷灌管线安装、喷灌配件安装 2 个项目，项目编码为 050103001、050103002，如表 5.2.3 所示。

表 5.2.3   **绿地喷灌清单工程量计算规则**

项目编码	项目名称	计量单位	工程量计算规则
050103001	喷灌管线安装	m	按设计图示管道中心线长度以延长米计算，不扣除检查（阀门）井、阀门、管件及附件所占的长度
050103002	喷灌配件安装	个	按设计图示数量计算

5.2.1.4 绿化技术措施项目清单工程量计算规则

绿化种植技术措施设有树木支撑架、草绳绕树干、搭设遮阴（防寒）棚工程等 3 个项目，项目编码为 050403001 ~ 050403003，如表 5.2.4 所示。

表 5.2.4   **绿化技术措施清单工程量计算规则**

项目编码	项目名称	计量单位	工程量计算规则
050403001	树木支撑架	株	按设计图示数量计算
050403002	草绳绕树干		

项目编码	项目名称	计量单位	工程量计算规则
050404003	搭设遮阴（防寒）棚	1. m² 2. 株	1. 以平方米计量，按遮阴（防寒）棚外围覆盖层的展开尺寸以面积计算 2. 以株计量，按设计图示数量计算

5.2.2 绿化工程工程量清单编制示例

【例5.2.1】某市环城北路道路景观绿化工程，植物种植设计苗木表如表5.2.5所示，苗木养护期为2年。施工组织设计拟定：树木支撑材料采用树棍，苗木胸径在20cm（包括20cm）以内的，采用三脚桩支撑，苗木胸径在20cm以上的，采用四脚桩支撑。苗木胸径在10cm以内的（包括10cm），草绳绕树干高度为1m，苗木胸径在10cm以上的，草绳绕树干高度为1.5m。施工组织措施考虑安全文明施工费、二次搬运费、冬雨季施工增加费、行车行人干扰增加费等项目。请完成绿化工程工程量清单编制。

表5.2.5　　　　　　　　　　设计苗木

序号	植物名称	规格（cm）			单位	数量	备注
		胸（地）径	冠幅	高度			
1	香樟	φ18	400	550	株	71	全冠，树形优美，带3级骨架，截杆断根3～4年，精品苗
2	银杏	φ18	380	650	株	81	全冠，树形优美，带3级骨架，9分精品苗
3	大根杏	φ35	450	950	株	6	全冠，树形优美，杆直，侧枝饱满粗壮，特选9分精品苗
4	榉树	φ18	350	650	株	6	全冠，树形优美，特选精品苗
5	垂柳	φ13	350	550	株	5	全冠，树形优美，蓬形佳
6	金桂A		480	600	株	5	全冠，树形优美，蓬形佳
7	金桂B		260	330	株	61	全冠，树形优美，蓬形佳
8	紫薇	D8	180	250	株	29	品种"幺红"，全冠不截枝，树形优美，实生苗，红花
9	金森女贞球		130	100	株	7	枝条密实，球型饱满，光球不脱节
10	火棘		45	90	m²	409	16株/m²

序号	植物名称	规格（cm）			单位	数量	备注
		胸（地）径	冠幅	高度			
11	大花萱草				m²	47.5	25 丛/m²，8 ~ 9 芽/丛
12	麦冬				m²	345	49 丛/m²，8 ~ 15 芽/丛
13	果岭草				m²	3069	满铺，草卷土层厚度≥2cm，10月黑麦草草籽混合细砂复播一次，草坪铺设前平均铺设 10cm 中砂

5.2.2.1 分部分项工程量清单编制（视频见二维码）

香樟，樟科、樟属常绿大乔木，为亚热带常绿阔叶树种。性喜温暖湿润的气候条件，不耐寒冷。根据《园林绿化工程工程量计算规范》附录 A.2 的规定，香樟清单项目设置按栽植乔木列项。

银杏，银杏科、银杏属落叶大乔木，喜光树种，深根性，对气候、土壤的适应性较宽。根据《园林绿化工程工程量计算规范》附录 A.2 的规定，银杏清单项目设置按栽植乔木列项。

榉树，榆科、榉属落叶乔木，阳性树种，喜光，喜温暖环境，耐烟尘及有害气体，对土壤的适应性强。根据《园林绿化工程工程量计算规范》附录 A.2 的规定，榉树清单项目设置按栽植乔木列项。

垂柳，杨柳科、柳属落叶乔木，喜光，喜温暖湿润气候及潮湿深厚之酸性及中性土壤。根据《园林绿化工程工程量计算规范》附录 A.2 的规定，垂柳清单项目设置按栽植乔木列项。

金桂，木犀科、木犀属的常绿灌木或小乔木，喜温暖，抗逆性强，既耐高温，也较耐寒。对土壤的要求不太严，除碱性土和低洼地或过于黏重、排水不畅的土壤外，一般均可生长。根据《园林绿化工程工程量计算规范》附录 A.2 的规定，金桂清单项目设置按栽植灌木列项。

紫薇，千屈菜科、紫薇属落叶灌木或小乔木，喜暖湿气候，喜光，略耐阴，喜肥，尤喜深厚肥沃的砂质壤土。本项目中紫薇地径 8cm，说明有独立的主杆，按小乔木考虑。根据《园林绿化工程工程量计算规范》附录 A.2 的规定，紫薇清单项目设置按栽植乔木列项。

金森女贞球，木犀科、女贞属常绿灌木，喜光，稍耐阴，耐旱，耐寒，对土壤要求不严，生长迅速。根据《园林绿化工程工程量计算规范》附录 A.2 的规定，金森女贞球清单项目设置按栽植灌木列项。

火棘，蔷薇科、火棘属常绿灌木，喜强光，耐贫瘠，抗干旱，耐寒，对土壤要求不严。根据《园林绿化工程工程量计算规范》附录 A.2 的规定，火棘清单项目设置按栽植色带列项。

大花萱草，百合科、萱草属多年生宿根草本植物，喜光照，喜温暖湿润气候，耐寒、耐旱、耐贫瘠、耐积水、耐半阴，对土壤要求不严，适应能力强。根据《园林绿化工程工程量计算规范》附录 A.2 的规定，大花萱草清单项目设置按栽植花卉列项。

麦冬，百合科沿阶草属多年生常绿草本植物，具有耐阴、耐寒、耐旱、抗病虫害等多种优良性状，在园林绿地里常用作景观地被。根据《园林绿化工程工程量计算规范》附录 A.2 的规定，麦冬清单项目设置按栽植花卉列项。

果岭草，顾名思义，即用于高尔夫球场果岭区域的草坪。现实中，人们把沙培矮生百慕大草俗称为果岭草。矮生百慕大草，禾本科多年生草本植物，暖季型草坪，根系发达，生长极为迅速，耐旱耐踏性突出。黑麦草，禾本科多年生草本植物，冷季型草坪，温凉湿润气候。根据《园林绿化工程工程量计算规范》附录 A.2 的规定，果岭草清单项目设置按铺种草皮列项。

清单列项结果如表 5.2.6 所示。

表 5.2.6 分部分项工程量清单

序号	项目编码	项目名称	项目特征	计量单位	工程量
1	050102001001	栽植乔木	香樟，ϕ18cm，P400cm，H550cm，全冠，树形优美，带 3 级骨架，截杆断根 3～4 年，精品苗，带土球，养护 2 年	株	71
2	050102001002	栽植乔木	银杏，ϕ18cm，P380cm，H650cm，全冠，树形优美，带 3 级骨架，9 分精品苗，带土球，养护 2 年	株	81
3	050102001003	栽植乔木	大银杏，ϕ35cm，P450cm，H950cm，全冠，树形优美，杆直，侧枝饱满粗壮，特选 9 分精品苗，带土球，养护 2 年	株	6
4	050102001004	栽植乔木	榉树，ϕ18cm，P350cm，H650cm，全冠，树形优美，特选精品苗，带土球，养护 2 年	株	6
5	050102001005	栽植乔木	垂柳，ϕ13cm，P350cm，H550cm，全冠，树形优美，蓬形佳，带土球，养护 2 年	株	5

序号	项目编码	项目名称	项目特征	计量单位	工程量
6	050102002001	栽植灌木	金桂 A，P480cm，H600cm，全冠，树形优美，蓬形佳，带土球，养护 2 年	株	5
7	050102002002	栽植灌木	金桂 B，P260cm，H330cm，全冠，树形优美，蓬形佳，带土球，养护 2 年	株	61
8	050102001006	栽植乔木	紫薇，D8cm，P180cm，H250cm，品种"幺红"，全冠不截枝，树形优美，实生苗，红花，带土球，养护 2 年	株	29
9	050102002003	栽植灌木	金森女贞球，P130cm，H100cm，枝条密实，球型饱满，光球不脱节，带土球，养护 2 年	株	7
10	050102007001	栽植色带	火棘，P45cm，H90cm，16 株/m²，养护 2 年	m²	409.00
11	050102008001	栽植花卉	大花萱草，25 丛/m²，8 ~ 9 芽/丛，养护 2 年	m²	47.50
12	050102008002	栽植花卉	麦冬，49 丛/m²，8 ~ 15 芽/丛，养护 2 年	m²	345.00
13	050102012001	铺种草皮	果岭草，满铺，草卷土层厚度≥2cm，10 月黑麦草草籽混合细砂复播，中砂 10cm，养护 2 年	m²	3069.00

5.2.2.2 技术措施项目工程量清单编制

根据《园林绿化工程工程量计算规范》附录 D.3 的规定，树木支撑架技术措施项目的项目特征涉及树木支撑的形式。结合施工组织设计的规定：树木支撑材料采用树棍，苗木胸径在 20cm（包括 20cm）以内的，采用三脚桩支撑，苗木胸径在 20cm 以上的，采用四脚桩支撑。本项目树木支撑架清单条目需设置 2 条，分别是三脚桩树木支撑架和四脚桩树木支撑架，采用三脚桩支撑的有 192 株，采用四脚桩支撑的有 6 株（树木支撑清单列项

视频见二维码）。

根据《园林绿化工程工程量计算规范》附录 D.3 的规定，草绳绕树干技术措施项目的项目特征涉及苗木的胸径或干径和草绳所绕树干的高度。结合施工组织设计的规定：苗木胸径在 10cm（包括 10cm）以内的，草绳绕树干高度为 1m；苗木胸径在 10cm 以上的，

草绳绕树干高度为 1.5m。草绳绕树干的清单条目需设置 4 条，分别是胸径在 5.1～10cm 之间，所绕树干高度 1m；胸径在 10.1～15cm 之间，所绕树干高度 1.5m；胸径在 15.1～20cm 之间，所绕树干高度 1.5m；胸径在 30.1～35cm 之间，所绕树干高度 1.5m；如表

5.2.7 所示（草绳绕干清单列项视频见二维码）。

上述技术措施项目清单如表 5.2.7 所示。

表 5.2.7　　　　　　　　　　　　技术措施项目清单

序号	项目编码	项目名称	项目特征	计量单位	工程量
1	050403001001	树木支撑架	树棍，三脚桩	株	192
2	050403001002	树木支撑架	树棍，四脚桩	株	6
3	050403002001	草绳绕树干	胸径 5.1～10cm，所绕高度 1m	株	29
4	050403002002	草绳绕树干	胸径 10.1～15cm，所绕高度 1.5m	株	5
5	050403002003	草绳绕树干	胸径 15.1～20cm，所绕高度 1.5m	株	158
6	050403002004	草绳绕树干	胸径 30.1～35cm，所绕高度 1.5m	株	6

5.2.2.3　组织措施项目工程量清单编制

根据施工组织设计的规定，施工组织措施仅考虑安全文明施工费、二次搬运费、冬雨季施工增加费、行车行人干扰增加费等 4 项项目（见表 5.2.8）。

表 5.2.8　　　　　　　　　　　　组织措施项目清单

序号	项目名称	单位	数量
1	安全文明施工费	项	1
2	二次搬运费	项	1
3	冬雨季施工增加费	项	1
4	行车、行人干扰增加费	项	1

即问即答（即问即答解析见二维码）：

某绿地设计有金森女贞 68m²，H31～40cm，P21～30cm，49 株/m²，养护 2 年。请根据《园林绿化工程工程量计算规范》进行分部分项工程量清单编制。

5.3　绿化工程计价

5.3.1　绿化工程预算定额使用说明

《××省园林绿化及仿古建筑工程预算定额》（2018 版）计价说明规定：

（1）园林绿化工程预算定额包括种植和养护两部分。具体包括：绿地整理，栽植花木，大树迁移，喷灌配件安装，绿地养护，树木支撑、草绳麻布绕树干、搭设遮阴棚。

（2）苗木计价应符合下列规定：胸径应为地表面向上 1.2m 高处树干直径；蓬径应为苗木垂直投影面的最大直径和最小直径之间的平均值；地径应为地表面向上 0.1m 高处树干直径；干径应为地表面向上 0.3m 高处树干直径；株高（冠丛高）应为地表面至树木顶端的高度；篱高应为地表面至绿篱顶端的高度。

（3）设计地面标高与自然地面标高平均高差在 ±0.3m 以内的就地挖、填、找平，套用土石方工程中平整场地相应定额子目。绿地细平整适用于绿化种植前绿地的松翻、扒细等工作。

（4）苗木栽植以原土为准，如需换土，按"种植土回（换）填"定额子目另行计算。回填种植土分人工和机械回填，种植土按照松填考虑。

（5）绿地起坡造型定额子目适用于土坡高差 0.3m 以上。根据绿地起坡情况分列机械造型和机械起坡两个子目。机械造型是设计有明显起伏的绿地；机械起坡是指设计坡度单一的绿地。机械起坡定额子目按坡度在 3%～15% 以内考虑。当坡度在 15% 以上时另行计算。

（6）起挖或栽植树木均以一、二类土为计算标准，如为三类土，人工乘以系数 1.34，四类土人工乘以系数 1.76，冻土人工乘以系数 2.20。砍伐类起挖另行计算。温度在 0℃ 及以下，并夹含有冰的土壤为冻土。定额中的冻土，是指短时冻土和季节冻土。

（7）种植定额子目基价未包括苗木、花卉的费用，其价格根据当时当地的价格确定，乔木的种植损耗按 1% 计算，灌木、草皮、竹类等种植损耗按 5% 计算。

（8）定额子目未包括种植前清除建筑垃圾及其他障碍物。

（9）定额苗木起挖、种植根据土球情况分带土球及裸根两类。带土球乔木按其胸径大小套用相应定额子目；带土球棕榈按其干径大小套用相应定额子目；带土球灌木按其土球直径大小套用相应定额子目。

（10）灌木土球直径设计未注明的，按其蓬径的 1/3 计算土球直径。

（11）丛生乔木的胸径，按照每根树干胸径之和的 0.75 倍计算，其中树干胸径 ≤6cm（干径 ≤7cm）不列入计算胸径范围。当胸径在 6cm 以上的树干少于 2 根时，其胸径按每根树干胸径之和的 0.85 倍计算。

（12）只能测量干径难以测量胸径的乔木，胸径按其干径的 0.86 倍计算。

（13）反季节种植的人工、材料、机械及养护等费用按实结算。根据植物品种在不适宜其种植的季节（一般在每年的 1 月、6 月、7 月、8 月）种植，视作反季节种植。

（14）水生植物分湿生植物、沉水植物、挺水植物、浮叶植物、漂浮植物，定额子目只考虑在有水的塘中种植水生植物。

（15）片植是指种植面积在 5m² 以上，种植密度每 m² 大于 6 株，且三排以上排列的一种成片栽植形式。片植种植面积在 5m² 以内，套用相应定额子目，人工乘以系数 1.15。

（16）攀缘类植物用作地被时按地被植物定额执行。本定额子目的地被植物是指株丛密集、多年生低矮草本植物。

（17）绿化养护定额适用于苗木种植后的初次养护。定额的养护期为一年。实际养护期为两年的，第二年的养护费用按第一年的养护费用乘以系数 0.7。实际养护期超过两年的，两年以后的养护费另外计算。

（18）定额未包括的项目：非适宜地树种的栽植、养护及反季节的栽植、养护；古树名木和超规格大树的栽植、养护；水生植物、屋顶绿化、垂直绿化、高架绿化、边坡绿化的养护；屋顶绿化的垂直运输及设施保护费。

5.3.2　绿化工程定额工程量计算规则

《××省园林绿化及仿古建筑工程预算定额》（2018 版）工程量计算规则规定：

（1）绿地细平整及绿地起坡造型工程量均按水平投影面积计算。

（2）乔木、亚乔木、灌木的种植、养护以"株"计算。

（3）灌木片植的种植、养护以"m²"计算。

（4）攀缘植物的种植以"株"计算，攀缘植物的片植以"m²"计算；攀缘植物的养护按照生长年数分三年内和三年以上，以"株"计算。

（5）单排、双排、三排的绿篱种植、养护，均以"延长米"计算。

（6）花卉的种植以"株"计算，花卉片植以"m²"计算。

（7）草本花卉、地被植物的养护以"m²"计算。

（8）湿生植物、沉水植物、挺水植物和浮叶植物以"株（丛）"计算，漂浮植物以"m²"计算。

（9）草皮的种植、草坪养护以"m²"计算。

（10）植草砖内植草、播草籽按植草砖面积以"m²"计算。

（11）散生竹类养护以"株"计算，丛生竹类养护以"丛"计算。

（12）球形植物的养护以"株"计算。

（13）草绳绕树干、麻布绕树干的长度按草绳、麻布所绕部分的树干长度以"m"

计算。

（14）遮阴棚工程量按展开面积计算。

5.3.3　绿化工程计价示例 *

5.3.3.1　绿化工程施工取费费率

1. 企业管理费费率

园林绿化及景观工程适用于园林景区、公园、游乐场、公园式墓区等综合性园林建筑的绿化、景观工程，以及喷泉、假山、塑石、立峰、围墙、园路、园桥和小品等单独景观工程；单独绿化工程仅适用于单独实施的纯绿化工程。企业管理费费率如表 5.3.1 所示。

表 5.3.1　　　　　　　　　　　　　　　　企业管理费费率

定额编号	项目名称	计算基数	费率（%）					
			一般计税			简易计税		
			下限	中值	上限	下限	中值	上限
E1 – 2	园林绿化及景观工程	人工费 + 机械费	13.88	18.51	23.14	13.82	18.43	23.04
E1 – 3	单独绿化工程		13.42	17.89	22.36	13.37	17.82	22.27

2. 利润费率

利润费率如表 5.3.2 所示，利润费率使用规则同企业管理费费率。

表 5.3.2　　　　　　　　　　　　　　　　利润费率

定额编号	项目名称	计算基数	费率（%）					
			一般计税			简易计税		
			下限	中值	上限	下限	中值	上限
E2 – 2	园林绿化及景观工程	人工费 + 机械费	8.30	11.07	13.84	8.24	10.99	13.74
E2 – 3	单独绿化工程		9.91	13.21	16.51	9.83	13.11	16.39

3. 施工组织措施项目费费率

施工组织措施项目费费率如表 5.3.3 所示。园林景区等综合性园林建筑内以市政标准设计的道路、桥梁及给排水工程，按市政工程相应费率及其规定执行；单独绿化工程的安全文明施工基本费率乘以系数 0.7；标化工地增加费费率的下限、中值、上限分别对应设区市级、省级、国家级标化工地，县市区级标化工地的费率按费率中值乘以系数 0.7。

---

　* 本书例题中的工程量清单及计价表中的数据由 Excel 计算，计算过程中保留了所有小数位，结果只显示两位小数，和手算会存在微小的差异。

表 5.3.3　　　　　　　　　　　　　　　施工组织措施项目费费率

定额编号	项目名称		计算基数	费率（%）					
				一般计税			简易计税		
				下限	中值	上限	下限	中值	上限
E3	施工组织措施项目费								
E3 – 1	安全文明施工费								
E3 – 1 – 1	其中	非市区工程	人工费 + 机械费	4.79	5.32	5.85	5.03	5.59	6.15
E3 – 1 – 2		市区工程		5.77	6.41	7.05	6.06	6.73	7.40
E3 – 2	标化工地增加								
E3 – 2 – 1	其中	非市区工程	人工费 + 机械费	0.94	1.10	1.32	0.99	1.16	1.39
E3 – 2 – 2		市区工程		1.13	1.33	1.60	1.19	1.40	1.68
E3 – 3	提前竣工增加费								
E3 – 3 – 1	其中	缩短工期比例 10% 以内	人工费 + 机械费	0.01	0.68	1.35	0.01	0.72	1.43
E3 – 3 – 2		缩短工期比例 20% 以内		1.35	1.69	2.03	1.43	1.78	2.13
E3 – 3 – 3		缩短工期比例 30% 以内		2.03	2.40	2.77	2.13	2.52	2.91
E3 – 4	二次搬运费		人工费 + 机械费	0.10	0.13	0.16	0.11	0.14	0.17
E3 – 5	冬雨季施工增加费			0.07	0.15	0.23	0.08	0.16	0.24
E3 – 6	行车、行人干扰增加费			0.64	0.95	1.26	0.66	1.00	1.34

4. 其他项目费费率

其他项目费费率如表 5.3.4 所示。其他项目费不分计税方法，统一按相应费率执行；优质工程增加费费率按工程质量综合性奖项测定，适用于获得工程质量综合性奖项工程的计价，获得工程质量单项性专业奖项的工程，费率标准由发承包双方自行商定；施工总承包服务费中专业发包工程管理费的取费基数按其税前金额确定，不包括相应的销项税；甲供材料保管费和甲供设备保管费的取费基数按其含税金额计算，包括相应的进项税。

5. 规费费率

规费费率如表 5.3.5 所示，规费费率使用规则同企业管理费费率。

表 5.3.4　　　　　　　　　　　其他项目费费率

定额编号	项目名称		计算基数	费率（%）
E4	其他项目			
E4 - 1	优质工程增加费			
E4 - 1 - 1	其中	县市区级优质工程	除优质工程增加费外税前工程造价	0.75
E4 - 1 - 2		设区市级优质工程		1.00
E4 - 1 - 3		省级优质工程		1.25
E4 - 1 - 4		国家级优质工程		1.50
E4 - 2	施工总承包服务费			
E4 - 2 - 1	其中	专业发包工程管理费（管理、协调）	专业发包工程金额	1.00 ~ 2.00
E4 - 2 - 2		专业发包工程管理费（管理、协调、配合）		2.00 ~ 4.00
E4 - 2 - 3		甲供材料保管费	甲供材料金额	0.50 ~ 1.00
E4 - 2 - 4		甲供设备保管费	甲供设备金额	0.20 ~ 0.50

表 5.3.5　　　　　　　　　　　规费费率

定额编号	项目名称	计算基数	费率（%）	
			一般计税	简易计税
E5	规费			
E5 - 2	园林绿化及景观工程	人工费 + 机械费	30.97	30.75
E5 - 3	单独绿化工程		30.61	30.37

6. 税金和税率

绿化工程的税率如表 5.3.6 所示。采用一般计税方法计税时，税前工程造价中的各项费用均不包含增值税进项税额；采用简易计税方法计税时，税前工程造价中的各费用项目均应包括增值税进项税额。

表 5.3.6　　　　　　　　　　　税率

定额编号	项目名称	计算基数	税率（%）
E6	增值税		
E6 - 1	增值税销项税	一般计税方法	9.00
E6 - 2	增值税征收率	简易计税方法	3.00

5.3.3.2　分部分项工程项目清单计价

综合单价是指完成一个规定计量单位的分部分项工程量清单项目或措施清单项目等所需的人工费、材料费、施工机械使用费和企业管理费与利润，以及一定范围内的风险费用。

【例5.3.1】根据【例5.2.1】编制的工程量清单，请完成某市环城北路道路景观绿化工程的分部分项工程量清单计价，本项目费率按园林绿化及景观工程类别取费，采用一般计税方式。管理费费率18.51%、利润费率11.07%，风险费不考虑。苗木除税价如表5.3.7所示。

表5.3.7 苗木除税价

序号	植物名称	规格（cm）			单位	数量	除税价（元）
		胸（地）径	冠幅	高度			
1	香樟	φ18	400	550	株	71	1651
2	银杏	φ18	380	650	株	81	1318
3	大根杏	φ35	450	950	株	6	15000
4	榉树	φ18	350	650	株	6	2273
5	垂柳	φ13	350	550	株	5	409
6	金桂A		480	600	株	5	2500
7	金桂B		260	330	株	61	1927
8	紫薇	D8	180	250	株	29	239
9	金森女贞球		130	100	株	7	147
10	火棘		45	90	m²	409	3.49 元/株
11	大花萱草				m²	47.5	1.44 元/丛
12	麦冬				m²	345	11.98
13	果岭草				m²	3069	10.09
14	黑麦草				m²	3069	1.83

1. 栽植香樟清单计价（视频见二维码）

根据《园林绿化工程工程量计算规范》附录A.2的规定，栽植乔木的工程内容包括起挖、运输、栽植和养护等4项内容。苗木起挖和苗木运输这两项费用，通常是含在苗木价格中的，所以，栽植香樟清单计价只需考虑苗木栽植和苗木养护2项工程发生的费用。

（1）栽植香樟（带土球）：香樟胸径18cm，套用定额子目1－112，栽植定额子目节选如表5.3.8所示。定额计量单位为10株，定额工程量为7.1（10株）。

表 5.3.8 定额子目节选

工作内容：挖穴栽植、扶正回土、筑水围、浇水、覆土保墒、整形清理 计量单位：10 株

定额编号		1－107	1－108	1－109	1－110	1－111	1－112
项目		栽植乔木（带土球）					
		胸径（cm 以内）					
		7	9	11	14	17	20
基价		244.27	513.82	780.01	1130.32	1883.01	2364.99
其中	人工费	240.00	396.00	636.00	930.00	1398.00	1680.00
	材料费	4.27	6.41	12.81	17.08	21.35	25.62
	机械费	—	111.41	131.20	183.24	463.66	659.37

人工费：1680.00（元/10 株）

材料费：25.62（元/10 株）

机械费：659.37（元/10 株）

管理费：（1680.00＋659.37）×18.51%＝433.02（元/10 株）

利润：（1680.00＋659.37）×11.07%＝258.97（元/10 株）

小计：1680.00＋25.62＋659.37＋433.02＋258.97＝3056.98（元/10 株）

（2）香樟主材，除税价 1651 元/株，乔木的种植损耗系数为 1%，定额工程量为 71×（1＋1%）＝71.71（株）。

（3）养护香樟：香樟，常绿乔木，胸径 18cm，养护期 2 年，套用定额子目 1－251，养护定额子目节选如表 5.3.9 所示。定额计量单位为 10 株，定额工程量为 2.4（10 株）。定额养护期为一年，实际养护期为两年的，定额基价乘以系数 1.7。

表 5.3.9 定额子目节选

工作内容：中耕施肥、整地除草、修剪剥芽、防病除害、加土扶正等 计量单位：10 株

定额编号		1－249	1－250	1－251	1－252	1－253	1－254
项目		常绿乔木					
		胸径（cm）					
		5 以内	10 以内	20 以内	30 以内	40 以内	40 以上
基价（元）		189.08	308.62	558.37	856.36	1159.89	1509.12
其中	人工费（元）	132.25	243.50	481.75	767.50	1058.63	1380.38
	材料费（元）	19.52	23.52	30.30	37.40	44.65	66.55
	机械费（元）	37.31	41.60	46.32	51.46	56.61	62.19

人工费：481.75×1.7＝818.98（元/10 株）

材料费：30.30×1.7＝51.51（元/10 株）

机械费：46.32×1.7＝78.74（元/10 株）

管理费：（818.98＋78.74）×18.51%＝166.17（元/10 株）

利润：（818.98 + 78.74）× 11.07% = 99.38（元/10 株）

小计：818.98 + 51.51 + 78.74 + 166.17 + 99.38 = 1214.78（元/10 株）

（4）栽植香樟综合单价（视频见二维码）。

人工费：$\dfrac{7.1 \times 1680.00 + 7.1 \times 818.98}{71} = 249.90$（元/株）

材料费：$\dfrac{7.1 \times 25.62 + 71.71 \times 1651 + 7.1 \times 51.51}{71} = 1675.22$（元/株）

机械费：$\dfrac{7.1 \times 659.37 + 7.1 \times 78.74}{71} = 73.81$（元/株）

管理费：（249.90 + 73.81）× 18.51% = 59.92（元/株）

利润：（249.90 + 73.81）× 11.07% = 35.83（元/株）

综合单价：249.90 + 1675.22 + 73.81 + 59.92 + 35.83 = 2094.68（元/株）

栽植香樟清单计价结果见表 5.3.10、表 5.3.11。

表 5.3.10　栽植香樟综合单价分析表

项目编码	项目名称	计量单位	数量	综合单价（元）						合价（元）
				人工费	材料费	机械费	管理费	利润	小计	
050102001001	栽植乔木	株	71	249.90	1675.22	73.81	59.92	35.83	2094.68	148722.28
1-112	栽植乔木（带土球），胸径 20cm 以内	10 株	7.1	1680.00	25.62	659.37	433.02	258.97	3056.98	21704.56
主材	香樟	株	71.71	0.00	1651.00	0.00	0.00	0.00	1651.00	118393.21
1-251 换	常绿乔木，胸径 20cm 以内	10 株	7.1	818.98	51.51	78.74	166.17	99.38	1214.78	8624.94

表 5.3.11　栽植香樟分部分项工程量清单及计价表

项目编码	项目名称	项目特征	计量单位	工程量	综合单价（元）	合价（元）	其中	
							人工费	机械费
050102001001	栽植乔木	香樟，φ18cm，P400cm，H550cm，全冠，树形优美，带 3 级骨架，截杆断根 3~4 年，精品苗，带土球，养护 2 年	株	71	2094.68	148722.28	17742.76	5240.58

2. 栽植银杏清单计价（视频见二维码）

（1）栽植银杏（带土球）：银杏胸径18cm，套用定额子目1－112，栽植定额子目节选如表5.3.8所示。

（2）银杏主材，除税价1318元/株，乔木的种植损耗系数为1%，定额工程量为81×（1＋1%）＝81.81（株）。

（3）养护银杏：银杏，落叶乔木，胸径18cm，养护期2年，套用定额子目1－257，养护定额子目节选如表5.3.12所示。

表5.3.12 　　　　　　　**定额子目节选**

工作内容：中耕施肥、整地除草、修剪剥芽、防病除害、加土扶正等　　　　　计量单位：10株

定额编号		1－255	1－256	1－257	1－258	1－259	1－260
项目		落叶乔木					
		胸径（cm）					
		5以内	10以内	20以内	30以内	40以内	40以上
基价（元）		211.21	340.79	614.19	941.64	1274.42	1662.67
其中	人工费（元）	147.38	267.88	529.88	844.25	1164.50	1528.38
	材料费（元）	20.51	24.45	30.27	37.35	43.87	61.81
	机械费（元）	43.32	48.46	54.04	60.04	66.05	72.48

栽植银杏清单计价结果见表5.3.13、表5.3.14。

表5.3.13 　　　　　　　**栽植银杏综合单价分析表**

项目编码	项目名称	计量单位	数量	综合单价（元）						合价（元）
				人工费	材料费	机械费	管理费	利润	小计	
050102001002	栽植乔木	株	81	258.08	1338.89	75.12	61.68	36.89	1770.65	143422.65
1－112	栽植乔木（带土球），胸径20cm以内	10株	8.1	1680.00	25.62	659.37	433.02	258.97	3056.98	24761.50
主材	银杏	株	81.81	0.00	1318.00	0.00	0.00	0.00	1318.00	107825.58
1－257换	落叶乔木，胸径20cm以内	10株	8.1	900.80	51.46	91.87	183.74	109.89	1337.75	10835.80

表 5.3.14　　　　　　　　栽植银杏分部分项工程量清单及计价表

项目编码	项目名称	项目特征	计量单位	工程量	综合单价（元）	合价（元）	其中	
							人工费	机械费
050102001002	栽植乔木	银杏，φ18cm，P380cm，H650cm，全冠，树形优美，带 3 级骨架，9 分精品苗，带土球，养护 2 年	株	81	1770.65	143422.65	20904.45	6085.03

3. 栽植大银杏清单计价（视频见二维码）

（1）栽植大银杏（带土球）：大银杏胸径 35cm，套用定额子目 1-238，栽植定额子目节选如表 5.3.15 所示。

表 5.3.15　　　　　　　　　　　　定额子目节选
工作内容：挖穴施肥、就位、吊卸落穴、扶正回土、筑水围、浇水、清理等　　　　　　计量单位：株

定额编号		1-237	1-238	1-239	1-240
项目		大树栽植（带土球）			
		胸径（cm 以内）			
		30	35	40	45
基价		452.50	617.43	842.12	1012.67
其中	人工费	172.63	231.00	349.13	461.38
	材料费	25.08	30.30	35.51	42.66
	机械费	254.79	356.13	457.48	508.63

（2）大银杏主材，除税价 15000 元/株，乔木的种植损耗系数为 1%，定额工程量为 6 ×（1＋1%）＝6.06（株）。

（3）养护大银杏：大银杏，落叶乔木，胸径 35cm，养护期 2 年，套用定额子目 1-259，养护定额子目节选如表 5.3.12 所示。

栽植大银杏清单计价结果见表 5.3.16、表 5.3.17。

4. 栽植榉树清单计价

（1）栽植榉树（带土球）：榉树胸径 18cm，套用定额子目 1-112，栽植定额子目节选如表 5.3.8 所示。

（2）榉树主材，除税价 2273.00 元/株，乔木的种植损耗系数为 1%，定额工程量为 6 ×（1＋1%）＝6.06（株）。

表 5.3.16　　　　　　　　　栽植大银杏综合单价分析表

| 项目编码 | 项目名称 | 计量单位 | 数量 | 综合单价（元） | | | | | | 合价（元） |
				人工费	材料费	机械费	管理费	利润	小计	
050102001003	栽植乔木	株	6	428.97	15187.76	367.36	147.40	88.15	16219.63	97317.80
1-238	大树栽植（带土球），胸径35cm以内	株	6	231.00	30.30	356.13	108.68	65.00	791.10	4746.62
主材	大银杏	株	6.06	0.00	15000.00	0.00	0.00	0.00	15000.00	90900.00
1-259 换	落叶乔木，胸径40cm以内	10株	0.6	1979.65	74.58	122.29	387.22	231.58	2785.31	1671.19

表 5.3.17　　　　　　　　栽植大银杏分部分项工程量清单及计价表

| 项目编码 | 项目名称 | 项目特征 | 计量单位 | 工程量 | 综合单价（元） | 合价（元） | 其中 | |
							人工费	机械费
050102001003	栽植乔木	大银杏，φ35cm，P450cm，H950cm，全冠，树形优美，杆直，侧枝饱满粗壮，特选9分精品苗，带土球，养护2年	株	6	16219.63	97317.80	2573.79	2204.15

（3）养护榉树：榉树，落叶乔木，胸径18cm，养护期2年，套用定额子目 1-257，养护定额子目节选如表5.3.12所示。

栽植榉树清单计价结果见表5.3.18、表5.3.19。

表 5.3.18　　　　　　　　　栽植榉树综合单价分析表

| 项目编码 | 项目名称 | 计量单位 | 数量 | 综合单价（元） | | | | | | 合价（元） |
				人工费	材料费	机械费	管理费	利润	小计	
050102001004	栽植乔木	株	6	258.08	2303.44	75.12	61.68	36.89	2735.20	16411.22
1-112	栽植乔木（带土球），胸径20cm以内	10株	0.6	1680.00	25.62	659.37	433.02	258.97	3056.98	1834.19
主材	榉树	株	6.06	0.00	2273.00	0.00	0.00	0.00	2273.00	13774.38
1-257 换	落叶乔木，胸径20cm以内	10株	0.6	900.80	51.46	91.87	183.74	109.89	1337.75	802.65

表 5.3.19 栽植榉树分部分项工程量清单及计价表

项目编码	项目名称	项目特征	计量单位	工程量	综合单价（元）	合价（元）	其中	
							人工费	机械费
050102001004	栽植乔木	榉树，ϕ18cm，P350cm，H650cm，全冠，树形优美，特选精品苗，带土球，养护2年	株	6	2735.20	16411.22	1548.48	450.74

5. 栽植垂柳清单计价

（1）栽植垂柳（带土球）：垂柳胸径13cm，套用定额子目1-110，栽植定额子目节选如表5.3.8所示。

（2）垂柳主材，除税价409.00元/株，乔木的种植损耗系数为1%，定额工程量为5×（1+1%）=5.05（株）。

（3）养护垂柳：垂柳，落叶乔木，胸径13cm，养护期2年，套用定额子目1-257，养护定额子目节选如表5.3.12所示。

栽植垂柳清单计价结果见表5.3.20、表5.3.21。

表 5.3.20 栽植垂柳综合单价分析表

项目编码	项目名称	计量单位	数量	人工费	材料费	机械费	管理费	利润	小计	合价（元）
050102001005	栽植乔木	株	5	183.08	419.94	27.51	38.98	23.31	692.83	3464.13
1-110	栽植乔木（带土球），胸径14cm以内	10株	0.5	930.00	17.08	183.24	206.06	123.24	1459.62	729.81
主材	垂柳	株	5.05	0.00	409.00	0.00	0.00	0.00	409.00	2065.45
1-257换	落叶乔木，胸径20cm以内	10株	0.5	900.80	51.46	91.87	183.74	109.89	1337.75	668.88

表 5.3.21 栽植垂柳分部分项工程量清单及计价表

项目编码	项目名称	项目特征	计量单位	工程量	综合单价（元）	合价（元）	其中	
							人工费	机械费
050102001005	栽植乔木	垂柳，ϕ13cm，P350cm，H550cm，全冠，树形优美，蓬形佳，带土球，养护2年	株	5	692.83	3464.13	915.40	137.55

6. 栽植金桂 A 清单计价（视频见二维码）

（1）栽植金桂 A（带土球）：金桂 A 冠幅 480cm，灌木土球直径设计未注明的，按其蓬径的 1/3 计算土球直径，土球直径为 480÷3＝160cm，套用定额子目 1－152，栽植定额子目节选如表 5.3.22 所示。

表 5.3.22　　　　　　　　　　定额子目节选

工作内容：挖穴栽植、扶正回土、筑水围、浇水、覆土保墒、整形清理等　　　　计量单位：10 株

定额编号	1－144	1－145	1－148	1－149	1－151	1－152
项目	栽植灌木、藤本（带土球）					
	土球直径（cm 以内）					
	40	50	80	100	140	160
基价（元）	53.14	81.45	355.82	528.26	1113.01	1543.32
其中　人工费（元）	51.00	78.25	238.00	384.25	829.63	1177.25
材料费（元）	2.14	3.20	6.41	12.81	21.35	25.62
机械费（元）	—	—	111.41	131.20	262.03	340.45

（2）金桂 A 主材，除税价 2500.00 元/株，灌木的种植损耗系数为 5%，定额工程量为 5×（1＋5%）＝5.25（株）。

（3）养护金桂 A：金桂 A，常绿灌木，高度 600cm，养护期 2 年，套用定额子目 1－287，养护定额子目节选如表 5.3.23 所示。

表 5.3.23　　　　　　　　　　定额子目节选

工作内容：中耕施肥、整地除草、修剪剥芽、防病除害、加土扶正等　　　　计量单位：10 株

定额编号	1－286	1－287	1－306	1－307
项目	灌木		球形植物	
	高度（cm）		蓬径（cm 以内）	
	250 以内	250 以上	100	150
基价	83.34	124.73	109.14	162.56
其中　人工费	30.88	46.25	53.88	101.38
材料费	23.73	35.59	22.24	24.30
机械费	28.73	42.89	33.02	36.88

栽植金桂 A 清单计价结果见表 5.3.24、表 5.3.25。

表 5.3.24   栽植金桂 A 综合单价分析表

项目编码	项目名称	计量单位	数量	综合单价（元）						合价（元）
				人工费	材料费	机械费	管理费	利润	小计	
050102002001	栽植灌木	株	5	125.59	2633.61	41.34	30.90	18.48	2849.91	14249.56
1 - 152	栽植灌木（带土球），土球直径 160cm 以内	10 株	0.5	1177.25	25.62	340.45	280.93	168.01	1992.26	996.13
主材	金桂 A	株	5.25	0.00	2500.00	0.00	0.00	0.00	2500.00	13125.00
1 - 287 换	灌木，高度 250cm 以上	10 株	0.5	78.63	60.50	72.91	28.05	16.78	256.87	128.43

表 5.3.25   栽植金桂 A 分部分项工程量清单及计价表

项目编码	项目名称	项目特征	计量单位	工程量	综合单价（元）	合价（元）	其中	
							人工费	机械费
050102002001	栽植灌木	金桂 A，P480cm，H600cm，全冠，树形优美，蓬形佳，带土球，养护 2 年	株	5	2849.91	14249.56	627.94	206.68

7. 栽植金桂 B 清单计价

（1）栽植金桂 B（带土球）：金桂 B 冠幅 260cm，灌木土球直径设计未注明的，按其蓬径的 1/3 计算土球直径，土球直径为 260÷3 = 86.7cm，套用定额子目 1 - 149，栽植定额子目节选如表 5.3.22 所示。

（2）金桂 B 主材，除税价 1927.00 元/株，灌木的种植损耗系数为 5%，定额工程量为 61×(1 + 5%) = 64.05（株）。

（3）养护金桂 B：金桂 B，常绿灌木，高度 330cm，养护期 2 年，套用定额子目 1 - 287，养护定额子目节选如表 5.3.23 所示。

栽植金桂 B 清单计价结果见表 5.3.26、表 5.3.27。

表 5.3.26   栽植金桂 B 综合单价分析表

项目编码	项目名称	计量单位	数量	综合单价（元）						合价（元）
				人工费	材料费	机械费	管理费	利润	小计	
050102002002	栽植灌木	株	61	46.29	2030.68	20.41	12.35	7.38	2117.11	129143.69
1 - 149	栽植灌木（带土球），土球直径 100cm 以内	10 株	6.1	384.25	12.81	131.20	95.41	57.06	680.73	4152.45

续表

项目编码	项目名称	计量单位	数量	综合单价（元）						合价（元）
				人工费	材料费	机械费	管理费	利润	小计	
主材	金桂 B	株	64.05	0.00	1927.00	0.00	0.00	0.00	1927.00	123424.35
1-287 换	灌木，高度250cm 以上	10 株	6.1	78.63	60.50	72.91	28.05	16.78	256.87	1566.88

表 5.3.27　　　　　　　栽植金桂 B 分部分项工程量清单及计价表

项目编码	项目名称	项目特征	计量单位	工程量	综合单价（元）	合价（元）	其中	
							人工费	机械费
050102002002	栽植灌木	金桂 B，P260cm，H330cm，全冠，树形优美，蓬形佳，带土球，养护 2 年	株	61	2117.11	129143.69	2823.54	1245.09

8. 栽植紫薇清单计价（视频见二维码）

（1）栽植紫薇（带土球）：紫薇地径 8cm，胸径按其地径的 0.88 倍计算，胸径为 $8 \times 0.88 = 7.04$cm，套用定额子目 1-108，栽植定额子目节选如表 5.3.8 所示。

（2）紫薇主材，除税价 239.00 元/株，乔木的种植损耗系数为 1%，定额工程量为 $29 \times (1 + 1\%) = 29.29$（株）。

（3）养护紫薇：紫薇，落叶乔木，胸径 7.04cm，养护期 2 年，套用定额子目 1-256，养护定额子目节选如表 5.3.12 所示。

栽植紫薇清单计价结果见表 5.3.28、表 5.3.29。

表 5.3.28　　　　　　　栽植紫薇综合单价分析表

项目编码	项目名称	计量单位	数量	综合单价（元）						合价（元）
				人工费	材料费	机械费	管理费	利润	小计	
050102001006	栽植乔木	株	29	85.14	246.19	19.38	19.35	11.57	381.62	11067.07
1-108	栽植乔木（带土球），胸径 9cm 以内	10 株	2.9	396.00	6.41	111.41	93.92	56.17	663.91	1925.34
主材	紫薇	株	29.29	0.00	239.00	0.00	0.00	0.00	239.00	7000.31
1-256 换	落叶乔木，胸径 10cm 以内	10 株	2.9	455.40	41.57	82.38	99.54	59.53	738.42	2141.41

表 5.3.29　　　　　　栽植紫薇分部分项工程量清单及计价表

项目编码	项目名称	项目特征	计量单位	工程量	综合单价（元）	合价（元）	其中	
							人工费	机械费
050102001006	栽植乔木	紫薇，D8cm，P180cm，H250cm，品种"幺红"，全冠不截枝，树形优美，实生苗，红花，带土球，养护 2 年	株	29	381.62	11067.07	2469.05	562.00

9. 栽植金森女贞球清单计价（视频见二维码）

（1）栽植金森女贞球（带土球）：金森女贞球冠幅 130cm，灌木土球直径设计未注明的，按其蓬径的 1/3 计算土球直径，土球直径为 $130 \div 3 = 43.3$（cm），套用定额子目 1 - 145，栽植定额子目节选如表 5.3.22 所示。

（2）金森女贞球主材，除税价 147.00 元/株，灌木的种植损耗系数为 5%，定额工程量为 $7 \times (1 + 5\%) = 7.35$（株）。

（3）养护金森女贞球：金森女贞球，球形植物，冠幅 130cm，套用定额子目 1 - 307，养护定额子目节选如表 5.3.23 所示。

栽植金森女贞球清单计价结果见表 5.3.30、表 5.3.31。

表 5.3.30　　　　　　栽植金森女贞球综合单价分析表

项目编码	项目名称	计量单位	数量	综合单价（元）						合价（元）
				人工费	材料费	机械费	管理费	利润	小计	
050102002003	栽植灌木	株	7	25.06	158.80	6.27	5.80	3.47	199.40	1395.78
1 - 145	栽植灌木（带球），土球直径 50cm 以内	10 株	0.7	78.25	3.20	0.00	14.48	8.66	104.60	73.22
主材	金森女贞球	株	7.35	0.00	147.00	0.00	0.00	0.00	147.00	1080.45
1 - 307 换	球形植物，蓬径 150cm 以内	10 株	0.7	172.35	41.31	62.70	43.51	26.02	345.88	242.11

表 5.3.31　　　　　　栽植金森女贞球分部分项工程量清单及计价表

项目编码	项目名称	项目特征	计量单位	工程量	综合单价（元）	合价（元）	其中	
							人工费	机械费
050102002003	栽植灌木	金森女贞球，P130cm，H100cm，枝条密实，球型饱满，光球不脱节，带土球，养护 2 年	株	7	199.40	1395.78	175.42	43.89

10. 栽植火棘清单计价（视频见二维码）

（1）栽植火棘：火棘高度90cm，种植密度为16株/m²，套用定额子目1-166，栽植定额子目节选如表5.3.32所示。

表5.3.32   定额子目节选

工作内容：整形清理、放样栽植、浇水保墒、铺种草皮、清运废弃物等   计量单位：100m²

定额编号		1-166	1-183	1-213	1-215	1-217
项目		灌木片植（苗高50~100cm以内）（10m²）	栽植花卉（100株）	草皮铺砂	栽植草皮	
		种植密度（株/m²）			满铺	籽播
		16以内	草本花			
基价		93.85	30.46	761.54	587.35	1177.59
其中	人工费	91.50	28.75	242.50	566.00	296.75
	材料费	2.35	1.71	519.04	21.35	880.84
	机械费	—	—	—	—	—

（2）火棘主材，除税价3.49元/株，灌木的种植损耗系数为5%，定额工程量为409×16×（1+5%）=6871.2（株）。

（3）养护火棘：火棘，片植灌木，套用定额子目1-288，养护定额子目节选如表5.3.33所示。

表5.3.33   定额子目节选

工作内容：中耕施肥、整地除草、修剪整枝、清除枯叶、灌溉排水等   计量单位：10m²

定额编号		1-288	1-313	1-316	1-319	1-321	1-322	1-323
项目		片植灌木	花卉	地被植物	暖地型草坪	冷地型草坪		
					满铺	播种	散铺	满铺
基价		83.92	33.95	37.52	51.76	108.18	100.03	100.36
其中	人工费	36.88	9.13	6.13	32.50	90.75	81.75	73.50
	材料费	21.31	15.81	15.95	6.39	7.99	7.99	7.99
	机械费	25.73	9.01	15.44	12.87	9.44	10.29	18.87

栽植火棘清单计价结果见表5.3.34、表5.3.35。

表 5.3.34　　　　　　　　　　栽植火棘综合单价分析表

项目编码	项目名称	计量单位	数量	综合单价（元）						合价（元）
				人工费	材料费	机械费	管理费	利润	小计	
050102007001	栽植色带	m²	409.00	15.42	62.49	4.37	3.66	2.19	88.14	36048.60
1-166	灌木片植（苗高 50 ~ 100cm 以内），种植密度 16 株/m²	10m²	40.9	91.50	2.35	0.00	16.94	10.13	120.92	4945.45
主材	火棘	株	6871.2	0.00	3.49	0.00	0.00	0.00	3.49	23980.49
1-288 换	片植灌木	10m²	40.9	62.70	36.23	43.74	19.70	11.78	174.15	7122.66

表 5.3.35　　　　　　　　　　栽植火棘分部分项工程量清单及计价表

项目编码	项目名称	项目特征	计量单位	工程量	综合单价（元）	合价（元）	其中	
							人工费	机械费
050102007001	栽植色带	火棘，P45cm，H90cm，16 株/m²，养护 2 年	m²	409.00	88.14	36048.60	6306.62	1789.01

11. 栽植大花萱草清单计价（视频见二维码）

（1）栽植大花萱草：大花萱草 25 丛/m²，8 ~ 9 芽/丛，套用定额子目 1 - 183，定额子目节选如表 5.3.32 所示。定额计量单位为 100 株，定额工程量为 47.50 × 25 ÷ 100 = 11.88（100 株）。

（2）大花萱草主材，除税价 1.44 元/丛，花卉的种植损耗系数为 5%，定额工程量为 47.50 × 25 × （1 + 5%）= 1246.88（丛）。

（3）养护大花萱草：大花萱草，草本花卉，套用定额子目 1 - 313，养护定额子目节选如表 5.3.33 所示。

栽植大花萱草清单计价结果见表 5.3.36、表 5.3.37。

表 5.3.36　　　　　　　　　　栽植大花萱草综合单价分析表

项目编码	项目名称	计量单位	数量	综合单价（元）						合价（元）
				人工费	材料费	机械费	管理费	利润	小计	
050102008001	栽植花卉	m²	47.50	8.74	40.92	1.53	1.90	1.14	54.23	2575.88
1-183	栽植花卉	100 株	11.88	28.75	1.71	0.00	5.32	3.18	38.96	462.90
主材	大花萱草	丛	1246.88	0.00	1.44	0.00	0.00	0.00	1.44	1795.51
1-313 换	花卉	10m²	4.75	15.52	26.88	15.32	5.71	3.41	66.84	317.48

表 5.3.37   栽植大花萱草分部分项工程量清单及计价表

项目编码	项目名称	项目特征	计量单位	工程量	综合单价（元）	合价（元）	其中	
							人工费	机械费
050102008001	栽植花卉	大花萱草，25 丛/m²，8～9 芽/丛，养护 2 年	m²	47.50	54.23	2575.88	415.13	72.76

12. 栽植麦冬清单计价（视频见二维码）

（1）栽植麦冬：麦冬 49 丛/m²，8～15 芽/丛，套用定额子目 1－183，栽植定额子目节选如表 5.3.32 所示。定额计量单位为 100 株，定额工程量为 345.00 × 49 ÷ 100 = 169.05（100 株）。

（2）麦冬主材，除税价 11.98 元/m²，地被的种植损耗系数为 5%，定额工程量为 345.00 × （1＋5%）= 362.25（m²）。

（3）养护麦冬：麦冬，园林绿地里用作地被，套用定额子目 1－316，养护定额子目节选如表 5.3.33 所示。

栽植麦冬清单计价结果见表 5.3.38、表 5.3.39。

表 5.3.38   栽植麦冬综合单价分析表

项目编码	项目名称	计量单位	数量	综合单价（元）						合价（元）
				人工费	材料费	机械费	管理费	利润	小计	
050102008002	栽植花卉	m²	345.00	15.13	16.13	2.62	3.29	1.97	39.13	13501.42
1－183	栽植花卉	100 株	169.05	28.75	1.71	0.00	5.32	3.18	38.96	6586.91
主材	麦冬	m²	362.25	0.00	11.98	0.00	0.00	0.00	11.98	4339.76
1－316 换	地被植物	10m²	34.5	10.42	27.12	26.25	6.79	4.06	74.63	2574.76

表 5.3.39   栽植麦冬分部分项工程量清单及计价表

项目编码	项目名称	项目特征	计量单位	工程量	综合单价（元）	合价（元）	其中	
							人工费	机械费
050102008002	栽植花卉	麦冬，49 丛/m²，8～15 芽/丛，养护 2 年	m²	345.00	39.13	13501.42	5219.71	905.56

13. 铺种草皮清单计价（视频见二维码）

（1）栽植果岭草：果岭草满铺，套用定额子目 1 – 215，栽植定额子目节选如表 5. 3. 32 所示。

（2）栽植黑麦草：籽播，套用定额子目 1 – 217，栽植定额子目节选如表 5. 3. 32 所示。

（3）草皮铺砂，套用定额子目 1 – 213，栽植定额子目节选如表 5. 3. 32 所示。定额草皮铺砂按 3cm 厚度考虑，实际不同时，每增减 1cm，黄砂消耗量增减 1.683 吨，黄砂 87. 38 元/吨。本项目设计铺设黄砂 10cm 厚度，定额子目需要换算。材料费：519.04 + 7 × 1. 683 × 87.38 = 1548.46（元/100m²）。

（4）果岭草主材，除税价 10.09 元/m²，草坪的种植损耗系数为 5%，定额工程量为 3069.00 × (1 + 5%) = 3222.45（m²）。黑麦草主材，除税价 1.83 元 m²，草坪的种植损耗系数为 5%，定额工程量为 3069.00 × (1 + 5%) = 3222.45（m²）。

（5）养护果岭草：果岭草，暖地型草坪，满铺，套用定额子目 1 – 319，养护定额子目节选如表 5. 3. 33 所示。

（6）养护黑麦草：黑麦草，冷季型草坪，籽播。播种草坪，生长期超过 6 个月，视作散铺。散铺草坪，生长期超过 6 个月，视作满铺。分别套用定额子目 1 – 321、1 – 322、1 – 323，养护定额子目节选如表 5. 3. 33 所示。这三条定额子目均需换算，定额子目 1 – 321，定额基价乘以 0.5；定额子目 1 – 322，定额基价乘以 0.5；定额子目 1 – 323，定额基价乘以 0.7。

铺种草皮清单计价结果见表 5. 3. 40、表 5. 3. 41。

表 5.3.40　　　　　铺种草皮综合单价分析表

项目编码	项目名称	计量单位	数量	人工费	材料费	机械费	管理费	利润	小计	合价（元）
050102012001	铺种草皮	m²	3069.00	30.35	39.47	4.50	6.45	3.86	84.62	259687.85
1 – 215	栽植草皮，满铺	100m²	30.69	566.00	21.35	0.00	104.77	62.66	754.77	23163.98
1 – 217	栽植草皮，籽播	100m²	30.69	296.75	880.84	0.00	54.93	32.85	1265.37	38834.16
1 – 213 换	草皮铺砂	100m²	30.69	242.50	1548.46	0.00	44.89	26.84	1862.70	57166.12
主材	果岭草	m²	3222.45	0.00	10.09	0.00	0.00	0.00	10.09	32514.52
主材	黑麦草	m²	3222.45	0.00	1.83	0.00	0.00	0.00	1.83	5897.08
1 – 319 换	暖地型草坪，满铺	10m²	306.9	55.25	10.86	21.88	14.28	8.54	110.81	34006.59
1 – 321 换	冷地型草坪，播种	10m²	306.9	45.38	4.00	4.72	9.27	5.55	68.91	21147.90
1 – 322 换	冷地型草坪，散铺	10m²	306.9	40.88	4.00	5.15	8.52	5.09	63.63	19527.35
1 – 323 换	冷地型草坪，满铺	10m²	306.9	51.45	5.59	13.21	11.97	7.16	89.38	27430.15

表 5.3.41 铺种草皮分部分项工程量清单及计价表

项目编码	项目名称	项目特征	计量单位	工程量	综合单价（元）	合价（元）	人工费	机械费
							其中	
050102012001	铺种草皮	果岭草，满铺，草卷土层厚度≥2cm，10月黑麦草草籽混合细砂复播，中砂10cm，养护2年	m²	3069.00	84.62	259687.85	93136.48	13796.08

5.3.3.3 技术措施项目清单计价

【例 5.3.2】根据【例 5.2.1】编制的工程量清单，完成某市环城北路道路景观绿化工程的技术措施项目工程量清单计价，本项目费率按园林绿化及景观工程类别取费，采用一般计税方式。管理费费率为18.51%、利润的费率为11.07%，风险费不考虑。

（1）三脚桩树木支撑架清单计价。树棍，三脚桩，套用定额子目1-333，树木支撑定额子目节选如表5.3.42所示。

表 5.3.42 定额子目节选

工作内容：制桩运桩、打桩绑扎 　　　　　　　　　　　　　　　　计量单位：10株

定额编号		1-333	1-334
项目		树棍支撑	
		三脚桩	四脚桩
基价		193.42	525.13
其中	人工费	30.63	40.75
	材料费	162.79	484.38
	机械费	—	—

三脚桩树木支撑架清单计价结果见表5.3.43、表5.3.44。

表 5.3.43 三脚桩树木支撑架综合单价分析表

项目编码	项目名称	计量单位	数量	人工费	材料费	机械费	管理费	利润	小计	合价（元）
				综合单价（元）						
050403001001	树木支撑架	株	192	3.06	16.28	0.00	0.57	0.34	20.25	3887.62
1-333	树棍支撑，三脚桩	10株	19.2	30.63	162.79	0.00	5.67	3.39	202.48	3887.62

表 5.3.44　　　　　　　三脚桩树木支撑架技术措施项目工程量清单及计价表

项目编码	项目名称	项目特征	计量单位	工程量	综合单价（元）	合价（元）	其中	
							人工费	机械费
050403001001	树木支撑架	树棍，三脚桩	株	192	20.25	3887.62	588.10	0.00

（2）四脚桩树木支撑架清单计价。树棍，四脚桩，套用定额子目 1 - 334，树木支撑定额子目节选如表 5.3.42 所示。

四脚桩树木支撑架清单计价结果见表 5.3.45、表 5.3.46。

表 5.3.45　　　　　　　四脚桩树木支撑架综合单价分析表

项目编码	项目名称	计量单位	数量	综合单价（元）						合价（元）
				人工费	材料费	机械费	管理费	利润	小计	
050403001002	树木支撑架	株	6	4.08	48.44	0.00	0.75	0.45	53.72	322.31
1 - 334	树棍支撑，四脚桩	10 株	0.6	40.75	484.38	0.00	7.54	4.51	537.18	322.31

表 5.3.46　　　　　　　四脚桩树木支撑架技术措施项目工程量清单及计价表

项目编码	项目名称	项目特征	计量单位	工程量	综合单价（元）	合价（元）	其中	
							人工费	机械费
050403001002	树木支撑架	树棍，四脚桩	株	6	53.72	322.31	24.45	0.00

（3）草绳绕树干胸径 5.1 ~ 10cm 清单计价。草绳绕树干，胸径 5.1 ~ 10cm，所绕树干高度 1m，套用定额子目 1 - 342，草绳绕树干定额子目节选如表 5.3.47 所示。

表 5.3.47　　　　　　　　　　　　定额子目节选

工作内容：制桩运桩、打桩绑扎　　　　　　　　　　　　　　　　　　　　　　　　计量单位：10 株

定额编号		1 - 342	1 - 343	1 - 344	1 - 347
项目		草绳绕树干			
		胸径（cm）以内			
		10	15	20	35
基价		33.82	45.66	62.63	107.54
其中	人工费	20.38	25.50	37.75	60.50
	材料费	13.44	20.16	26.88	47.04
	机械费	—	—	—	—

草绳绕树干胸径 5.1 ~ 10cm 清单计价结果见表 5.3.48、表 5.3.49。

表 5.3.48 草绳绕树干胸径 5.1 ~ 10cm 综合单价分析表

项目编码	项目名称	计量单位	数量	综合单价（元）						合价（元）
				人工费	材料费	机械费	管理费	利润	小计	
050403002001	草绳绕树干	株	29	2.04	1.34	0.00	0.38	0.23	3.98	115.56
1－342	草绳绕树干，胸径 10cm 以内	10m	2.9	20.38	13.44	0.00	3.77	2.26	39.85	115.56

表 5.3.49 草绳绕树干胸径 5.1 ~ 10cm 技术措施项目工程量清单及计价表

项目编码	项目名称	项目特征	计量单位	工程量	综合单价（元）	合价（元）	其中	
							人工费	机械费
050403002001	草绳绕树干	胸径 5.1 ~ 10cm，所绕高度 1m	株	29	3.98	115.56	59.10	0.00

（4）草绳绕树干胸径 10.1 ~ 15cm 清单计价。草绳绕树干，胸径 10.1 ~ 15cm，所绕树干高度 1.5m，套用定额子目 1－343，草绳绕树干定额子目节选如表 5.3.47 所示。

草绳绕树干胸径 10.1 ~ 15cm 清单计价结果见表 5.3.50、表 5.3.51。

表 5.3.50 草绳绕树干胸径 10.1 ~ 15cm 综合单价分析表

项目编码	项目名称	计量单位	数量	综合单价（元）						合价（元）
				人工费	材料费	机械费	管理费	利润	小计	
050403002002	草绳绕树干	株	5	3.83	3.02	0.00	0.71	0.42	7.98	39.90
1－342	草绳绕树干，胸径 15cm 以内	10m	0.75	25.50	20.16	0.00	4.72	2.82	53.20	39.90

表 5.3.51 草绳绕树干胸径 10.1 ~ 15cm 技术措施项目工程量清单及计价表

项目编码	项目名称	项目特征	计量单位	工程量	综合单价（元）	合价（元）	其中	
							人工费	机械费
050403002002	草绳绕树干	胸径 10.1 ~ 15cm，所绕高度 1.5m	株	5	7.98	39.90	19.13	0.00

（5）草绳绕树干胸径 15.1 ~ 20cm 清单计价。草绳绕树干，胸径 15.1 ~ 20cm，所绕树干高度 1.5m，套用定额子目 1－344，草绳绕树干定额子目节选如表 5.3.47 所示。

草绳绕树干胸径 15.1 ~ 20cm 清单计价结果见表 5.3.52、表 5.3.53。

表 5.3.52　　　　　　　　　　草绳绕树干胸径 15.1～20cm 综合单价分析表

| 项目编码 | 项目名称 | 计量单位 | 数量 | 综合单价（元） | | | | | | 合价（元） |
				人工费	材料费	机械费	管理费	利润	小计	
050403002003	草绳绕树干	株	158	5.36	4.03	0.00	0.99	0.59	10.98	1734.95
1－344	草绳绕树干，胸径 20cm 以内	10m	23.7	35.75	26.88	0.00	6.62	3.96	73.20	1734.95

表 5.3.53　　　　　草绳绕树干胸径 15.1～20cm 技术措施项目工程量清单及计价表

| 项目编码 | 项目名称 | 项目特征 | 计量单位 | 工程量 | 综合单价（元） | 合价（元） | 其中 | |
							人工费	机械费
050403002003	草绳绕树干	胸径 15.1～20cm，所绕高度 1.5m	株	158	10.98	1734.95	847.28	0.00

（6）草绳绕树干胸径 30.1～35cm 清单计价。草绳绕树干，胸径 30.1～35cm，所绕树干高度 1.5m，套用定额子目 1－347，草绳绕树干定额子目节选如表 5.3.47 所示。

草绳绕树干胸径 30.1～35cm 清单计价结果见表 5.3.54、表 5.3.55。

表 5.3.54　　　　　　　　　　草绳绕树干胸径 30.1～35cm 综合单价分析表

| 项目编码 | 项目名称 | 计量单位 | 数量 | 综合单价（元） | | | | | | 合价（元） |
				人工费	材料费	机械费	管理费	利润	小计	
050403002004	草绳绕树干	株	6	9.08	7.06	0.00	1.68	1.00	18.82	112.89
1－347	草绳绕树干，胸径 35cm 以内	10m	0.9	60.50	47.04	0.00	11.20	6.70	125.44	112.89

表 5.3.55　　　　　草绳绕树干胸径 30.1～35cm 技术措施项目工程量清单及计价表

| 项目编码 | 项目名称 | 项目特征 | 计量单位 | 工程量 | 综合单价（元） | 合价（元） | 其中 | |
							人工费	机械费
050403002004	草绳绕树干	胸径 30.1～35cm，所绕高度 1.5m	株	6	18.82	112.89	54.45	0.00

5.3.3.4　组织措施项目清单计价

【例 5.3.3】根据【例 5.2.1】的组织措施项目清单，完成组织措施项目清单计价。本项目费率按园林绿化及景观工程类别取费，采用一般计税方式。组织措施费，以人工费和机械费为计算基数，乘以相应的组织措施费费率。安全文明施工费，按市区工程取费，费率为 6.41%；二次搬运费费率 0.13%；冬雨季施工增加费费率 0.15%；行车、行人干扰增加费费率 0.95%。

（1）汇总人工费和机械费。分部分项工程费中的人工费 154858.75 元、机械费 32739.11 元；技术措施费中的人工费 1592.50 元、机械费 0.00 元；人工费、机械费合计为 189190.36 元。

（2）安全文明施工费清单计价。安全文明施工费以项为计量单位，工程量为 1。安全文明施工费 = 189190.36 × 6.41% = 12127.10（元）。

（3）二次搬运费清单计价。二次搬运费以项为计量单位，工程量为 1。二次搬运费 = 189190.36 × 0.13% = 245.95（元）。

（4）冬雨季施工增加费清单计价。冬雨季施工增加费以项为计量单位，工程量为 1。冬雨季施工增加费 = 189190.36 × 0.15% = 283.79（元）。

（5）行车、行人干扰增加费清单计价。行车、行人干扰增加费以项为计量单位，工程量为 1。行车、行人干扰增加费 = 189190.36 × 0.95% = 1797.31（元）。

组织措施清单计价结果见表 5.3.56。

表 5.3.56　　　　　　　　　　　组织措施项目清单及计价表

序号	项目名称	单位	数量	金额（元）
1	安全文明施工费	项	1	12127.10
2	二次搬运费	项	1	245.95
3	冬雨季施工增加费	项	1	283.79
4	行车、行人干扰增加费	项	1	1797.31
合计				14454.15

5.3.3.5　规费与税金项目清单计价

（1）规费项目清单计价。规费是以人工费和机械费为计算基数，乘以规费费率。园林绿化及景观工程的规费费率为 30.97%。规费 = 189190.36 × 30.97% = 58592.25（元）。

（2）税金项目清单计价。税金是以分部分项工程费、措施项目费、规费为计算基数，乘以税金税率。税金税率为 9%。分部分项工程费为 877007.72 元，技术措施项目为 6213.24，组织措施项目费为 14454.15 元，规费为 58592.25 元。税金 = （877007.72 + 6213.24 + 14454.15 + 58592.25）× 9% = 86064.06（元）。

即问即答（即问即答解析见二维码）：

1. 起挖或栽植树木均以一、二类土为计算标准，如为三类土，人工乘以系数_____，四类土人工乘以系数_____，冻土人工乘以系数_____。

2. 种植定额子目基价未包括苗木、花卉的费用，其价格根据当时当地的价格确定，乔木的种植损耗按_____计算，灌木、草皮、竹类等种植损耗按_____计算。

3. 请完成表5.3.57金森女贞综合单价计算，管理费18.51%，利润11.07%，金森女贞除税价0.46元/株。

表 5.3.57　　　　　　　　　　金森女贞综合单价分析表

项目编码	项目名称	计量单位	数量	综合单价（元）						合价（元）
				人工费	材料费	机械费	管理费	利润	小计	
050102007001	栽植色带	m²	68.00							
1-164	灌木片植（苗高50cm以内）	10m²	6.8	123.63	2.99	0.00				
主材	金森女贞	株	3498.6	0.00	0.46	0.00				
1-288换	片植灌木	10m²	6.8	62.70	36.23	43.74				

练习题（见二维码）：

项目实训（见二维码）：

自我测试（见二维码）：

第6章 园路、园桥工程计量与计价

学习思维导图

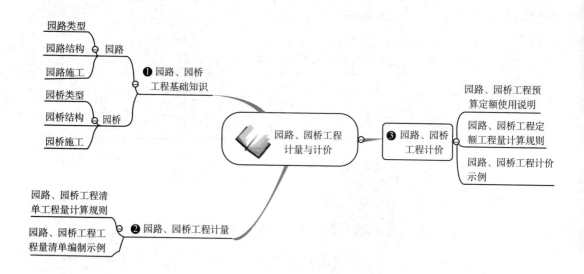

学习目标

知识目标	能力目标	相关知识
了解园路、园桥工程相关基础知识		6.1 园路、园桥工程基础知识
掌握园路、园桥工程清单工程量计算规则	(1) 熟练且准确设置清单项目 (2) 熟练计算清单工程量	6.2 园路、园桥工程计量
(1) 熟悉园路、园桥工程预算定额的使用 (2) 掌握园路、园桥工程定额工程量计算规则	(1) 熟练计算定额工程量 (2) 熟练套用定额子目与换算 (3) 熟练计算综合单价	6.3 园路、园桥工程计价

6.1 园路、园桥工程基础知识

道路是供各种车辆和行人等通行的基础工程设施，园路特指城市园林绿地和风景名胜区的各种室外道路和所有硬质铺装场地。其中风景名胜区中既有供车辆行驶的公路和盘山道，也有专为游人使用的道路广场，也有供园务交通的车行道。各种园路是贯穿全园的交通网络，是联系各个景区和景点的纽带和风景线。园桥是园路的特殊表现形式，是园路上的一种结点或一种端点，可以联系风景点的水陆交通，组织游览线路，变换观赏视线，点缀水景，增加水面层次，兼有交通和艺术欣赏的双重作用。

6.1.1 园路

园路，指园林中的道路工程，包括园路布局、路面层结构和地面铺装等的设计。园林道路是园林的组成部分，起着组织空间、引导游览、交通联系并提供散步休息场所的作用。它像脉络一样，把园林的各个景区连成整体。园路本身又是园林风景的组成部分，蜿蜒起伏的曲线，丰富的寓意，精美的图案，都给人以美的享受。

6.1.1.1 园路类型

园路是具有一定宽度的带状构筑物，从不同的角度考虑，园路有不同的分类方法。

1. 按结构分类

按照园路横断面的不同，一般可分为 3 种类型，即路堤型、路堑型和特殊型园路。

路堤型园路：采用平道牙，路面两侧设置明沟来组织路面雨水的排放。横断面由主路面、路肩、边沟、边坡等组成。

路堑型园路：横断面采用立道牙，城市市政道路大多采用这种结构，路面常需设置雨水口和排水管线等附属设施将雨水组织到地下管线中去。

特殊型园路：其路线或为非连续的，或其横断面宽度连续变化，或因坡度陡峭而产生形式上的变化，包括步石、汀步、磴道、栈道等。

2. 按级别分类

主要园路：景园内的主要道路，从园林景区入口通向全园各区主景区、广场、公共建筑、观景点、后勤管理区，形成全园骨架和环路，组成导游的主干路线。主要园路一般宽 7~8m，并能适应园内管理车辆的通行要求，如考虑生产、救护、消防、游览车辆的通行。

次要园路：主要园路的辅助道路，呈支架状，连接各景区内的景点和景观建筑。路宽根据公园游人容量、流量、功能以及活动内容等因素而决定，一般宽 3~4m，车辆可单向通过，为园内生产管理和园务运输服务。

游步道：园路系统的最末梢，是供游人休憩、散步和游览的通幽曲径，可通达园林绿地的各个角落，是到广场和园景的捷径。双人行走游步道宽 1.2~1.5m，单人行走游步道宽 0.6~1.0m。

3. 按铺装分类

整体路面：用水泥混凝土或沥青混凝土铺筑而成的路面，具有强度高、耐压、耐磨、平整度好的特点，但不便维修，一般观赏性较差。由于养护简单、便于清扫，因此多为大公园的主干道所采用。

块料路面：用大方砖、石板等各种天然块石或各种预制板铺装而成的路面，如木纹板路面、拉条水泥板路面、假卵石路面等。这种路面简朴、大方，特别是各种拉条路面，利用条纹方向变化产生的光影效果，加强了花纹的效果，不但有很好的装饰性，而且可以防滑和减少反光强度，并能铺装成形态各异的图案花纹，美观、舒适。

碎料路面：用各种碎石、瓦片、卵石及其他碎状材料组成的路面。这类路面铺装材料廉价，能铺成各种花纹，一般多用在游步道中。

简易路面：由煤屑、三合土等构成的路面，多用于临时性或过渡性园路。

6.1.1.2 园路结构

园路的结构一般由路基、路面两部分组成。路基和路面共同承受着车辆、游人和自然的作用，它们的质量好坏，直接影响到道路的使用品质。

路面结构铺筑于路基顶面的路槽之中。路面常常是分层修筑的多层结构，按所处层位和作用的不同，路面结构主要由面层、基层、垫层等结构物组成。在采用块料或粒料作为面层时，通常需要在基层上设置一个结合层来找平或黏结，以使面层和基层紧密结合。图6.1.1 所示是典型的路面结构示意。

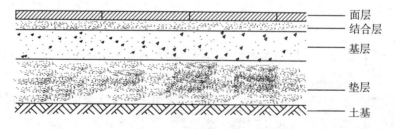

图 6.1.1　园路结构示意

6.1.1.3 园路施工

园路施工除了在基本工序和基本方法上与一般城市道路相同之外，还有一些特殊的技术要求和具体方法。园路工程的重点在于控制好施工面的高程，并注意与风景园林其他设施的有关高程相协调。施工中，园路路基和路面基层的处理只要达到设计要求的牢固和稳定性即可，而路面面层的铺地，则要更加精细，强调施工质量。园路施工流程如图 6.1.2 所示。

图 6.1.2　园路施工流程

6.1.2　园桥

园桥，园林中的桥，可使园路不至于被水体阻断，由于它直接伸入水面，能够集中视线而自然地成为某些局部环境的一种标识点。因此，园桥能够起到导游作用，可作为导游点进行布置。低而平的长桥、栈桥还可以作为水面的过道和水面游览线，把游人引到水上，拉近游人与水体的距离。

6.1.2.1　园桥类型

常见的园桥造型主要有以下几种。

（1）平桥。桥面平整，结构简单，平面形状为一字形，有木桥、石桥、钢筋混凝土桥等。桥边常不做栏杆或只做矮护栏。桥体的主要结构部分是石梁、钢筋混凝土直梁或木梁，也常见直接用平整石板、钢筋混凝土板作桥面而不用直梁。

（2）平曲桥。平曲桥和一般平桥相类似，但桥的平面形状不为一字形，而是左右转折的折线形。根据转折数，可有三曲桥、五曲桥、七曲桥、九曲桥等。桥面转折多为90°直角，但也可采用120°钝角，偶尔还可用150°转角。平曲桥桥面设计为低而平的效果最好。

（3）拱桥。常见有石拱桥和砖拱桥，也有少量钢筋混凝土拱桥。拱桥是园林中造景用桥的主要形式。桥体的立面形象比较突出，造型可有很大变化，并且圆形桥孔在水面的投影也十分好看。因此，拱桥在园林中应用极为广泛。

（4）亭桥。在桥面较高的平桥或拱桥上，修建亭子，称为亭桥。亭桥是园林水景中常用的一种景物，它既是供游人观赏的景物点，又是可停留其中向外观景的赏点。

（5）廊桥。廊桥与亭桥相似，也是在平桥或平曲桥上修建风景建筑，但其建筑是采用长廊的形式。廊桥的造景作用和观景作用与亭桥一样。

（6）栈桥和栈道。架长桥为道路，是栈桥或栈道的根本特点。严格地讲，这两种园桥并没有本质上的区别，只是栈桥更多的是独立设置在水面上或地面上，而栈道则更多地依傍于山壁或岸壁。

（7）吊桥。这是以钢索、铁链为主要结构材料，将桥面悬吊在水面或山中的一种园桥形式。这类吊桥吊起桥面的方式又有两种。一种是全用钢索铁链吊起桥面，并作为桥边扶手。另一种是在上部用大直径钢管做成拱形支架，从拱形钢管上等距地垂下钢制缆索，吊起桥面。吊桥主要用在风景区的河面上或山沟上面。

（8）浮桥。将桥面架在整齐排列的浮筒或舟船上，可构成浮桥。浮桥适用于水位常有涨落而又不便人为控制的水体中。

（9）汀步。这是一种没有桥面，只有桥墩的特殊的桥，或者也可说是一种特殊的路，是采用线状排列的步石、混凝土墩、砖墩或预制的汀步构件布置在浅水区、沼泽区、沙滩上或草坪上，形成的能够行走的通道。

6.1.2.2　园桥结构

园桥的结构形式随其主要建筑材料的不同而各异。例如，钢筋混凝土园桥和木桥的结构常用板梁柱式，石桥常用拱券式或悬臂梁式，铁桥常采用桁架式，吊桥常用悬索式。

（1）板梁柱式。以桥柱或桥墩支撑桥体重量，用直梁按简支梁方式两端搭在桥柱上，梁上铺设桥板作桥面。在桥孔跨度不大的情况下，也可不用桥梁，直接将桥板两端搭在桥墩上，铺成桥面。桥梁、桥面板一般用钢筋混凝土预制或现浇；如果跨度较小，也可用石梁和石板。

（2）悬臂梁式。桥梁从桥孔两端向中间悬挑伸出，在悬挑的梁头再盖上短梁或桥板，连成完整的桥孔。这种方式可以增大桥孔的跨度，以便于桥下行船。石桥和钢筋混凝土桥都可以采用悬臂梁式结构。

（3）拱券式。桥孔由砖石材料拱券而成，桥体重量通过圆拱传递到桥墩。单孔桥的桥面一般也是拱形，基本上都属于拱桥。三孔以上的拱券式桥，其桥面多数做成平整的路面形式，也常有把桥顶做半径很大的微拱形桥面。

（4）悬索式。一般索桥的结构方式，以粗长的悬索固定在桥的两头，底面有若干根钢索排成一个平面，其上铺设桥板作为桥面；两侧各有一根至数根钢索从上到下竖向排列，并由许多下垂的钢丝绳相互串联一起，下垂钢丝绳的下端吊起桥板。

（5）桁架式。用铁制桁架作为桥体，桥体杆件多为受拉或受压的轴力构件，这种杆件取代了弯矩产生的条件，使构件的受力特性得到充分发挥。杆件的节点多为铰接。

6.1.2.3　园桥施工

（1）基础施工。园桥的结构基础根据埋置深度分为浅基础和深基础，小桥涵常用的基础类型是天然地基上的浅基础，当设置深基础时常采用桩基础。基础所用的材料大多为混凝土或钢筋混凝土结构，石料丰富地区也常采用石砌基础。

（2）桥基、桥身施工。桥基是介于墩身与地基之间的传力结构。桥身是指桥的上部结构。

混凝土桥基、桥身施工过程大致可分为模板安装、钢筋绑扎、混凝土搅拌、浇捣、养护等环节。

石桥基、桥身施工主要涉及细石安装。石活的连接方法可分为三类。一类是构造连接，将石活加工成公母榫卯、做成高低企口的"磕绊"、剔凿成凸凹企口等形式，进行相互咬合的一种连接方式；第二类是铁件连接，用铁制拉接件，将石活连接起来，如铁"拉扯"、铁"银锭"、铁"扒锔"等；第三类是灰浆连接，采用铺垫坐浆灰、灌浆汁或灌稀浆灰等方式进行砌筑连接。

（3）桥面施工。桥面是指桥梁上构件的上表面，通常由桥面铺装、防水和排水设施、伸缩缝、栏杆、灯柱等构成。

桥面铺装要求具有一定的强度，耐磨，避免开裂。桥面铺装可采用水泥混凝土、沥青混凝土、石板石块等。混凝土桥面一般厚度为 6 ~ 8cm，混凝土强度等级不低于行车道板混凝土的强度等级。在不设防水层的桥梁上，可在桥面上铺装厚为 8 ~ 10cm 有横坡的防水混凝土，其强度等级也不得低于行车道板的混凝土强度等级。石桥面铺筑一般用石板、石条铺砌桥面，在桥面铺石层下应做防水层。

栏杆是桥梁的防护设备，栏杆高度通常为 1.0 ~ 1.2m，栏杆柱的间距一般为 1.6 ~ 2.7m。栏杆与桥面的连接通常有三种方法：在对应位置预埋铁件焊接；预留孔洞用细石混凝土填实；电锤钻孔膨胀螺栓固定。照明灯柱可以设在栏杆扶手的位置上，也可靠近边缘石处。

即问即答（即问即答解析见二维码）：

1. 园路按照横断面的不同，一般可分为 3 种类型，即 _____、_____ 和 _____。

2. 园桥造型丰富多变，常见的有：_____、_____、_____、_____、_____、_____、_____、_____。

6.2　园路、园桥工程计量

6.2.1　园路、园桥工程清单工程量计算规则

园路、园桥工程项目按《园林绿化工程工程量计算规范》（GB50858 – 2013）的附录 B 列项，包括园路、园桥工程以及驳岸、护岸 2 个小节共 20 个清单项目。

6.2.1.1　园路、园桥工程清单工程量计算规则

园路、园桥工程包括园路，踏（蹬）道，路牙铺设，树池围牙、盖板（箅子），嵌草砖（格）铺装，桥基础，石桥墩、石桥台，拱券石，石券脸，金刚墙砌筑，石桥面铺筑，石桥面檐板，石汀步（步石、飞石），木制步桥，栈道等 15 个项目，项目编码为 050201001 ~ 050201015，如表 6.2.1 所示。

表 6.2.1 园路、园桥工程清单工程量计算规则

项目编码	项目名称	计量单位	工程量计算规则
050201001	园路	m^2	按设计图示尺寸以面积计算，不包括路牙
050201002	踏（蹬）道		按设计图示尺寸以水平投影面积计算，不包括路牙
050201003	路牙铺设	m	按设计图示尺寸以长度计算
050201004	树池围牙、盖板（箅子）	1. m 2. 套	1. 以米计量，按设计图示尺寸以长度计算 2. 以套计量，按设计图示数量计算
050201005	嵌草砖（格）铺装	m^2	按设计图示尺寸以面积计算
050201006	桥基础	m^3	按设计图示尺寸以体积计算
050201007	石桥墩、石桥台		
050201008	拱券石		
050201009	石券脸	m^2	按设计图示尺寸以面积计算
050201010	金刚墙砌筑	m^3	按设计图示尺寸以体积计算
050201011	石桥面铺筑	m^2	按设计图示尺寸以面积计算
050201012	石桥面檐板		
050201013	石汀步（步石、飞石）	m^3	按设计图示尺寸以体积计算
050201014	木制步桥	m^2	按桥面板设计图示尺寸以面积计算
050201015	栈道		按栈道面板设计图示尺寸以面积计算

6.2.1.2 驳岸、护岸工程清单工程量计算规则

驳岸、护岸工程包括石（卵石）砌驳岸、原木桩驳岸、满（散）铺砂卵石护岸（自然护岸）、点（散）布大卵石、框格花木护岸等 5 个项目，项目编码为 050202001 ~ 050202005，如表 6.2.2 所示。

表 6.2.2 驳岸、护岸清单工程量计算规则

项目编码	项目名称	计量单位	工程量计算规则
050202001	石（卵石）砌驳岸	1. m^3 2. t	1. 以立方米计量，按设计图示尺寸以体积计算 2. 以吨计量，按质量计算
050202002	原木桩驳岸	1. m 2. 根	1. 以米计量，按设计图示桩长（包括桩尖）计算 2. 以根计量，按设计图示数量计算

续表

项目编码	项目名称	计量单位	工程量计算规则
050202003	满（散）铺砂卵石护岸（自然护岸）	1. m² 2. t	1. 以平方米计量，按设计图示尺寸以护岸展开面积计算 2. 以吨计量，按卵石使用质量计算
050202004	点（散）布大卵石	1. 块（个） 2. t	1. 以块（个）计量，按设计图示数量计算 2. 以吨计量，按卵石使用质量计算
050202005	框格花木护坡	m²	按设计图示尺寸展开宽度乘以长度以面积计算

6.2.2　园路、园桥工程量清单编制示例

6.2.2.1　园路工程量清单编制

1. 方整石板园路（视频见二维码）

【例 6.2.1】某大学计划修建一条方整石板（高湖石，板厚 100mm）园路，长 2200m，宽 1.5m，垫层采用 200mm 混凝土垫层。请完成方整石板园路工程量清单编制。

根据《园林绿化工程工程量计算规范》附录 B.1 的规定，园路按设计图示尺寸以面积计算，不包括路牙。方整石板园路长 2200m，宽 1.5m，清单工程量为 2200 × 1.5 = 3300.00（m²），见表 6.2.3。

表 6.2.3　　　　　　　　方整石板园路分部分项工程量清单

项目编码	项目名称	项目特征	计量单位	工程量
050201001001	园路	200mm 混凝土垫层；方整石板（高湖石 100mm）	m²	3300.00

2. 花岗岩机制板园路

【例 6.2.2】某市民公园计划修建一条花岗岩机制板园路，长 1500m，宽 2.2m，园路设计图纸见图 6.2.1、图 6.2.2。请完成花岗岩机制板园路工程量清单编制。

根据《园林绿化工程工程量计算规范》附录 B.1 的规定，园路按设计图示尺寸以面积计算，不包括路牙。本项目花岗岩机制板园路是设有路牙的，路牙宽 150mm，在计算园路清单工程量时需要将路牙的宽度扣除，园路宽为 2.2 - 0.15 = 2.05（m）。花岗岩机制板园路清单工程量为 1500 × 2.05 = 3075.00（m²）。

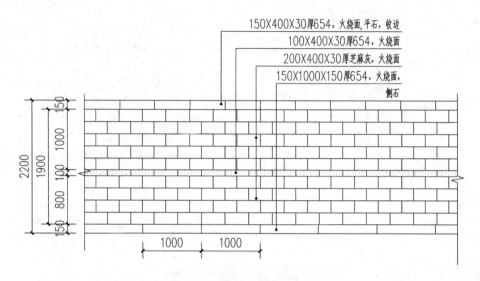

图6.2.1　花岗岩园路平面图

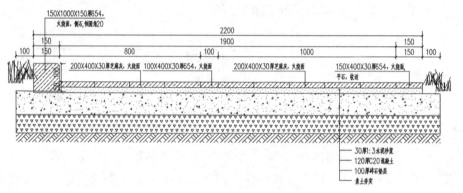

图6.2.2　花岗岩园路断面图

　　根据《园林绿化工程工程量计算规范》附录B.1的规定，路牙铺设按设计图示尺寸以长度计算。本项目路牙长为1500m，路牙铺设的清单工程量为1500.00m（见表6.2.4）。

表6.2.4　　　　　　　　　花岗岩机制板园路分部分项工程量清单及计价表

序号	项目编码	项目名称	项目特征	计量单位	工程量
1	050201001001	园路	素土夯实；100厚碎石垫层；120厚C20混凝土垫层；30厚1:3水泥砂浆，150×400×30厚654火烧面，100×400×30厚654火烧面，200×400×30厚芝麻灰火烧面	m²	3075.00
2	050201003001	路牙铺设	10厚1:3水泥砂浆，150×1000×150厚654火烧面，倒圆角20	m	1500.00

3. 黄绣石花岗岩石板冰梅园路

【例 6.2.3】某市民公园计划修建一条黄绣石花岗岩石板冰梅园路，长 3000m，宽 1.5m，园路设计图纸见图 6.2.3、图 6.2.4。请完成黄绣石花岗岩石板冰梅园路工程量清单编制。

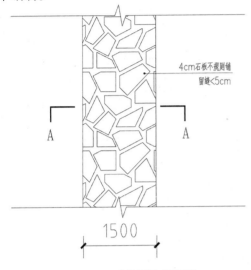

图 6.2.3　冰梅园路平面图

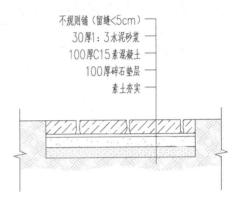

图 6.2.4　A - A 剖面图

花岗岩冰梅园路长 3000m，宽 1.5m，黄绣石花岗岩冰梅园路清单工程量为 3000 × 1.5 = 4500.00（m^2），如表 6.2.5 所示。

表 6.2.5　　　　　　　　　　石板冰梅园路分部分项工程量清单

项目编码	项目名称	项目特征	计量单位	工程量
050201001001	园路	素土夯实；100 厚碎石垫层；100 厚 C15 素混凝土垫层；30 厚 1：3 水泥砂浆，4cm 黄绣石花岗岩石板冰梅，留缝 <5cm	m^2	4500.00

4. 嵌草砖铺装（视频见二维码）

【例 6.2.4】某市民公园计划修建一处生态停车场，设计采用 60 厚嵌草砖，植草砖内栽植马尼拉，养护 2 年。生态停车场标准停车位如图 6.2.5、图 6.2.6 所示。请完成嵌草砖铺装工程量清单编制。

嵌草砖铺装长 6m，宽 2.5m，嵌草砖铺装清单工程量为 6 × 2.5 = 15.00（m^2）。

根据《园林绿化工程工程量计算规范》附录 A.2 的规定，植草砖内植草按设计图示尺寸以绿化投影面积计算，植草砖内植草清单工程量为 6 × 2.5 = 15.00（m^2），见表 6.2.6。

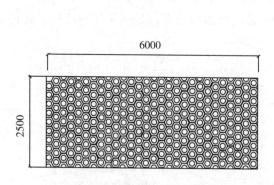

图 6.2.5 嵌草砖铺装平面图

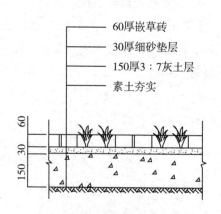

图 6.2.6 嵌草砖铺装断面图

表 6.2.6   嵌草砖铺装分部分项工程量清单

序号	项目编码	项目名称	项目特征	计量单位	工程量
1	050201005001	嵌草砖铺装	素土夯实；150 厚 3：7 灰土垫层；30 厚细砂垫层，60 厚嵌草砖	m²	15.00
2	050102014001	植草砖内植草	马尼拉，养护 2 年	m²	15.00

5. 荷兰砖园路（视频见二维码）

【例 6.2.5】某市民公园计划修建一段荷兰砖园路，园路长 12m，宽 4.3m。园路设计图纸见图 6.2.7、图 6.2.8。请完成荷兰砖园路工程量清单编制。

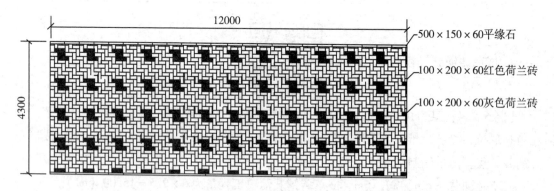

图 6.2.7 荷兰砖园路平面图

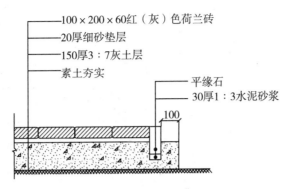

图 6.2.8　荷兰砖园路断面图

本项目路牙宽 60mm，园路两侧都设有路牙，则荷兰砖园路清单工程量为 12 ×（4.3 - 0.06 × 2）= 50.16（m²），路牙清单工程量为 12 × 2 = 24.00（m），如表 6.2.7 所示。

表 6.2.7　　　　　　　　　荷兰砖园路分部分项工程量清单

序号	项目编码	项目名称	项目特征	计量单位	工程量
1	050201001001	园路	素土夯实；150 厚 3∶7 灰土垫层；20 厚细砂垫层，200 × 100 × 60 厚荷兰砖	m²	50.16
2	050201003001	路牙铺设	30 厚 1∶3 水泥砂浆，500 × 150 × 60 厚混凝土平缘石	m	24.00

6. 树池（视频见二维码）

【例 6.2.6】某市民公园计划修建 5.8m × 5.8m 的树池，树池内空采用 12cm 树皮填充。树池设计图纸见图 6.2.9、图 6.2.10。请完成树池工程量清单编制。

根据《园林绿化工程工程量计算规范》附录 B.1 的规定，树池按设计图示尺寸以米计算，不包括路牙。本项目树池是一个正方形树池，外边线长（宽）为 5.8m，树池围牙宽 400mm，树池的中心线长（宽）5.4m，树池清单工程量为 5.4 × 4 = 21.60（m），如表 6.2.8 所示。

6.2.2.2　园桥工程量清单编制

1. 木制步桥

【例 6.2.7】某市民公园计划修建一座长 50m 木制步桥，采用柳桉防腐木，结构如图 6.2.11 ~ 图 6.2.14 所示。请完成木制步桥工程量清单编制。

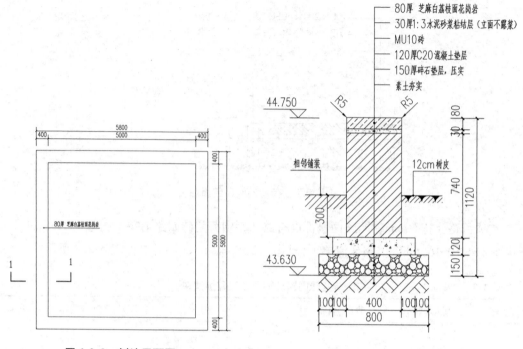

图 6.2.9 树池平面图

图 6.2.10 1-1 剖面图

表 6.2.8   树池分部分项工程量清单

项目编码	项目名称	项目特征	计量单位	工程量
050201004001	树池围牙	150 厚碎石垫层；120 厚 C20 混凝土垫层；MU10 砖基础；MU10 零星砌体；30 厚 1:3 水泥砂浆，80 厚芝麻白荔枝面花岗岩；12cm 厚树皮填充	m	21.60

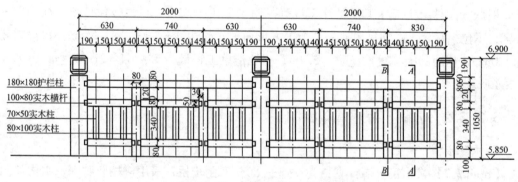

图 6.2.11 木桥栏杆立面标准段

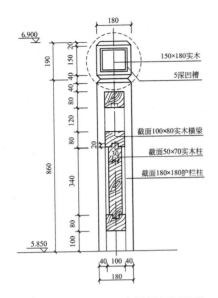

图 6.2.12　A－A 木桥栏杆剖面图

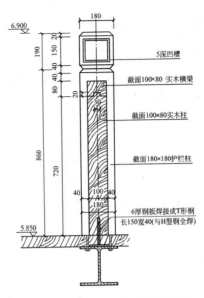

图 6.2.13　B－B 木桥栏杆剖面图

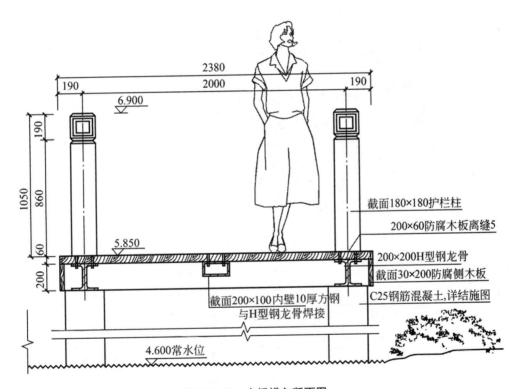

图 6.2.14　木桥横向断面图

根据《园林绿化工程工程量计算规范》附录 B.1 的规定，木制步桥按桥面板设计图示尺寸以面积计算。桥长 50m，桥面宽 2.38m，木制步桥清单工程量为 50 × 2.38 = 119.00（m²），如表 6.2.9 所示。

表 6.2.9   木制步桥分部分项工程量清单

项目编码	项目名称	项目特征	计量单位	工程量
0502010140011	木制步桥	桥宽 2.38m，桥长 50m，柳桉防腐木、180mm×180mm 木柱、100mm×80mm 木柱、50mm×70mm 木柱、100mm×80mm 木梁、2380mm×200mm×60mm 木板、30mm×200mm 木档	m²	119.00

2. 石汀步

【例 6.2.8】 某市民公园计划修建一处长 12.6m 的石汀步，结构如图 6.2.15 和图 6.2.16 所示。请完成石汀步工程量清单编制。

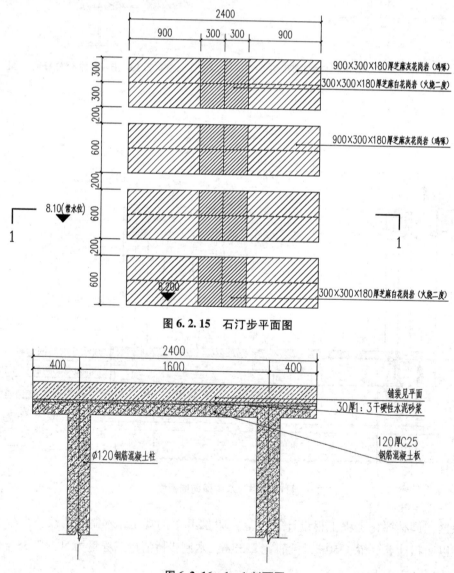

图 6.2.15 石汀步平面图

图 6.2.16 1-1 剖面图

根据《园林绿化工程工程量计算规范》附录 B.1 的规定，石汀步按设计图示尺寸以体积计算。石汀步长 12.6m，每组汀步间隔 0.2m，汀步共有 16 组，汀步清单工程量为 $16 \times 2.4 \times 0.6 \times 0.18 = 4.15$（$m^3$），如表 6.2.10 所示。

表 6.2.10　　　　　　　　　石汀步桥分部分项工程量清单

项目编码	项目名称	项目特征	计量单位	工程量
050201013001	石汀步	900×300×180 厚芝麻灰花岗岩（鸡啄），300×300×180 厚芝麻白花岗岩（火烧二度）；30 厚 1：3 干硬性水泥砂浆	m^3	4.15

6.2.2.3　驳岸、护岸工程量清单编制

1. 石砌驳岸

【例 6.2.9】某市浦阳江绿道计划修建一段驳岸，高 $H = 1.2m$，$h = 0.5m$，长 2200m。石砌驳岸采用 $\phi 200 \sim 500mm$ 自然面单体块石浆砌，M5 水泥砂浆砌筑，表面不露浆，如图 6.2.17。请完成石砌驳岸工程量清单编制。

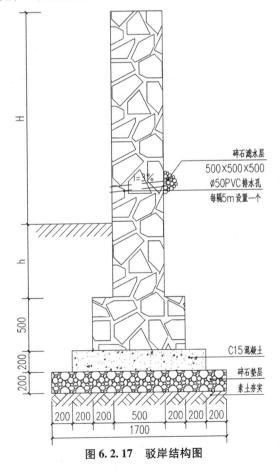

图 6.2.17　驳岸结构图

根据《园林绿化工程工程量计算规范》附录 B.2 的规定,石砌驳岸按设计图示尺寸以体积计算或按质量以吨计算,本项目采用按设计图示尺寸以体积计算。石砌驳岸清单工程量为 $2200 \times 0.9 \times 0.5 + 2200 \times 0.5 \times (0.5 + 1.2) = 2860.00$(m³),见表 6.2.11。

表 6.2.11　　　　　　　　　石砌驳岸分部分项工程量清单

项目编码	项目名称	项目特征	计量单位	工程量
050202001001	石砌驳岸	$\phi200 \sim 500$mm 自然面单体块石浆砌;M5 水泥砂浆砌筑,勾凸缝;200 厚 C15 混凝土垫层;200 厚碎石垫层	m³	2860.00

2. 原木桩驳岸

【例 6.2.10】某市浦阳江绿道计划修建一段双排松木桩驳岸,驳岸长 5000m,如图 6.2.18 所示。请完成原木桩驳岸工程量清单编制。

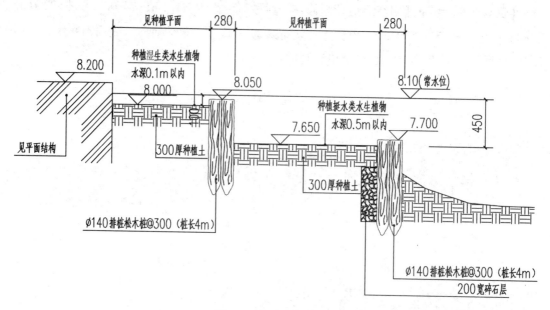

图 6.2.18　驳岸大样图

根据《园林绿化工程工程量计算规范》附录 B.2 的规定,原木桩驳岸按设计图示桩长(包括桩尖)按米计量或按设计图示数量以根计量,本项目采用按图示数量以根计量。驳岸长 5000m,排桩间距 300mm,原木桩有 $[5000/0.3] + 1 = 16667$(组),每组 4 根,原木桩驳岸清单工程量为 $4 \times 16667 = 66668$(根),见表 6.2.12。

表 6.2.12　　　　　　　　　原木桩驳岸分部分项工程量清单

项目编码	项目名称	项目特征	计量单位	工程量
050202002001	原木桩驳岸	$\phi140$ 松木桩,桩长 4m	根	66668

即问即答（即问即答解析见二维码）：

1. 根据《园林绿化工程工程量计算规范》附录 B 的规定，满铺砂卵石护岸以平方米计量，按设计图示尺寸以护岸（　　）计算。

　A. 水平投影面积　　　　　　　B. 垂直投影面积　　　　　　　C. 展开面积

2. 根据《园林绿化工程工程量计算规范》附录 B 的规定，嵌草砖铺装按设计图示尺寸以（　　）计算。

　A. 长度　　　　　　　　　　B. 面积　　　　　　　　　　C. 体积

6.3　园路、园桥工程计价

6.3.1　园路、园桥工程预算定额使用说明

《××省园林绿化及仿古建筑工程预算定额》（2018 版）计价说明规定：

（1）定额包括园路、园桥及护岸工程。园路、园桥包括园路基层、园路面层、园桥及园路台阶；护岸包括自然式护岸、生态袋护岸、木桩护岸等。园路工程如遇缺项，可套用本定额第四、五、六章的相应定额子目，其人工乘以系数 1.10；园桥工程如遇缺项，可套用本定额第四、五、六章的相应定额子目，其人工乘以系数 1.15。

（2）花岗岩机割石板地面定额，其水泥砂浆结合层按 3cm 厚编制。块料面层结合砂浆如采用干硬性水泥砂浆的，除材料单价换算外，人工乘以系数 0.85。

（3）洗米石地面为素水泥浆黏结，若洗米石为环氧树脂黏结应另行计算。

（4）冰梅石板定额按每 250～300 块/10m² 编制；若冰梅石板在 250 块/10m² 以内时，套用冰梅石板定额，其人工、切割锯片乘以系数 0.9，若冰梅石板在 300 块/10m² 以上时，套用冰梅石板定额，其人工、切割锯片乘以系数 1.15，其他不变。

（5）植草砖路面中的植草按定额第一章"园林绿化工程"中相应定额子目计算。

（6）定额中券脸石、花岗岩、内旋石按成品编制。

（7）斜坡（僵磋）已包括了土方、垫层及面层。如垫层、面层的材料品种、规格等设计与定额不同时，可以换算。

（8）木栈道不包括木栈道龙骨，木栈道龙骨另列项目计算。

（9）自然式护岸下部的挡土墙，按其他章节相应定额子目执行。

（10）生态袋护岸中，生态袋按现场装袋考虑，实际使用生态袋规格尺寸与定额不同时，材料用量及单价调整，其他不变。

6.3.2　园路、园桥工程定额工程量计算规则

《××省园林绿化及仿古建筑工程预算定额》（2018 版）工程量计算规则规定：

（1）整理路床以"10m²"计算，路床宽度按设计路宽每边各加 50cm 计算。

（2）园路垫层，按设计图示尺寸以"m³"计算。设计未注明垫层宽度时，宽度按园路面层设计图示尺寸，两边各放宽 5cm 计算。

（3）园路面层按设计图示尺寸，以"m²"计算。

（4）斜坡按水平投影面积计算。

（5）路牙、树池围牙按"m"计算，树池盖板按"套"计算。

（6）园桥毛石基础、桥台、桥墩、护坡按设计图示尺寸以"m³"计算。石桥面、木桥面按"m²"计算。

（7）木栈道按"m²"计算，木栈道龙骨按"m³"计算。

（8）石桥面、木桥面，挂贴券脸石面按"m²"计算。

（9）砖砌台阶、混凝土台阶，按"m³"计算。花岗岩台阶，按所用石材的展开面积以"m²"计算；若水平面层和侧面层所用石材厚度不同，应分别计算套用本章定额。

（10）自然式护岸按"t"计算；生态袋护岸、原木护岸、石砌护岸按"m³"计算。自然式护岸均未包括基础，基础部分套用基础工程相应定额子目。

6.3.3　园路、园桥工程计价示例

本节内容是根据 6.2 节园路、园桥工程计量结果进行清单计价，相关清单工程量和图纸见 6.2 节内容。

6.3.3.1　园路工程清单计价

1. 方整石板园路清单计价（视频见二维码）

根据《园林绿化工程工程量计算规范》附录 B.1 的规定，园路的工程内容包括路基、路床整理，垫层铺筑，路面铺筑，路面养护等 4 项内容。

（1）整理路床：根据定额工程量计算规则，整理路床以面积计算，路床宽度按设计路宽每边各加 50cm 计算。方整石板园路长 2200m，宽 1.5m，定额工程量为 2200 ×（1.5 + 2 × 0.5）= 5500m² = 550（10m²）。整理路床有人工打夯和机械打夯两种作业方式，在机械作业允许的条件下，一般采用机械作业。本项目套用定额子目 2 - 2，定额子目节选如表 6.3.1 所示。

表 6.3.1　　　　　　　　　　　　　　**定额子目节选**

工作内容：厚度在 30cm 以内挖土、填土、找平、夯实、整修、弃土 2m 以外　　　　　　计量单位：10m²

定额编号		2 - 1	2 - 2
项目		整理路床	
		人工打夯	机械打夯
基价（元）		33.89	29.26
其中	人工费（元）	33.89	11.88
	材料费（元）	—	—
	机械费（元）	—	17.38

（2）混凝土垫层：根据定额工程量计算规则，园路垫层按设计图示尺寸以"m³"计算，设计未注明垫层宽度时，宽度按园路面层设计图示尺寸，两边各放宽 5cm 计算。本项目没有设计图纸，垫层宽度按面层尺寸每边各放宽 5cm 计算。方整石板园路长 2200m，宽 1.5m，混凝土垫层厚 0.2m，混凝土垫层定额工程量为 2200 ×（1.5 + 2 × 0.05）× 0.2 = 704（m³）= 70.4（10m³）。套用定额子目 2 - 6，因项目未说明混凝土型号，按定额的混凝土型号执行，定额子目无需换算，定额子目节选如表 6.3.2 所示。

表 6.3.2　　　　　　　　　　　　　　**定额子目节选**

工作内容：筛土、浇水、拌和、铺设、找平、灌浆、振实、养护　　　　　　　　　　计量单位：10m³

定额编号				2 - 5	2 - 6	4 - 109
项目				垫层		
				碎石	混凝土	3：7 灰土垫层
基价（元）				2186.01	4251.20	1570.71
其中	人工费（元）			549.86	1370.52	441.32
	材料费（元）			1636.15	2841.24	1117.06
	机械费（元）			—	39.44	12.33
	名称	单位	单价（元）	消耗量		
人工	二类人工	工日	135.00	4.073	10.152	3.269
材料	碎石 40~60	t	102.00	15.950	—	—
	现浇现拌混凝土 C15（40）	m³	276.46	—	10.200	—
	水	m³	4.27	—	5.000	—
	其他材料费	元	1.00	9.25	—	—
	灰土 3：7	m³	110.60	—	—	10.100
机械	混凝土搅拌机 500L	台班	116.00	—	0.340	
	电动夯实机 250N·m	台班	28.03	—	—	0.440

（3）方整石板园路（高湖石100mm）：根据定额工程量计算规则，园路面层按设计图示尺寸以"m^2"计算。方整石板园路长2200m，宽1.5m，定额工程量为2200×1.5＝3300（m^2）＝330（$10m^2$）。套用定额子目2-32，定额子目节选如表6.3.3所示。设计采用100mm厚高湖石，定额采用花岗岩，定额子目需换算。100mm厚高湖石市场除税价130元/m^2。

表6.3.3 定额子目节选

工作内容：放线、整修路槽、夯实、修平垫层、调浆、铺面层、嵌缝、清扫　　　　　　计量单位：$10m^2$

定额编号			2-29	2-30	2-31	2-32
项目			花岗岩机制板地面			
			板厚（cm）			
			3以内	3~6	6~8	8~12
基价（元）			2073.82	2086.11	2154.18	2225.32
其中	人工费（元）		337.91	349.92	361.13	431.73
	材料费（元）		1714.83	1715.11	1771.97	1772.51
	机械费（元）		21.08	21.08	21.08	21.08
名称	单位	单价（元）	消耗量			
人工	二类人工	工日	135.00	2.503	2.592	2.675	3.198
材料	花岗岩板	m^2	159.00	10.200	10.200	10.200	10.200
	水泥砂浆1:2.5	m^3	252.49	0.330	0.330	0.550	0.550
	石料切割锯片	片	27.17	0.030	0.040	0.060	0.080
	普通硅酸盐水泥	kg	0.39	1.550	1.550	1.550	1.550
	纯水泥浆	m^3	430.06	0.010	0.010	0.010	0.010
	白回丝	kg	2.93	0.100	0.100	0.100	0.100
	水	m^3	4.27	0.280	0.280	0.460	0.460
	其他材料费	元	1.00	2.50	2.50	2.50	2.50
机械	灰浆搅拌机200L	台班	154.97	0.136	0.136	0.136	0.136

因设计采用100mm厚高湖石，定额采用花岗岩，材料费需要换算。此种换算只是材料不同，所以，消耗量不变，只调整材料价格，属于价变量不变。换算后材料费为1772.51－159.00×10.200＋130×10.200＝1476.71（元/$10m^2$）。

方整石板园路清单计价结果见表6.3.4、表6.3.5。

表 6.3.4　　　　　　　　　　　方整石板园路综合单价分析表

| 项目编码 | 项目名称 | 计量单位 | 数量 | 综合单价（元） | | | | | | 合价（元） |
				人工费	材料费	机械费	管理费	利润	小计	
050201001001	园路	m²	3300.00	74.39	208.28	5.85	14.85	8.88	312.25	1030441.44
2-2	整理路床 机械打夯	10m²	550	11.88	0.00	17.38	5.42	3.24	37.92	20853.31
2-6	垫层 混凝土	10m³	70.4	1370.52	2841.24	39.44	260.98	156.08	4668.27	328645.94
2-32 换	高湖石机制板地面 板厚 8~12cm	10m²	330	431.73	1476.71	21.08	83.82	50.13	2063.46	680942.20

表 6.3.5　　　　　　　　　　方整石板园路分部分项工程量清单及计价表

| 项目编码 | 项目名称 | 项目特征 | 计量单位 | 工程量 | 综合单价（元） | 合价（元） | 其中 | |
							人工费	机械费
050201001001	园路	200mm 混凝土垫层；方整石板（高湖石 100mm）	m²	3300.00	312.25	1030441.44	245487.00	19305.00

2. 花岗岩机制板园路清单计价

（1）整理路床：根据定额工程量计算规则，整理路床以面积计算，路床宽度按设计路宽每边各加 50cm 计算。花岗岩机制板园路长 1500m，宽 2.2m，定额工程量为 $1500 \times (2.2 + 2 \times 0.5) = 4800$（m²）$= 480$（10m²）。套用定额子目 2-2。

（2）碎石垫层：根据定额工程量计算规则，园路垫层按设计图示尺寸以"m³"计算。设计垫层宽 2.4m，厚 0.1m，碎石垫层定额工程量为 $1500 \times 2.4 \times 0.1 = 360$（m³）$= 36$（10m³）。套用定额子目 2-5。

（3）混凝土垫层：根据定额工程量计算规则，园路垫层按设计图示尺寸以"m³"计算。设计垫层宽 2.4m，厚 0.12m，混凝土垫层定额工程量为 $1500 \times 2.4 \times 0.12 = 432$（m³）$= 43.2$（10m³）。套用定额子目 2-6，但设计采用 C20 混凝土，定额采用 C15 混凝土，定额子目需换算。此种换算是因混凝土型号不一致引起的换算，混凝土消耗量不变，混凝土价格需要调整，属于价变量不变。C20（40）混凝土除税价为 284.89 元/m³，换算后材料费为 $2841.24 - 276.46 \times 10.200 + 284.89 \times 10.200 = 2927.23$（元/10m³）。

（4）$150 \times 400 \times 30$ 厚 654 火烧面：根据定额工程量计算规则，园路面层按设计图示尺寸以"m²"计算。园路长 1500m，$150 \times 400 \times 30$ 厚 654 火烧面宽 0.15m，定额工程量为 $1500 \times 0.15 = 225$（m²）$= 22.5$（10m²）。套用定额子目 2-29，设计采用 1:3 水泥砂浆黏结 $150 \times 400 \times 30$ 厚 654 火烧面，定额采用 1:2.5 水泥砂浆黏结花岗岩板，定额子目需换算。$150 \times 400 \times 30$ 厚 654 火烧面除税价 131 元/m²，1:3 水泥砂浆除税价 238.10 元/m³。换算后材料费为 $1714.83 - 159.00 \times 10.200 + 131.00 \times 10.200 - 252.49 \times 0.330 +$

$238.10 \times 0.330 = 1424.48$（元/10m²）。

（5）$100 \times 400 \times 30$ 厚 654 火烧面：根据定额工程量计算规则，园路面层按设计图示尺寸以"m²"计算。园路长 1500m，$100 \times 400 \times 30$ 厚 654 火烧面宽 0.1m，定额工程量为 $1500 \times 0.1 = 150$（m²）$= 15$（10m²）。套用定额子目 2−29，设计采用 1∶3 水泥砂浆黏结 $100 \times 400 \times 30$ 厚 654 火烧面，定额采用 1∶2.5 水泥砂浆黏结花岗岩板，定额子目需换算。$100 \times 400 \times 30$ 厚 654 火烧面除税价 131 元/m²，1∶3 水泥砂浆除税价 238.10 元/m³。换算后材料费为 $1714.83 - 159.00 \times 10.200 + 131.00 \times 10.200 - 252.49 \times 0.330 + 238.10 \times 0.330 = 1424.48$（元/10m²）。

（6）$200 \times 400 \times 30$ 厚芝麻灰火烧面：根据定额工程量计算规则，园路面层按设计图示尺寸以"m²"计算。园路长 1500m，$200 \times 400 \times 30$ 厚芝麻灰火烧面宽 $1 + 0.8 = 1.8$（m），定额工程量为 $1500 \times 1.8 = 2700$（m²）$= 270$（10m²）。套用定额子目 2−29，设计采用 1∶3 水泥砂浆黏结 $200 \times 400 \times 30$ 厚芝麻灰火烧面，定额采用 1∶2.5 水泥砂浆黏结花岗岩板，定额子目需换算。$200 \times 400 \times 30$ 厚芝麻灰火烧面除税价 120 元/m²，1∶3 水泥砂浆除税价 238.10 元/m³。换算后材料费为 $1714.83 - 159.00 \times 10.200 + 120.00 \times 10.200 - 252.49 \times 0.330 + 238.10 \times 0.330 = 1312.28$（元/10m²）。

（7）$150 \times 1000 \times 150$ 厚 654 火烧面侧石：根据定额工程量计算规则，侧石按设计图示尺寸以"m"计算。定额工程量为 1500m $= 150$（10m）。条石路牙铺筑预算定额子目是按条石断面 10cm×25cm 和 15cm×30cm 两种规格设置，其中 10cm、15cm 是路牙的宽度，25cm、30cm 是路牙的高度，本项目条石宽度 15cm，套用定额子目 2−41，定额子目节选如表 6.3.6 所示，设计采用 1∶3 水泥砂浆黏结 150×150 条石，定额采用 1∶2 水泥砂浆黏

表 6.3.6　　　　　　　　　　　　定额子目节选

工作内容：清理、垫层铺设、调浆、砌筑、嵌缝、清扫　　　　　　　　　计量单位：10m

	定额编号	2−40	2−41
		条石路牙铺筑	
	项目	规格（cm）	
		10×25	15×30
	基价（元）	352.59	405.67
其中	人工费（元）	271.22	283.77
	材料费（元）	81.37	121.90
	机械费（元）	—	—

名称		单位	单价（元）	消耗量	
人工	二类人工	工日	135.00	2.009	2.102
材料	水泥砂浆 1∶2	m³	268.85	0.013	0.017
	条石 10×25	m	5.37	10.300	—
	条石 15×30	m	9.20	—	10.300
	水	m³	4.27	0.014	0.016
	其他材料费	元	1.00	22.50	22.50

结 100×300 条石，定额子目需换算。150×1000×150 厚 654 火烧面侧石除税价 99 元/m，1∶3 水泥砂浆除税价 238.10 元/m³。换算后材料费为 121.90 − 9.20×10.300 + 99.00×10.300 − 268.85×0.017 + 238.10×0.017 = 1046.32 （元/10m）。

花岗岩机制板园路清单计价结果见表 6.3.7、表 6.3.8。

表 6.3.7　　　　　　　　花岗岩机制板园路综合单价分析表

序号	项目编码	项目名称	计量单位	数量	综合单价（元）						合价（元）
					人工费	材料费	机械费	管理费	利润	小计	
1	050201001001	园路	m²	3075.00	61.34	192.88	5.38	12.35	7.39	279.32	858911.27
	2-2	整理路床 机械打夯	10m²	480	11.88	0.00	17.38	5.42	3.24	37.92	18199.25
	2-5	垫层 碎石	10m³	36	549.86	1636.15	0.00	101.78	60.87	2348.66	84551.71
	2-6 换	垫层 混凝土 C20	10m³	43.2	1370.52	2927.23	39.44	260.98	156.08	4754.25	205383.69
	2-29 换	150×400×30 厚 654 火烧面，1∶3 水泥砂浆	10m²	22.5	337.91	1424.48	21.08	66.45	39.74	1889.66	42517.36
	2-29 换	100×400×30 厚 654 火烧面，1∶3 水泥砂浆	10m²	15	337.91	1424.48	21.08	66.45	39.74	1889.66	28344.91
	2-29 换	200×400×30 厚 芝麻灰火烧面，1∶3 水泥砂浆	10m²	270	337.91	1312.28	21.08	66.45	39.74	1777.46	479914.35

序号	项目编码	项目名称	计量单位	数量	综合单价（元）						合价（元）
					人工费	材料费	机械费	管理费	利润	小计	
2	050201003001	路牙铺设	m	1500.00	28.38	104.63	0.00	5.25	3.14	141.40	212103.96
	2-41换	150×1000×150厚654火烧面条石路牙，1:3水泥砂浆	10m	150	283.77	1046.32	0.00	52.53	31.41	1414.03	212103.96

表6.3.8　　　　　　　　花岗岩机制板园路分部分项工程量清单及计价表

序号	项目编码	项目名称	项目特征	计量单位	工程量	综合单价（元）	合价（元）	其中	
								人工费	机械费
1	050201001001	园路	素土夯实；100厚碎石垫层；120厚C20混凝土垫层；30厚1:3水泥砂浆，150×400×30厚654火烧面，100×400×30厚654火烧面，200×400×30厚芝麻灰火烧面	m²	3075.00	279.32	858911.27	188611.15	16528.31
2	050201003001	路牙铺设	10厚1:3水泥砂浆，150×1000×150厚654火烧面，倒圆角20	m	1500.00	141.40	212103.96	42565.50	0.00

3. 花岗岩石板冰梅园路清单计价

（1）整理路床：花岗岩石板冰梅园路长3000m，宽1.5m，定额工程量为3000×(1.5+2×0.5)=7500（m²）=750（10m²）。套用定额子目2-2。

（2）碎石垫层：设计垫层宽1.5m，厚0.1m，碎石垫层定额工程量为3000×1.5×0.1=450（m³）=45（10m³）。套用定额子目2-5。

（3）混凝土垫层：设计垫层宽1.5m，厚0.1m，混凝土垫层定额工程量为3000×1.5×0.1=450（m³）=45（10m³）。设计采用C15，与定额混凝土型号一致，直接套用定额子目2-6。

（4）黄绣石花岗岩石板冰梅，留缝：园路长3000m，宽1.5m，定额工程量为3000×1.5=4500（m²）=450（10m²）。石板冰梅面预算定额子目按密缝和离缝类别设置，本项目是离缝铺筑，板厚4cm，套用定额子目2－22，定额子目节选如表6.3.9所示。设计采用1∶3水泥砂浆黏结4cm花岗岩石板冰梅面，定额采用1∶3干硬水泥砂浆黏结4cm花岗岩石板冰梅，定额子目需换算。

表6.3.9 　　　　　　　　　　　　　　　　　定额子目节选

工作内容：放线、修平垫层、调浆、铺面层、嵌缝、清扫 　　　　　　　　　　计量单位：10m²

定额编号			2－19	2－20	2－21	2－22
项目			石板冰梅面			
			密缝		离缝	
			板厚（cm）以内			
			2	4	2	4
基价（元）			1977.57	3014.90	1636.16	2551.75
其中	人工费（元）		1255.37	1632.29	941.49	1224.18
	材料费（元）		722.20	1382.61	694.67	1327.57
	机械费（元）		—	—	—	—
	名称	单位	单价（元）	消耗量		
人工	二类人工	工日	135.00	9.299	12.091	6.974	9.068
材料	机割特坚石 δ＝20	m²	40.78	14.175	—	13.500	—
	机割特坚石 δ＝40	m²	81.55	—	14.175	—	13.500
	干硬水泥砂浆1∶3	m³	244.35	0.220	0.330	0.220	0.330
	纯水泥浆	m³	430.36	0.010	0.010	0.010	0.010
	复合硅酸盐水泥	kg	0.32	1.550	1.550	1.550	1.550
	白回丝	kg	2.93	0.100	0.100	0.100	0.100
	石料切割锯片	片	27.17	3.000	5.000	3.000	5.000
	水	m³	4.27	0.300	0.600	0.300	0.600
	其他材料费	元	1.00	2.50	2.50	2.50	2.50

40厚黄绣石花岗岩板除税价284元/m²，1∶3水泥砂浆除税价238.10元/m³。换算后材料费为1327.57－244.35×0.330＋238.10×0.330－81.55×13.500＋284.00×13.500＝4058.58（元/10m²）。

黄绣石花岗岩石板冰梅清单计价结果见表6.3.10、表6.3.11。

表 6.3.10 黄绣石花岗岩石板冰梅综合单价分析表

项目编码	项目名称	计量单位	数量	综合单价（元）						合价（元）
				人工费	材料费	机械费	管理费	利润	小计	
050201001001	园路	m²	4500.00	143.60	450.63	3.29	27.19	16.26	640.98	2884391.67
2-2	整理路床 机械打夯	10m²	750	11.88	0.00	17.38	5.42	3.24	37.92	28436.33
2-5	垫层 碎石	10m³	45	549.86	1636.15	0.00	101.78	60.87	2348.66	105689.64
2-6	垫层 混凝土	10m³	45	1370.52	2841.24	39.44	260.98	156.08	4668.27	210071.98
2-22换	黄绣石花岗岩石板冰梅面	10m²	450	1224.18	4058.58	0.00	226.60	135.52	5644.87	2540193.72

表 6.3.11 黄绣石花岗岩石板冰梅分部分项工程量清单及计价表

项目编码	项目名称	项目特征	计量单位	工程量	综合单价（元）	合价（元）	其中	
							人工费	机械费
050201001001	园路	素土夯实；100 厚碎石垫层；100 厚 C15 混凝土垫层；30 厚 1：3 水泥砂浆，4cm 黄绣石花岗岩石板冰梅，留缝 <5cm	m²	4500.00	640.98	2884391.67	646208.10	14809.80

4. 嵌草砖铺装清单计价（视频见二维码）

（1）整理路床：嵌草砖铺装长 6m，宽 2.5m，定额工程量为 6×(2.5+2×0.5) = 21（m²）= 2.1（10m²）。套用定额子目 2-2。

（2）3：7 灰土垫层：本项没有垫层的设计尺寸，垫层宽度按园路面层两边各放宽 5cm 计算。嵌草砖铺装长 6m，宽 2.5m，3：7 灰土垫层 150mm 厚，其定额工程量为 6×(2.5+2×0.05)×0.15 = 2.34（m³）= 0.234（10m³）。根据预算定额说明的规定，园路工程遇缺项，可套用第四、五、六章的相应定额子目，其人工乘以系数 1.10。3：7 灰土垫层定额子目设置在第四章土石方工程中，套用定额子目 4-109，定额子目节选如表 6.3.12 所示，但定额子目需要换算，人工费需要乘以系数 1.10。

表 6.3.12   **定额子目节选**

工作内容：筛灰、闷灰、浇水、拌和、铺设、找平、夯实、混凝土搅拌、振捣、养护

计量单位：10m³

定额编号				4－109	4－110	4－111
项目编码				3:7 灰土	砂	石屑
基价（元）				1570.71	1902.68	960.47
其中	人工费（元）			441.32	353.97	353.97
	材料费（元）			1117.06	1546.33	604.12
	机械费（元）			12.33	2.38	2.38
	名称	单位	单价（元）	消耗量		
人工	二类人工	工日	135.00	3.269	2.622	2.622
材料	灰土 3:7	m³	110.60	10.100	—	—
	黄砂 毛砂	t	87.38	—	17.550	—
	水	m³	4.27	—	3.000	1.620
	石屑	t	38.83	—	—	15.380
机械	电动夯实机 250N·m	台班	28.03	0.440	—	—
	混凝土振捣器 平板式	台班	12.54	—	0.190	0.190

（3）嵌草砖铺装：园路长 6m，宽 2.5m，定额工程量为 6×2.5＝15（m²）＝1.5（10m²）。套用定额子目 2－26，定额子目节选如表 6.3.13 所示。设计采用 3cm 砂垫层，定额采用 5cm 砂垫层；设计采用 60 厚嵌草砖，定额采用 50 厚嵌草砖，定额子目需换算。

表 6.3.13   **定额子目节选**

工作内容：放线、整修路槽、夯实、修平垫层、调浆、铺面层、嵌缝、清扫   计量单位：10m²

定额编号				2－24	2－25	2－26
项目				弹石	透水砖	嵌草砖铺装
						砂垫层（5cm 厚）
基价（元）				1904.53	578.60	591.79
其中	人工费（元）			538.11	185.90	243.00
	材料费（元）			1366.42	392.70	348.79
	机械费（元）			—	—	—
	名称	单位	单价（元）	消耗量		
人工	二类人工	工日	135.00	3.986	1.377	1.800

名称		单位	单价（元）	消耗量		
材料	弹石 100×100×100	m²	121.00	10.200	—	—
	透水砖路面	m²	30.17	—	10.200	—
	嵌草水泥砖 300×300×50	m²	28.45	—	—	10.200
	黄砂 净砂	t	92.23	1.420	0.918	0.600
	水	m³	4.27	0.060	0.070	0.030
	其他材料费	元	1.00	1.00	—	3.13

砂垫层按厚度比例换算，嵌草砖消耗量不变，只需调整材料单价，60 厚嵌草砖除税价 32.17 元/m²。换算后材料费为 348.79 − 28.45 × 10.200 + 32.17 × 10.200 − 2/5 × 92.23 × 0.600 = 364.60（元/10m²）。

（4）植草砖内植草：根据定额工程量计算规则，植草砖内植草按设计图示尺寸以水平投影面积计算，嵌草砖铺装长 6m，宽 2.5m，植草砖内植草定额工程量为 6 × 2.5 = 15（m²）= 1.5（10m²）。设计采用植草砖内栽植，套用定额子目 1 − 219，定额子目节选如表 6.3.14 所示。

表 6.3.14　　　　　　　　　　　定额子目节选

工作内容：清除杂物、加覆盖物、铺种草皮、浇水、清运废弃物　　　　　　　　计量单位：10m²

定额编号		1 − 219	1 − 220
项目		植草砖内植草	
		栽植	播草籽
基价（元）		87.13	119.45
其中	人工费（元）	86.75	31.88
	材料费（元）	0.38	87.57
	机械费（元）	—	—

（5）马尼拉主材，除税价 6 元/m²，草坪的种植损耗系数为 5%，定额工程量为 6 × 2.5 × (1 + 5%) = 15.75（m²）。

（6）植草砖内植草养护：根据定额工程量计算规则，植草砖内植草按设计图示尺寸以水平投影面积计算，嵌草砖铺装长 6m，宽 2.5m，植草砖内植草定额工程量为 6 × 2.5 = 15（m²）= 1.5（10m²）。马尼拉为暖季型草坪，植草砖内植草，视作散铺，套用定额子目 1 − 318，定额子目节选如表 6.3.15 所示，设计要求养护 2 年，定额子目 1 − 318 需要进行换算，定额基价乘以系数 1.7。

表 6.3.15　　　　　　　　　　　　　　**定额子目节选**

工作内容：整地镇压、割草修边、草屑清理、挑除杂草等　　　　　　　　　　计量单位：10m²

定额编号		1-317	1-318	1-319
项目		暖地型草坪		
		播种	散铺	满铺
基价（元）		62.10	59.56	51.76
其中	人工费（元）	47.13	42.38	32.50
	材料费（元）	6.39	6.46	6.39
	机械费（元）	8.58	10.72	12.87

嵌草砖铺装清单计价结果见表 6.3.16、表 6.3.17。

表 6.3.16　　　　　　　　　　　　**嵌草砖铺装综合单价分析表**

序号	项目编码	项目名称	计量单位	数量	综合单价（元）						合价（元）
					人工费	材料费	机械费	管理费	利润	小计	
1	050201005001	嵌草砖铺装	m²	15.00	33.54	53.89	2.63	6.69	4.00	100.74	1511.17
	2-2	整理路床 机械打夯	10m²	2.1	11.88	0.00	17.38	5.42	3.24	37.92	79.62
	4-109换	3:7灰土垫层	10m³	0.234	485.45	1117.06	12.33	92.14	55.10	1762.09	412.33
	2-26换	嵌草砖铺装砂垫层3cm	10m²	1.5	243.00	364.60	0.00	44.98	26.90	679.48	1019.22
2	050102014001	植草砖内植草	m²	15.00	15.88	7.44	1.82	3.28	1.96	30.37	455.62
	1-219	植草砖内植草 栽植	10m²	1.5	86.75	0.38	0.00	16.06	9.60	112.79	169.19
	主材	马尼拉	m²	15.75	0.00	6.00	0.00	0.00	0.00	6.00	94.50
	1-318换	暖地型草坪 散铺	10m²	1.5	72.05	10.98	18.22	16.71	9.99	127.95	191.93

表 6.3.17　　　　　　　　　　**嵌草砖铺装分部分项工程量清单及计价表**

序号	项目编码	项目名称	项目特征	计量单位	工程量	综合单价（元）	合价（元）	其中	
								人工费	机械费
1	050201005001	嵌草砖铺装	素土夯实；150厚3:7灰土垫层；30厚细砂垫层；60厚嵌草砖	m²	15.00	100.74	1511.17	503.04	39.38
2	050102014001	植草砖内植草	马尼拉，养护2年	m²	15.00	30.37	455.62	238.19	27.34

5. 荷兰砖园路清单计价（视频见二维码）

（1）整理路床：荷兰砖园路长 12m，宽 4.3m，定额工程量为 12×（4.3＋2×0.5）＝63.6（m²）＝6.36（10m²）。套用定额子目 2－2。

（2）3∶7 灰土垫层：垫层长 12m，垫层宽 4.5m，垫层厚 0.15m，但是 3∶7 灰土垫层中嵌入了平缘石和水泥砂浆，嵌入的平缘石高度为 150－60－20＝70（mm），水泥砂浆 30mm，3∶7 灰土垫层的定额工程量为 12×4.5×0.15－2×12×0.1×0.06＝7.96（m³）＝0.80（10m³）。根据预算定额说明的规定，园路工程遇缺项，可套用第四、五、六章的相应定额子目，其人工乘以系数 1.10。3∶7 灰土垫层定额子目设置在第四章土石方工程中，套用定额子目 4－109，但定额子目需要换算，人工费需要乘以系数 1.10。

（3）荷兰砖：荷兰砖面层长 12m，荷兰砖面层宽 4.3－0.06×2＝4.18（m），定额工程量为 12×4.18＝50.16m²＝5.02（10m²）。荷兰砖起源于荷兰，是荷兰人围海造城过程中制造出的一种砖，后经改造，用碎石作为原料，加入水泥和胶性外加剂，成为市政路面广泛使用的透水砖。荷兰砖，又叫透水砖，套用定额子目 2－25，定额子目节选如表 6.3.18 所示。

表 6.3.18　　　　　　　　　　　　　定额子目节选

工作内容：放线、整修路槽、夯实、修平垫层、调浆、铺面层、嵌缝、清扫　　　　　计量单位：10m²

定额编号				2－24	2－25	2－26
项目				弹石	透水砖	嵌草砖铺装 砂垫层（5cm 厚）
基价（元）				1904.53	578.60	591.79
其中	人工费（元）			538.11	185.90	243.00
	材料费（元）			1366.42	392.70	348.79
	机械费（元）			—	—	—
	名称	单位	单价（元）	消耗量		
人工	二类人工	工日	135.00	3.986	1.377	1.800
材料	弹石 100×100×100	m²	121.00	10.200	—	—
	透水砖路面	m²	30.17	—	10.200	—
	嵌草水泥砖 300×300×50	m²	28.45	—	—	10.200
	黄砂 净砂	t	92.23	1.420	0.918	0.600
	水	m³	4.27	0.060	0.070	0.030
	其他材料费	元	1.00	1.00	—	3.13

（4）60×150×500混凝土平缘石：定额工程量为12×2＝24（m）＝2.4（10m），套用定额子目2－38混凝土路牙铺筑，定额子目节选如表6.3.19所示。设计采用1∶3水泥砂浆，定额采用1∶2水泥砂浆；设计采用60×150×500混凝土边石，定额采用100×300×500混凝土边石；定额子目需换算。1∶3水泥砂浆除税价238.10元/10m³，60×150×500混凝土边石除税价为6.24元/m。换算后材料费为152.61－268.85×0.017＋238.10×0.017－6.47×20.800＋6.24×20.800＝147.30（元/10m）。

表6.3.19　　　　　　　　　　　　定额子目节选

工作内容：清理、垫层铺设、调浆、砌筑、铺设、嵌缝、清扫　　　　　　　　　　计量单位：10m

定额编号				2－38	2－39
项目				混凝土路牙铺筑	砖路牙铺筑
				规格	
				10×30	12
基价（元）				277.89	479.54
其中	人工费（元）			125.28	249.35
	材料费（元）			152.61	230.19
	机械费（元）			—	—
	名称	单位	单价（元）	消耗量	
人工	二类人工	工日	135.00	0.928	1.847
材料	水泥砂浆1∶2	m³	268.85	0.017	0.064
	预制混凝土边石	块	6.47	20.800	—
	标准砖240×115×53	百块	38.79	—	4.956
	水	m³	4.27	0.150	0.056
	其他材料费	元	1.00	12.82	20.50

荷兰砖园路清单计价结果见表6.3.20、表6.3.21。

6. 树池清单计价

设计规定：树池结构采用150厚碎石垫层、120厚混凝土垫屋和300厚MU10砖基础，150＋120＋300＝570（mm），基础深度已经超过300mm，不再适用整理路床，需要另行计算。

（1）碎石垫层：设计垫层中心线周长5.4×4＝21.6（m），宽0.8m，厚0.15m，碎石垫层定额工程量为21.6×0.8×0.15＝2.60（m³）＝0.26（10m³）。套用定额子目2－5。

（2）混凝土垫层：设计垫层中心线周长5.4×4＝21.6（m），宽0.6m，厚0.12m，混凝土垫层定额工程量为21.6×0.6×0.12＝1.56（m³）＝0.16（10m³）。套用定额子目2－6。

C20（40）混凝土除税价为 284.89 元/m³，换算后材料费为 2841.24 − 276.46 × 10.200 + 284.89 × 10.200 = 2927.23（元/10m³）。

表 6.3.20   荷兰砖园路综合单价分析表

序号	项目编码	项目名称	计量单位	数量	综合单价（元）						合价（元）
					人工费	材料费	机械费	管理费	利润	小计	
1	050201001001	园路	m²	50.16	27.80	57.12	2.40	5.60	3.35	96.32	4831.43
	2−2	整理路床 机械打夯	10m²	6.36	11.88	0.00	17.38	5.42	3.24	37.92	241.14
	4−109 换	3∶7 灰土垫层	10m³	0.80	485.45	1117.06	12.33	92.14	55.10	1762.09	1409.67
	2−25	透水砖	10m²	5.02	185.90	392.70	0.00	34.41	20.58	633.59	3180.62
2	050102003001	路牙铺设	m	24.00	12.53	14.73	0.00	2.32	1.39	30.96	743.14
	2−38 换	混凝土路牙 6×15	10m	2.4	125.28	147.30	0.00	23.19	13.87	309.64	743.14

表 6.3.21   荷兰砖分部分项工程量清单及计价表

序号	项目编码	项目名称	项目特征	计量单位	工程量	综合单价（元）	合价（元）	其中	
								人工费	机械费
1	050201001001	园路	素土夯实；150 厚 3∶7 灰土垫层；20 厚细砂垫层，200 × 100 × 60 荷兰砖	m²	50.16	96.32	4831.43	1397.14	120.40
2	050201003001	路牙铺设	30 厚 1∶3 水泥砂浆，500 × 150 × 60 混凝土平缘石	m	24.00	30.96	743.14	300.67	0.00

（3）MU10 砖基础：根据定额工程量计算规则，按设计图示尺寸以体积计算。砖石基础和上部结构划分以设计地坪为界，以下为基础，以上为其他砌体结构。砖基础中心线周长 5.4 × 4 = 21.6（m），宽 0.4m，高 0.3m，砖基础定额工程量为 21.6 × 0.4 × 0.3 = 2.60（m³）= 0.26（10m³）。按现拌砂浆考虑，套用定额子目 5−4，定额人工乘以系数 1.10，定额子目节选如表 6.3.22 所示。

（4）MU10 零星砌体：根据定额工程量计算规则，按设计图示尺寸以体积计算。设计地坪以上为其他砌体结构，零星砖砌体适用于砖砌厕所蹲台、水槽脚、垃圾箱、花台、花池等。零星砌体中心线周长 5.4 × 4 = 21.6（m），宽 0.4m，高 0.43m，砖基础定额工程量为 21.6 × 0.4 × 0.44 = 3.80（m³）= 0.38（10m³）。按现拌砂浆考虑，套用定额子目

5 – 35，定额人工乘以系数 1.10，定额子目节选如表 6.3.22 所示。

表 6.3.22　　　　　　　　　　**定额子目节选**

工作内容：调制、运砂浆，运、砌砖　　　　　　　　　　　　　　　　计量单位：10m³

定额编号			5 – 4	5 – 35
项目			混凝土实心砖基础	混凝土实心砖零星砌体
			现拌砂浆	现拌砂浆
基价（元）			3898.76	5036.67
其中	人工费（元）		1275.35	2370.06
	材料费（元）		2564.52	2612.37
	机械费（元）		58.89	54.24
名称		单位	单价（元）	消耗量	
人工	二类人工	工日	135.00	9.447	17.556
材料	混凝土实心砖 240×115×53 MU10	千块	388.00	5.290	5.490
	混合砂浆 M7.5	m³	228.35	—	2.110
	混合砂浆 M10.0	m³	222.61	2.300	—
	水	m³	4.27	—	0.100
机械	灰浆搅拌机	台班	154.97	0.380	0.350

（5）80 厚芝麻白荔枝面花岗岩：根据定额工程量计算规则，80 厚芝麻白荔枝面花岗岩按设计图示尺寸以"m²"计算。中心线周长 5.4 × 4 = 21.6（m），宽 0.4m，定额工程量为 21.6 × 0.4 = 8.64（m²）= 0.86（10m²）。套用定额子目 2 – 32。80 厚芝麻白荔枝面花岗岩除税价 280 元/m²，1∶3 水泥砂浆除税价 238.10 元/m³。换算后材料费为 1772.51 – 159.00 × 10.200 + 280.00 × 10.200 – 252.49 × 0.550 + 238.10 × 0.550 = 2998.80（元/10m²）。

（6）12cm 树皮填充：根据定额工程量计算规则，树池填充按设计图示尺寸以面积计算，根据填充的材料不同，定额子目设置有树皮填充和卵石填充两项，套用定额子目 2 – 51，定额子目节选如表 6.3.23 所示。定额树池填充按树皮厚度 10cm 考虑，厚度不同时，树皮数量换算，其他不变。换算后材料费为 1034.00 + 2/10 × 1034.00 × 1.000 = 1240.80（元/10m²）。

树池清单计价结果见表 6.3.24、表 6.3.25。

表 6.3.23　　　　　　　　定额子目节选

工作内容：杂物清理、场内运输、铺设、边口固定　　　　　　　　　　　计量单位：10m²

定额编号				2-51	2-52
项目				树池填充	
				树皮	卵石
基价（元）				1059.92	129.72
其中	人工费（元）			25.92	29.03
	材料费（元）			1034.00	100.69
	机械费（元）			—	—
	名称	单位	单价（元）	消耗量	
人工	二类人工	工日	135.00	0.192	0.215
材料	块状树皮	m³	1034.00	1.000	—
	园林用卵石 本色	t	124.00	—	0.800
	其他材料费	元	1.00	—	1.49

表 6.3.24　　　　　　　　树池综合单价分析表

项目编码	项目名称	计量单位	数量	综合单价（元）						合价（元）
				人工费	材料费	机械费	管理费	利润	小计	
050201004001	树池围牙	m	21.60	99.71	381.21	2.79	18.97	11.35	514.04	11103.27
2-5	垫层 碎石	10m³	0.26	549.86	1636.15	0.00	101.78	60.87	2348.66	610.65
2-6 换	垫层 混凝土 C20	10m³	0.16	1370.52	2927.23	39.44	260.98	156.08	4754.25	760.68
5-4 换	混凝土实心砖基础	10m³	0.26	1402.89	2564.52	58.89	270.57	161.82	4458.69	1159.26
5-35 换	混凝土实心砖零星砌体	10m³	0.38	2607.07	2612.37	54.24	492.61	294.61	6060.89	2303.14
2-32 换	80 厚芝麻白荔枝面花岗岩	10m²	0.86	431.73	2998.80	21.08	83.82	50.13	3585.55	3083.57
2-51 换	树池填充 12cm 树皮	10m²	2.5	25.92	1240.80	0.00	4.80	2.87	1274.39	3185.97

表 6.3.25 树池分部分项工程量清单及计价表

项目编码	项目名称	项目特征	计量单位	工程量	综合单价（元）	合价（元）	其中	
							人工费	机械费
050201004001	树池围牙	素土夯实；150 厚碎石垫层；120 厚 C20 混凝土垫层；MU10 砖基础；MU10 零星砌体；30 厚 1∶3 水泥砂浆，80 厚芝麻白荔枝面花岗岩	m	21.60	514.04	11103.27	2153.77	60.36

6.3.3.2 园桥工程清单计价

1. 木制步桥

（1）木桥面：根据定额工程量计算规则，木桥面按设计图示尺寸以面积计算，定额工程量为 $50 \times 2.38 = 119.00$（m^2）$= 11.9$（$10m^2$）。套用定额子目 2 - 69，定额子目节选如表 6.3.26 所示，设计采用防腐柳桉木，定额采用硬木板枋材，定额子目需换算。防腐柳桉木除税价 4722.00 元/m^3，换算后材料费为 $3135.51 - 3276.00 \times 0.945 + 4722.00 \times 0.945 = 4501.98$（元/$10m^2$）。

表 6.3.26 定额子目节选

工作内容：木桥面、木栈道制作、安装 计量单位 $10m^2$

定额编号				2 - 69	2 - 70
项目				木桥面（厚 8cm）	木栈道（厚 4cm）
基价（元）				3505.57	2025.21
其中	人工费（元）			359.24	291.87
	材料费（元）			3135.51	1724.73
	机械费（元）			10.82	8.61
	名称	单位	单价（元）	消耗量	
人工	二类人工	工日	135.00	2.661	2.162
材料	硬木板枋材	m^3	3276.00	0.945	0.520
	铜钉 80mm	kg	5.60	—	3.300
	铜钉 120mm	kg	5.60	6.600	—
	其他材料费	元	1.00	2.73	2.73
机械	木工圆锯机 500mm	台班	27.50	0.313	0.313
	木工平刨床 500mm	台班	21.04	0.105	—

（2）180×180 木望柱：根据定额工程量计算规则，木望柱按设计图示尺寸以体积计

算，木望柱间距 2m，共（50/2 + 1）×2 = 52（根），柱高 1.05m，木望柱定额工程量为 0.18 × 0.18 × 1.05 × 52 = 1.77（m^3）= 0.18（$10m^3$）。套用定额子目 2 - 66，定额子目节选如表 6.3.27 所示，设计采用防腐柳桉木，定额采用硬木板枋材，定额子目需换算。防腐柳桉木除税价 4722.00 元/m^3，换算后材料费为 21986.60 - 2155.00 × 10.200 + 4722.00 × 10.200 = 48170.00（元/$10m^3$）。

（3）木栏板：100 × 80 横杆、70 × 50 直档、80 × 100 直档按木栏板考虑。根据定额工程量计算规则，木栏板按设计图示尺寸以面积计算，木栏板定额工程量为 2 × 25 × (2 - 0.18) × (1.05 - 0.19 - 0.06) = 72.8（m^2）= 7.28（$10m^2$）。套用定额子目 2 - 67，设计采用防腐柳桉木，定额采用硬木板枋材，定额子目需换算。

防腐柳桉木除税价 4722.00 元/m^3，换算后材料费为 1327.55 - 2155.00 × 0.610 + 4722.00 × 0.610 = 2893.42（元/$10m^2$）。

表 6.3.27　　　　　　　　　　定额子目节选

工作内容：放样、选料、制作、安装等

定额编号			2 - 66	2 - 67
项目			木望柱制作、安装	木栏板制作、安装
			计量单位	
			$10m^3$	$10m^2$
基价（元）			23806.38	2643.80
其中	人工费（元）		1754.33	1306.80
	材料费（元）		21986.60	1327.55
	机械费（元）		65.45	9.45
名称		单位	单价（元）	消耗量
人工	二类人工	工日	135.00	12.995	9.680
材料	防腐木	m^3	2155.00	10.200	0.610
	圆钉	kg	4.74	—	0.380
	乳胶	kg	5.60	1.000	2.000
机械	木工圆锯机 500mm	台班	27.50	2.380	0.313
	木工平刨床 500mm	台班	21.04	—	0.040

（4）30 × 200 侧木板：侧木板，在木桥中起到挡雨的作用，按雨达板考虑。根据定额工程量计算规则，雨达板按设计图示尺寸以面积计算，雨达板定额工程量为 2 × 25 × 0.2 = 10（m^2）= 1（$10m^2$）。套用定额子目 12 - 411，定额子目节选如表 6.3.28 所示。设计采用 30mm 的柳桉防腐木，定额采用 22mm 的杉板枋材，定额子目需换算，制作损耗系数 10%，防腐柳桉木除税价 4722.00 元/m^3。换算后材料费为 395.45 - 1625.00 × 0.242 +

$4722 \times 0.330 = 1560.46$（元/10m²）。

表 6.3.28　　　　　　　　　　　　**定额子目节选**

工作内容：拼板、双面刨光、制作安装　　　　　　　　　　　　　　　　　　计量单位：10m²

定额编号			12 - 411
项目			雨达板
			制作、安装
基价（元）			1031.79
其中	人工费（元）		631.47
	材料费（元）		395.45
	机械费（元）		4.87
名称	单位	单价（元）	消耗量
人工	三类人工	工日	155.00	4.074

	名称	单位	单价（元）	消耗量
人工	三类人工	工日	155.00	4.074
材料	杉板枋材	m³	1625.00	0.242
	圆钉	kg	4.74	0.290
	其他材料费	元	1.00	0.83
机械	木工压刨床 单面 600mm	台班	31.42	0.121
	木工圆锯机 500mm	台班	27.50	0.039

木制步桥清单计价结果见表 6.3.29、表 6.3.30。

表 6.3.29　　　　　　　　　　　　**木制步桥综合单价分析表**

项目编码	项目名称	计量单位	数量	综合单价（元）						合价（元）
				人工费	材料费	机械费	管理费	利润	小计	
050201014001	木制步桥	m²	119.00	123.83	713.18	1.80	23.25	13.91	875.97	104240.82
2 - 69 换	木桥面	10m²	11.9	359.24	4501.98	10.82	68.50	40.97	4981.50	59279.89
2 - 66 换	木望柱制作、安装	10m³	0.18	1754.33	48170.00	65.45	336.84	201.45	50528.07	9095.05
2 - 67 换	木栏板制作、安装	10m²	7.28	1306.80	2893.42	9.45	243.64	145.71	4599.02	33480.84
12 - 411 换	雨达板制作、安装	10m²	1	631.47	1560.46	4.87	117.79	70.44	2385.03	2385.03

表 6.3.30 　　　　　　　　　　木制步桥分部分项工程量清单及计价表

项目编码	项目名称	项目特征	计量单位	工程量	综合单价（元）	合价（元）	其中	
							人工费	机械费
050201014001	木制步桥	桥宽2.38m，桥长50m，柳桉防腐木；180mm×180mm 木柱、100mm×80mm 木柱、50mm×70mm 木柱、100mm×80mm 木梁、2380mm×200mm×60mm 木板、30mm×200mm 木档	m²	119.00	875.97	104240.82	14735.71	214.21

2. 石汀步

（1）900×300×180 厚芝麻灰花岗岩（鸡啄）石汀步：定额工程量为 $16×4×0.9×0.3×0.18=3.11$（m^3）$=0.31$（$10m^3$）。套用定额子目 2－27，设计采用芝麻灰花岗岩（鸡啄），定额采用料石，定额子目需换算，芝麻灰花岗岩（鸡啄）除税价 2800 元/m^3，1∶3 干硬水泥砂浆除税价 244.35 元/m^3。换算后材料费为 $1689.68-146.00×10.100+2800×10.100-268.85×0.800+244.35×0.800=28475.48$（元/$10m^3$），见表 6.3.31。

表 6.3.31 　　　　　　　　　　　　定额子目节选
工作内容：清理基层、调浆、铺面层、拍平、压实、清扫、养护等 　　　　　　　　　计量单位：10m³

定额编号			2－27	
项目			料石汀步	
基价（元）			2695.87	
其中	人工费（元）		991.31	
	材料费（元）		1689.68	
	机械费（元）		14.88	
	名称	单位	单价（元）	消耗量
人工	二类人工	工日	135.00	7.343
材料	料石	m³	146.00	10.100
	水泥砂浆1∶2	m³	268.85	0.800
机械	灰浆搅拌机 200L	台班	154.97	0.096

（2）300×300×180 厚芝麻白花岗岩（火烧二度）石汀步：定额工程量为 $16×4×0.3×0.3×0.18=1.04$（m^3）$=0.10$（$10m^3$）。套用定额子目 2－27，设计采用芝麻白花岗岩（火烧二度），定额采用料石，定额子目需换算，芝麻白花岗岩（火烧二度）除税价 3300 元/m^3，1∶3 干硬水泥砂浆除税价 244.35 元/m^3。换算后材料费为 $1689.68-146.00×10.100+3300×10.100-268.85×0.800+244.35×0.800=33525.48$（元/$10m^3$）。

石汀步清单计价结果见表6.3.32、表6.3.33。

表 6.3.32　　　　　　　　　　　石汀步综合单价分析表

| 项目编码 | 项目名称 | 计量单位 | 数量 | 综合单价（元） | | | | | | 合价（元） |
				人工费	材料费	机械费	管理费	利润	小计	
050201013001	石汀步	m³	4.15	97.94	2934.93	1.47	18.40	11.00	3063.74	12714.51
2-27换	900×300×180 厚芝麻灰花岗岩（鸡啄）料石汀步	10m³	0.31	991.31	28475.48	14.88	186.25	111.39	29779.30	9231.58
2-27换	300×300×180 厚芝麻白花岗岩（火烧二度）料石汀步	10m³	0.10	991.31	33525.48	14.88	186.25	111.39	34829.30	3482.93

表 6.3.33　　　　　　　　　　石汀步分部分项工程量清单及计价表

| 项目编码 | 项目名称 | 项目特征 | 计量单位 | 工程量 | 综合单价（元） | 合价（元） | 其中 | |
							人工费	机械费
050201013001	石汀步	900×300×180 厚芝麻灰花岗岩（鸡啄），300×300×180 厚芝麻白花岗岩（火烧二度），30 厚1∶3 干硬水泥砂浆	m³	4.15	3063.74	12714.51	406.44	6.10

6.3.3.3　驳岸、护岸工程清单计价

驳岸工程的挖土方、开凿石方、回填、垫层等应按现行国家标准《房屋建筑与装饰工程工程量计算规范》（GB50854）附录 A 相关项目编码列项。

1. 石砌驳岸清单计价

根据定额工程量计算规则，石砌护岸按设计图示尺寸以"m³"计算，石砌驳岸定额工程量为 $2200×0.9×0.5+2200×0.5×(0.5+1.2)=2860$（m³）$=286$（10m³）。套用定额子目 2-81，定额子目节选如表6.3.34所示，设计采用水泥砂浆 M5.0，定额采用水泥砂浆 M10.0，定额子目需要换算，水泥砂浆 M5.0 除税价212.41 元/m³。换算后材料费为 $2297.56-222.61×3.400+212.41×3.400=2262.88$（元/10m³）。

表 6.3.34　　　　　　　　　　　　定额子目节选

工作内容：放样、选石、运石、调制、运输砂浆、定位、堆砌、勾缝、清理　　　　　　计量单位：10m³

定额编号			2-81	2-82
项目			石砌驳岸	
			毛石	条石
基价（元）			3501.89	4718.57
其中	人工费（元）		1192.86	994.01
	材料费（元）		2297.56	3717.28
	机械费（元）		11.47	7.28
名称		单位	单价（元）	消耗量
人工	二类人工	工日	135.00	8.836	7.363
材料	块石 200~500	t	77.67	19.470	—
	水泥砂浆 M10.0	m³	222.61	3.400	2.500
	条石	m³	307.00	—	10.100
	其他材料费	元	1.00	28.45	60.05
机械	灰浆搅拌机 200L	台班	154.97	0.074	0.047

石砌驳岸清单计价结果见表 6.3.35、表 6.3.36。

表 6.3.35　　　　　　　　　　石砌驳岸综合单价分析表

项目编码	项目名称	计量单位	数量	综合单价（元）						合价（元）
				人工费	材料费	机械费	管理费	利润	小计	
050202001001	石砌驳岸	m³	2860.00	119.29	226.29	1.15	22.29	13.33	382.35	1093506.93
2-81 换	石砌护岸 毛石 水泥砂浆 M5.0	10m³	286	1192.86	2262.88	11.47	222.92	133.32	3823.45	1093506.93

表 6.3.36　　　　　　　　石砌驳岸分部分项工程量清单及计价表

项目编码	项目名称	项目特征	计量单位	工程量	综合单价（元）	合价（元）	其中	
							人工费	机械费
050202001001	石砌驳岸	φ200~500mm 自然面单体块石浆砌；M5 水泥砂浆砌筑，勾凸缝；200 厚混凝土垫层；200 厚碎石垫层	m³	2860.00	382.35	1093506.93	341157.96	3280.42

2. 原木桩驳岸清单计价

根据定额工程量计算规则，圆木桩材积按设计桩长及稍径，按木材材积表计算。原木桩长4m，直径140mm，查木材材积表得知，其体积为0.083m³，原木桩共66668根，定额工程量为66668×0.083 = 5533.44（m³）= 553.34（10m³）。套用定额子目2−80，定额子目节选如表6.3.37所示，松木桩除税价1770元/m³。换算后材料费为14624.30 − 1379.00×10.500 + 1770×10.500 = 18729.80（元/10m³）。

表6.3.37　　　　　　　　　　定额子目节选

工作内容：制作木桩、定位、校正、打桩、锯桩头　　　　　　　　　　计量单位：10m³

定额编号				2 − 80
				原木护岸
基价（元）				18874.15
其中	人工费（元）			4185.00
	材料费（元）			14624.30
	机械费（元）			64.85
名称		单位	单价（元）	消耗量
人工	二类人工	工日	135.00	31.000
材料	圆木桩	m³	1379.00	10.500
	其他材料费	元	1.00	144.80
机械	汽车式起重机8t	台班	648.48	0.100

原木桩驳岸清单计价结果见表6.3.38、表6.3.39。

表6.3.38　　　　　　　　　　原木桩驳岸综合单价分析表

项目编码	项目名称	计量单位	数量	综合单价（元）						合价（元）
				人工费	材料费	机械费	管理费	利润	小计	
050202002001	原木桩驳岸	根	66668	34.74	155.46	0.54	6.53	3.90	201.16	13411166.36
2−80换	原木护岸	10m³	553.34	4185.00	18729.80	64.85	786.65	470.46	24236.76	13411166.36

表6.3.39　　　　　　　　　　原木桩驳岸分部分项工程量清单及计价表

项目编码	项目名称	项目特征	计量单位	工程量	综合单价（元）	合价（元）	其中	
							人工费	机械费
050202002001	原木桩驳岸	φ140 松木桩，桩长4m	根	66668	201.16	13411166.36	2315727.90	35884.10

即问即答（即问即答解析见二维码）：

1. 整理路床定额工程量计算时，路床宽度按设计路宽每边各加_____计算。

2. 园路垫层定额工程量，按设计图示尺寸以"m^3"计算。设计未注明垫层宽度时，宽度按园路面层设计图示尺寸，两边各放宽_____计算。

3. 路牙、树池围牙定额工程量按"____"计算，树池盖板定额工程量按"____"计算。

练习题（见二维码）：

项目实训（见二维码）：

自我测试（见二维码）：

第7章 园林景观工程计量与计价

学习思维导图

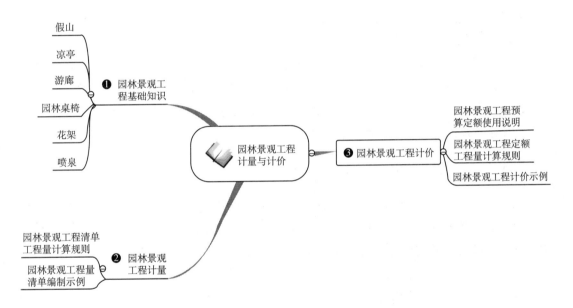

学习目标

知识目标	能力目标	相关知识
了解园林景观工程相关基础知识		7.1 园林景观工程基础知识
掌握园林景观工程清单工程量计算规则	（1）熟练且准确设置清单项目 （2）熟练计算清单工程量	7.2 园林景观工程计量
（1）熟悉园林景观工程预算定额的使用 （2）掌握园林景观工程定额工程量计算规则	（1）熟练计算定额工程量 （2）熟练计算综合单价	7.3 园林景观工程计价

7.1　园林景观工程基础知识

园林景观工程有广义和狭义之分。广义的园林景观是指展现在游憩者视野中的地形、水系、植物、园林建筑、园林小品和园路等构成的优美环境。《园林绿化工程工程量计算规范》中所说的园林景观工程是狭义含义，是指除园林植物、园路、园桥、驳岸之外的其他具有独立欣赏价值的风景园林小品，主要包括假山、凉亭、游廊、园林桌椅、花架、喷泉、杂项等。

7.1.1　假山

假山是以山石为材料构筑而成的山，具有独特的造景功能，作为独立性或附属性的造景布置。假山在风景园林造景中具有分隔、穿插、连接、导向及扩张空间的作用。假山可以与园林建筑、园路、场地和园林植物相组合，形成富有变化的景致，减少人工气氛，增添自然生趣，使园林建筑融汇到山水环境中。

7.1.1.1　假山分类

假山按材料可分为土山、石山和土石相间的山；按施工方式可分为筑山、掇山、凿山和塑山；按在园林中的位置和用途可分为园山、厅山、楼山、阁山、书房山、池山、室内山、壁山和兽山；按组合形态可分为山体和水体。山体包括峰、峦、顶、岭、谷、壑、岗、壁、岩、洞、坞、麓、台、磴道和栈道；水体包括泉、瀑、潭、溪、涧、池、矶和汀石等。山水结合一体，才相得益彰。

7.1.1.2　假山材料

1. 基础材料

木桩基材料：这是一种古老的基础做法，但至今仍有实用价值，木桩多选用柏木桩或杉木桩，选取其中较平直而又耐水湿的作为桩基材料。木桩顶面的直径为 10～15cm，平面布置按梅花排列，故称"梅花桩"。

灰土基础材料：北方园林中位于陆地上的假山多采用灰土基础，灰土基础有比较好的凝固条件。灰土一经凝固便不可透水，可以减少土壤冻胀的破坏。这种基础的材料主要是用石灰和素土按 3∶7 的比例混合而成。

浆砌块石基础材料：这是采用水泥砂浆或石灰砂浆砌筑块石的假山基础。可用 1∶2.5 或 1∶3 水泥砂浆砌一层块石，厚度为 300～500mm；水下砌筑所用水泥砂浆的比例应为 1∶2。

混凝土基础材料：现代的假山多采用浆砌块石或混凝土基础。陆地上选用不低于 C10 的混凝土，水中假山基础采用 C15 水泥砂浆砌块石，或 C20 素混凝土作基础为妥。

2. 山石材料

湖石：湖石是经过熔融的石灰岩，因其产于湖泊而得此名。尤其是原产于太湖的太湖石，在江南园林中运用最为普遍，也是历史上开发较早的一类山石。

黄石：黄石是一种呈现茶黄色的细砂岩，因其黄色而得名。质重、坚硬、形态浑厚沉实、拙重顽夯，且具有雄浑挺括之美。其大多产于山区，但以江苏常熟虞山质地为最好。采下的单块黄石多呈方形或长方墩状，少有极长或薄片状者。由于黄石节理接近于相互垂直，所形成的峰面具有棱角，锋芒毕露，棱角两面具有明暗对比、立体感较强的特点，无论掇山、理水都能发挥出其石形的特色。

青石：青石属于水成岩中呈青灰色的细砂岩，质地纯净杂质少。由于是沉积而成的岩石，石内就有一些水平层理。水平层的间隔一般不大，所以石形大多为片状，有"青云片"的称谓。石形也有一些块状的，但成厚墩状者较少。这种石材的石面有相互交织的斜纹，黄石一般是相互垂直的直纹。

石笋：石笋颜色多为淡灰绿色、土红灰色或灰黑色。质重而脆，是一种长形的砾岩岩石。石形修长呈条柱状，立于地上即为石笋，顺其纹理可竖向壁分。石柱中含有白色的小砾石，如白果般大小。石面上"白果"未风化的，称为龙岩；若石面砾石已风化成一个个小穴窝，则称为风岩。石面还有不规则的裂纹。

钟乳石：钟乳石多为乳白色、乳黄色等颜色；质优者洁白如玉，作石景珍品；质色稍差者可作假山。钟乳石质重、坚硬，是石灰岩被水溶解后又在山洞、崖下沉淀生成一种石灰华，石形变化大。石内较少孔洞，石的断面可见同心层状构造。这种山石的形状千奇百怪，石面肌理丰富，用水泥砂浆砌假山时附着力强，山石结合牢固，山形可根据设计需要随意变化。

石蛋：石蛋即大卵石，产于河床之中，经流水的冲击和相互摩擦磨去棱角而成。大卵石的石质有花岗岩、砂岩、流纹岩等，颜色白、黄、红、绿、蓝等各色都有。这类石多用作园林的配景小品，如路边、草坪、水池旁等处的石桌石凳；棕树、蒲葵、芭蕉、海竽等植物处的石景。

黄蜡石：黄蜡石是具有蜡质光泽，圆光面形的墩状块石，也有呈条状的。此石以石形变化大而无破损、无灰砂，表面滑若凝脂、石质晶莹润泽者为上品。一般也多用作庭园石景小品，将墩、条配合使用，成为更富于变化的组合景观。

水秀石：水秀石颜色有黄白色、土黄色至红褐色，是石灰岩的砂泥碎屑，随着含有碳酸钙的地表水被冲到低洼地或山崖下沉淀凝结而成。石质不硬，疏松多空，石内含有草根、苔藓、枯枝化石和树叶印痕等，易于雕琢。其石面形状有纵横交错的树枝状、草秆化石状、杂骨状、粒状、蜂窝状等凹凸形状。

3. 填充材料

填充式结构假山的山体内部填充材料主要有泥土、碎砖、石块、灰块、建筑渣土、废砖石、混凝土。混凝土是采用水泥、砂、石按 1∶2∶4～1∶2∶6 的比例搅拌配制而成。

4. 胶结材料

胶结材料是指将山石黏结起来掇石成山的一些常用黏结性材料，如水泥、石灰、砂和颜料等。黏结时拌和成砂浆，受潮部分使用水泥砂浆，水泥与砂配合比为 1∶1.5～1∶2.5；不受潮部分使用混合砂浆，水泥∶石灰∶砂为 1∶3∶6。水泥砂浆干燥比较快，不怕水；混合砂浆干燥较慢，怕水，但强度较水泥砂浆高。

假山所用石材如果是灰色、青灰色山石，则在抹缝完成后直接用扫帚将缝口表面扫干净，同时，也使水泥缝口的抹光表面不再光滑，从而更加接近石面的质地。对于假山采用灰白色湖石砌筑的，要用灰白色砂浆抹缝，使色泽近似。采用灰黑色山石砌筑的假山，可在抹缝的水泥砂浆中加入炭黑，调制成灰黑色浆体后再抹缝。对于土黄色山石的抹缝，则应在水泥砂浆中加进柠檬铬黄。如果是用紫色、红色的山石砌筑假山，可以采用铁红把水泥砂浆调制成紫红色浆体再用来抹缝等。

7.1.2　凉亭

亭，体量一般都不大，但比例得当，且造型丰富、构造灵活，或轻盈，或庄重，立面开敞，通常设于池侧、路旁、山上或花木丛中，与周围环境相融合，是构成园林风景的主要建筑类型之一。

7.1.2.1　亭的分类

亭子建筑，在我国有着悠久的历史，对其类型的分法有很多，按使用性能分，可以分为路亭、街亭、桥亭、井亭、凉亭和钟鼓亭等。按平面形式分，可以分为多角亭、圆形亭、扇形亭和矩形亭等。按建筑材质分，分为木构亭、砖石亭、混凝土亭、金属亭、拉膜亭等。按高低层次分，分为单檐亭、重檐亭、多层亭等。

园林中的亭子，一般多是供游人观赏、乘凉小憩之所的"凉亭"。因此，对凉亭的基本形式，我们总的将它分为单檐亭和重檐亭两大类，每一类又分为多角亭、圆形亭、异形亭和组合亭等四类。

1. 单檐亭

单檐亭是指只有一层屋檐的亭子，它体态轻盈活泼，处置机动灵活，在园林中广泛应用。按平面形状分为多角亭、圆形亭、异形亭和组合亭。

（1）多角亭。多角亭是园林建筑中，采用最为普遍的一种形式，它的水平投影，由若干个边所组成的相应角数而成，一般多为正多边几何形，可做成三角形、四角形、五角形、六角形、八角形等形式，还有个别为九角形，如图 7.1.1～图 7.1.6 所示。

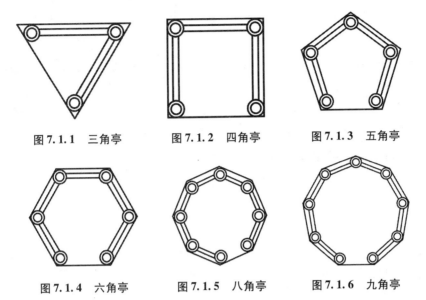

図 7.1.1　三角亭　　　　図 7.1.2　四角亭　　　　図 7.1.3　五角亭

図 7.1.4　六角亭　　　　図 7.1.5　八角亭　　　　図 7.1.6　九角亭

（2）圆形亭。它是按水平投影圆形进行布置的亭子。圆是能结合天伦地理的象征，适合多种场合，如图 7.1.7 所示。

（3）异形亭。异形亭是指除正多边形和圆形以外的其他形式，如扇形、扁多边形等。一般多用作在整体布局上，防止千篇一律，而有所变异地穿插在建筑物之中，主要使建筑在形态上有所变化，如图 7.1.8 所示。

図 7.1.7　圆亭

（4）组合亭。组合亭是由两个几何形状拼接组合而成的亭子。它可以由两个形状相同的亭子进行组合，也可以由两个形状不同的亭子进行组合，如图 7.1.9 所示。

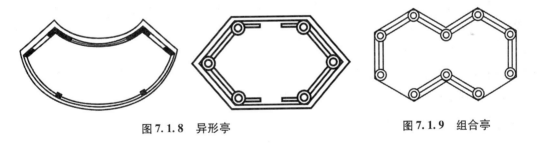

図 7.1.8　异形亭　　　　　　　　　図 7.1.9　组合亭

2. 重檐亭

由两层或两层以上屋檐所组成的亭子称为"重檐亭"，它的造型和欣赏价值，都较单檐亭更上一层楼，特别是对园林立体环境的布局，更能显示出它的点缀作用。

7.1.2.2　亭的屋面

亭子的屋面形式主要有歇山顶与攒尖顶两种，根据屋面所用材料的不同，又有小青瓦屋面与筒瓦屋面之分。

歇山亭多为方亭或长方亭，其屋面由前坡、后坡及两个边坡组成，其中边坡又称为落翼。于两侧落翼的上端砌墙，所砌之墙，依屋面山尖形状，称为山墙。

攒尖顶的屋面形式，常见有的四角顶、六角顶及八角顶，但也有少数为圆顶，除圆顶外，攒尖顶由屋面、戗脊、宝顶三部分组成。攒尖顶的角即戗脊，故也称戗角，角与角之间的屋面称为翼，翼的多少由角的数量来决定，即四角亭有四个戗角，其屋面分成四翼，上覆宝顶。以此类推，六角亭有六个戗角、六翼屋面及一座宝顶。圆顶虽属攒尖顶，但圆顶没有戗脊，故圆顶仅由屋面与宝顶所组成。

7.1.3　游廊

游廊是供游人遮风挡雨的廊道篷顶建筑，它具有可长可短、可直可曲、随形而弯、依势而建的特点，使用于各种地理环境之中。

7.1.3.1　廊的分类

（1）廊按其形式分，可分为直廊、曲廊、波形廊、复廊四种。

直廊：平面为直形的走廊，称直廊。

曲廊：平面呈曲折的走廊，称曲廊，将数段直廊按不同角度连在一起，即成曲廊。

波形廊：带坡度的走廊，称波形廊，其平面形式分直廊形与曲廊形两种。

复廊：将两廊并为一体，中间隔一道墙，墙上设漏窗，两面都可通行，屋面为双坡，这种形式称复廊。

（2）廊按其位置分，可分为沿墙走廊、空廊、回廊、楼廊、爬山廊、水廊等。

在曲廊中，有一部分依墙而建，有一部分则转折向外。沿墙走廊便是曲廊中依墙而建的部分，而空廊则是其转折向外的部分。

回廊是指厅堂四周的走廊。

楼廊即上下两层走廊，多用于楼厅附近，故又称边楼，平面形式以直廊形居多。

爬山廊建于地势起伏的山坡上，不仅可以把山坡上下的建筑联系起来，而且走廊的造型高低起伏。

水廊凌跨于水面之上，能使水面上的空间半通半隔，增加水源的深度与水面的辽阔，其形式以带坡度的曲廊居多。

7.1.3.2　廊的屋面

廊的屋面形式主要有尖山式屋顶和卷棚式屋顶两种，根据屋面所用材料的不同，又有小青瓦屋面与筒瓦屋面之分。

卷棚式屋顶又称元宝脊，其屋顶前后相连处不做成屋面脊而做成弧线形的曲面，即卷棚式屋顶的正脊是弧形的，与普通人字形屋顶不一样，没有屋顶的正脊。

7.1.4　园林桌椅

园林桌椅属于休息性的小品设施，是景观小品中最基本的组成部分。它既是为了方便游人休憩而设，又是组成景观的重要元素。

一般坐凳尺寸的要求是坐板高度为 350～450mm，坐板水平倾角为 6°～7°，椅面深度为 400～600mm，靠背与坐板夹角为 98°～105°，靠背高度为 350～650mm，座位宽度为 600～700mm/人。

一般在景观设计中常用桌子尺寸是桌面高度为 700～800mm，桌面宽度为 700～800mm（四人方桌），或桌面直径为 750～800mm（四人圆桌）。

从材料入手可将园林桌椅分为人工材料桌椅和自然材料桌椅两大类，其中人工材料包括金属类、陶瓷品、塑胶品、水泥类、砖材类等，自然材料包括石材、木材两类。从外形入手，桌子可分为方桌、圆桌和不定形，坐凳可分为椅形、凳形、鼓形、不定形、兼用形。

7.1.5　花架

花架是用刚性材料构成一定形状的格架供攀缘植物攀附的园林设施，又称棚架、绿廊。花架可作遮阴休息之用，并可点缀园景。花架有两方面作用，一方面供人歇足休息、欣赏风景；另一方面创造攀缘植物生长的条件。

廊式花架：最常见的形式为片版支承于左右梁柱上，游人可入内休息。

片式花架：片版嵌固于单向梁柱上，两边或一面悬挑，形体轻盈活泼。

独立式花架：以各种材料作空格，构成墙垣、花瓶、伞亭等形状，用藤本植物缠绕成形，供观赏用。

7.1.6　喷泉

喷泉，指由地下喷出地面的泉水，特指人工喷水设备。喷泉是一种将水经过一定压力通过喷头喷洒出来具有特定形状的组合体。喷泉是一种独立的水景艺术，体现了动静结合，形成明朗活泼的气氛，给人以美的享受，同时，能够增加空间的空气湿度，减少尘埃，大大增加了空气中负氧离子的浓度，因而也有益于改善环境，增进人们的身心健康。

喷泉景观可以分为两大类：一是因地制宜，根据现场地形结构，仿照天然水景制作而成，如壁泉、涌泉、雾泉、管流、溪流、瀑布、水帘、跌水、水涛、旋涡等；二是完全依据喷泉设备人工造景，有音乐喷泉、程控喷泉、摆动喷泉、跑动喷泉、光亮喷泉、游乐趣味喷泉、超高喷泉、激光水幕电影等。

喷泉的基本组成为土建池体、管道阀门系统、动力水泵系统、灯光照明系统等。喷泉的种类和形式很多，大体上可以分为以下四类：普通装饰性喷泉、人工水能造景型喷泉、雕塑造型喷泉、自控喷泉。

7.2 园林景观工程计量

7.2.1 园林景观工程清单工程量计算规则

园林景观工程项目按《园林绿化工程工程量计算规范》的附录C列项，包括堆塑假山，原木、竹构件，亭廊屋面，花架，园林桌椅，喷泉安装，杂项7个小节共63个清单项目。

7.2.1.1 堆塑假山工程清单工程量计算规则

堆塑假山工程包括堆筑土山丘，堆砌石假山，塑假山，石笋，点风景石，池、盆景置石，山（卵）石护角，山坡（卵）石台阶等8个项目，项目编码为050301001～050301008，如表7.2.1所示。

表7.2.1　　堆塑假山清单工程量计算规则

项目编码	项目名称	计量单位	工程量计算规则
050301001	堆筑土山丘	m^3	按设计图示山丘水平投影外接矩形面积乘以高度的1/3以体积计算
050301002	堆砌石假山	t	按设计图示尺寸以质量计算
050301003	塑假山	m^2	按设计图示尺寸以展开面积计算
050301004	石笋	支	
050301005	点风景石	1. 块 2. t	1. 以块（支、个）计量，按设计图示数量计算 2. 以吨计量，按设计图示石料质量计算
050301006	池、盆景置石	1. 座 2. 个	
050301007	山（卵）石护角	m^3	按设计图示尺寸以体积计算
050301008	山坡（卵）石台阶	m^2	按设计图示尺寸以水平投影面积计算

7.2.1.2 原市、竹构件工程清单工程量计算规则

原木、竹构件工程包括原木（带树皮）柱、梁、檩、椽，原木（带树皮）墙，树枝吊挂楣子，竹柱、梁、檩、椽，竹编墙，竹吊挂楣子等6个项目，项目编码为050302001～050302006，如表7.2.2所示。

表 7.2.2　　　　　　　　　　　　　原木、竹构件清单工程量计算规则

项目编码	项目名称	计量单位	工程量计算规则
050302001	原木（带树皮）柱、梁、檩、椽	m	按设计图示尺寸以长度计算（包括榫长）
050302002	原木（带树皮）墙	m²	按设计图示尺寸以面积计算（不包括柱、梁）
050302003	树枝吊挂楣子		按设计图示尺寸以框外围面积计算
050302004	竹柱、梁、檩、椽	m	按设计图示尺寸以长度计算
050302005	竹编墙	m²	按设计图示尺寸以面积计算（不包括柱、梁）
050302006	竹吊挂楣子		按设计图示尺寸以框外围面积计算

7.2.1.3　亭廊屋面工程清单工程量计算规则

亭廊屋面工程包括草屋面、竹屋面、树皮屋面、油毡瓦屋面、预制混凝土穹顶、彩色压型钢板（夹芯板）攒尖亭屋面板、彩色压型钢板（夹芯板）穹顶、玻璃屋面、木（防腐木）屋面等 9 个项目，项目编码为 050303001～050303009，如表 7.2.3 所示。

表 7.2.3　　　　　　　　　　　　　亭廊屋面清单工程量计算规则

项目编码	项目名称	计量单位	工程量计算规则
050303001	草屋面	m²	按设计图示尺寸以斜面积计算
050303002	竹屋面		按设计图示尺寸以实铺面积计算（不包括柱、梁）
050303003	树皮屋面		按设计图示尺寸以屋面结构外围面积计算
050303004	油毡瓦屋面		按设计图示尺寸以斜面积计算
050303005	预制混凝土穹顶	m³	按设计图示尺寸以体积计算。混凝土脊和穹顶的肋、基梁并入屋面体积
050303006	彩色压型钢板（夹芯板）攒尖亭屋面板	m²	按设计图示尺寸以实铺面积计算
050303007	彩色压型钢板（夹芯板）穹顶		
050303008	玻璃屋面		
050303009	木（防腐木）屋面		

7.2.1.4 花架工程清单工程量计算规则

花架工程包括现浇混凝土花架柱、梁，预制混凝土花架柱、梁，金属花架柱、梁，木花架柱、梁，竹花架柱、梁等5个项目，项目编码为050304001～050304005，如表7.2.4所示。

表7.2.4　　　　　　　　　　　　　　花架清单工程量计算规则

项目编码	项目名称	计量单位	工程量计算规则
050304001	现浇混凝土花架柱、梁	m³	按设计图示尺寸以体积计算
050304002	预制混凝土花架柱、梁		
050304003	金属花架柱、梁	t	按设计图示尺寸以质量计算
050304004	木花架柱、梁	m³	按设计图示截面乘长度（包括榫长）以体积计算
050304005	竹花架柱、梁	1. m 2. 根	1. 以长度计量，按设计图示花架构件尺寸以延长米计算 2. 以根计量，按设计图示花架柱、梁数量计算

7.2.1.5 园林桌椅工程清单工程量计算规则

园林桌椅工程包括预制钢筋混凝土飞来椅，水磨石飞来椅，竹制飞来椅，现浇混凝土桌凳，预制混凝土桌凳，石桌石凳，水磨石桌凳，塑树根桌凳，塑树节椅，塑料、铁艺金属椅等10个项目，项目编码为050305001～050305010，如表7.2.5所示。

表7.2.5　　　　　　　　　　　　　园林桌椅清单工程量计算规则

项目编码	项目名称	计量单位	工程量计算规则
050305001	预制钢筋混凝土飞来椅	m	按设计图示尺寸以座凳面中心线长度计算
050305002	水磨石飞来椅		
050305003	竹制飞来椅		

7.2.1.6 喷泉安装工程清单工程量计算规则

喷泉安装工程包括喷泉管道、喷泉电缆、水下艺术装饰灯具、电气控制柜、喷泉设备等5个项目，项目编码为050306001～050306005，如表7.2.6所示。

表 7.2.6　　　　　　　　　　　喷泉安装清单工程量计算规则

项目编码	项目名称	计量单位	工程量计算规则
050306001	喷泉管道	m	按设计图示管道中心线长度以延长米计算，不扣除检查（阀门）井、阀门、管件及附件所占的长度
050306002	喷泉电缆		按设计图示单根电缆长度以延长米计算
050306003	水下艺术装饰灯具	套	按设计图示数量计算
050306004	电气控制柜	台	
050306005	喷泉设备		

7.2.1.7　杂项工程清单工程量计算规则

杂项工程包括石灯，石球，塑仿石音箱，塑树皮梁、柱，塑竹梁、柱，铁艺栏杆，塑料栏杆，钢筋混凝土艺术围栏，标志牌，景墙，景窗，花饰，博古架，花盆（坛、箱），摆花，花池，垃圾箱，砖石砌小摆设，其他景观小摆设，柔性水池等 20 个项目，项目编码为 050307001 ~ 050307020，如表 7.2.7 所示。

表 7.2.7　　　　　　　　　　　　杂项清单工程量计算规则

项目编码	项目名称	计量单位	工程量计算规则
050307001	石灯	个	按设计图示数量计算
050307002	石球		
050307003	塑仿石音箱		
050307004	塑树皮梁、柱	1. m² 2. m	1. 以平方米计量，按设计图示尺寸以梁柱外表面积计算 2. 以米计量，按设计图示尺寸以构件长度计算
050307005	塑竹梁、柱		
050307006	铁艺栏杆	m	按设计图示尺寸以长度计算
050307007	塑料栏杆		
050307008	钢筋混凝土艺术围栏	1. m² 2. m	1. 以平方米计量，按设计图示尺寸以面积计算 2. 以米计量，按设计图示尺寸以延长米计算
050307009	标志牌	个	按设计图示数量计算
050307010	景墙	1. m³ 2. 段	1. 以立方米计量，按设计图示尺寸以体积计算 2. 以段计量，按设计图示尺寸以数量计算

7.2.2 园林景观工程量清单编制示例

7.2.2.1 假山工程量清单编制

1. 砖骨架塑假山（视频见二维码）

【例7.2.1】某市绿道入口花坛中心设计一座砖骨架塑石，高1.4m，长0.6m，宽0.5m，如图7.2.1所示。请完成砖骨架塑假山工程量清单编制。

南

山

绿

道

1400

600

图7.2.1 砖骨架塑石立面图

根据《园林绿化工程工程量计算规范》附录C.1的规定，塑假山按设计图示尺寸以展开面积计算。塑石高1.4m，长0.6m，宽0.5m，清单工程量为 $0.6 \times 0.5 + 1.4 \times 0.6 \times 2 + 1.4 \times 0.5 \times 2 = 3.38m^2$，见表7.2.8。

表7.2.8　　　　　　　　　　　砖骨架塑石分部分项工程量清单

项目编码	项目名称	项目特征	计量单位	工程量
050301003001	塑假山	高1.4m，砖骨架	m^2	3.38

2. 钢骨架塑假山

【例7.2.2】某市绿道驿站节点设计一座钢骨架塑假山，1号假山钢骨架用量0.20吨，2号假山钢骨架用量2.9吨，3号假山钢骨架用量0.15吨，设计详图见图7.2.2～图7.2.5。请完成钢骨架塑假山工程量清单编制。

根据《园林绿化工程工程量计算规范》附录C.1的规定，塑假山按设计图示尺寸以展开面积计算。对于外形不规则的塑假山，很难准确计算它的展开面积，通常采用近似估

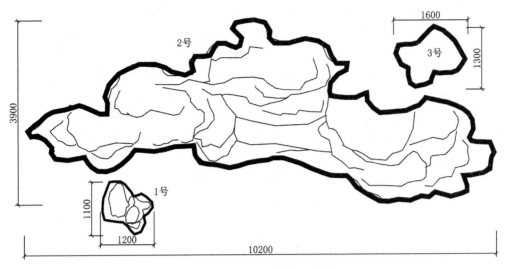

图 7.2.2　钢骨架塑假山平面图

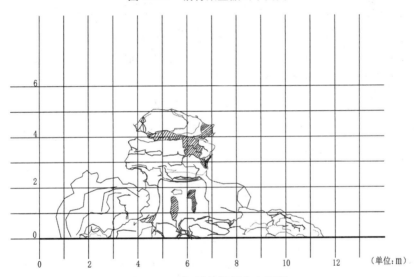

图 7.2.3　钢骨架塑假山立面图

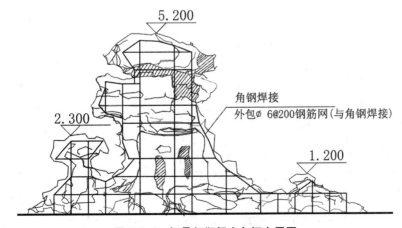

图 7.2.4　钢骨架塑假山角钢布置图

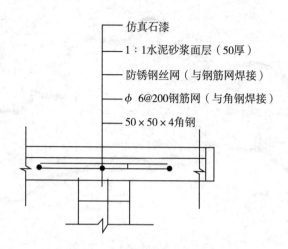

仿真石漆

1：1水泥砂浆面层（50厚）

防锈钢丝网（与钢筋网焊接）

$\phi 6@200$钢筋网（与角钢焊接）

$50 \times 50 \times 4$角钢

图 7.2.5　钢骨架塑假山面层详图

算方法，塑假山表面积 =（长×宽+长×高×2+宽×高×2）×系数，系数为 1.5~2.5 之间。塑假石山造型不同，系数大小也不同，经设计师采用模型初步测算，本项目系数取 2.0。本项目塑假山为三个相对独立假山，有不同的假山高度，清单工程量分别计算。

1 号钢骨架塑假山清单工程量为：（1.2×1.1+1.2×2.3×2+1.1×2.3×2）×2.0 = 23.80（m²）；2 号钢骨架塑假山清单工程量为：（10.2×3.9+10.2×5.2×2+3.9×5.2×2）×2.0 = 372.84（m²）；3 号钢骨架塑假山清单工程量为：（1.6×1.3+1.6×1.2×2+1.3×1.2×2）×2.0 = 18.08（m²）；见表 7.2.9。

表 7.2.9　钢骨架塑假山分部分项工程量清单

序号	项目编码	项目名称	项目特征	计量单位	工程量
1	050301003001	塑假山	高 2.3m，钢骨架用量 0.20 吨	m²	23.80
2	050301003002	塑假山	高 5.2m，钢骨架用量 2.90 吨	m²	372.84
3	050301003003	塑假山	高 1.2m，钢骨架用量 0.15 吨	m²	18.08

3. 湖石假山（视频见二维码）

【例 7.2.3】某市绿道驿站节点设计一座湖石假山，石料比重 2.2t/m³，详见图 7.2.6 和图 7.2.7。请完成湖石假山工程量清单编制。

根据《园林绿化工程工程量计算规范》附录 C.1 的规定，堆砌石假山按设计图示尺寸以质量计算。堆砌假山工程量 = 进料验收的数量 - 进料剩余数量。当没有进料验收的数量时，按下述方法计算：$W = \rho \times A \times H \times K_n$。式中：$W$ 表示假山石重量；ρ 表示石料比重；A 表示假山不规则平面轮廓的水平投影最大外接矩形面积；H 表示假山高度；K_n 表示折算

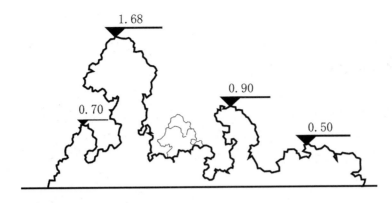

图 7.2.6　湖石假山立面图

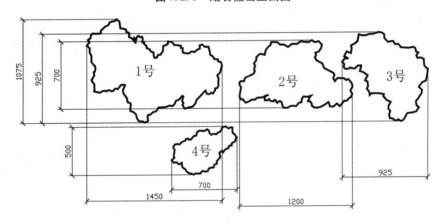

图 7.2.7　湖石假山平面图

系数，当 $H \leqslant 1\mathrm{m}$ 时，K_n 取 0.77；当 $1\mathrm{m} < H \leqslant 2\mathrm{m}$ 时，K_n 取 0.72；当 $2\mathrm{m} < H \leqslant 3\mathrm{m}$ 时，K_n 取 0.65；当 $3\mathrm{m} < H \leqslant 4\mathrm{m}$ 时，K_n 取 0.60。

本项目假山为四个相对独立假山，有不同的假山高度，应分别清单列项，见表 7.2.10。

1 号假山清单工程量：$2.2 \times 1.075 \times 1.45 \times 0.7 \times 0.77 = 1.848$（t）。

2 号假山清单工程量：$2.2 \times 1.2 \times 0.7 \times 0.9 \times 0.77 = 1.281$（t）。

3 号假山清单工程量：$2.2 \times 0.925 \times 0.925 \times 0.5 \times 0.77 = 0.725$（t）。

4 号假山清单工程量：$2.2 \times 0.7 \times 0.5 \times 1.68 \times 0.72 = 0.931$（t）。

表 7.2.10　　　　　　　　　　湖石假山分部分项工程量清单

序号	项目编码	项目名称	项目特征	计量单位	工程量
1	050301002001	堆砌石假山	高 0.7m，湖石	t	1.848
2	050301002002	堆砌石假山	高 0.9m，湖石	t	1.281
3	050301002003	堆砌石假山	高 0.5m，湖石	t	0.725
4	050301002004	堆砌石假山	高 1.68m，湖石	t	0.931

4. 石笋

【例7.2.4】某市绿道驿站节点设计一处石笋景观，详图见图7.2.8和图7.2.9。请完成石笋工程量清单编制。

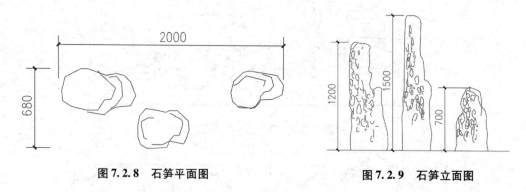

图7.2.8　石笋平面图　　　　　　　图7.2.9　石笋立面图

根据《园林绿化工程工程量计算规范》附录 C.1 的规定，石笋按设计图示数量以支计量。石笋清单工程量以不同高度分别列项，见表7.2.11。

表7.2.11　　　　　　　　　　　　石笋分部分项工程量清单

序号	项目编码	项目名称	项目特征	计量单位	工程量
1	050301004001	石笋	高 1.2m	支	1
2	050301004002	石笋	高 1.5m	支	1
2	050301004003	石笋	高 0.7m	支	1

5. 点风景石

【例7.2.5】某市绿道驿站节点设计一处特置黄石景石，景石长2.5m，高1.2m，厚0.8m，重量6.24t。设计图纸详见图7.2.10和图7.2.11。请完成点风景石工程量清单编制。

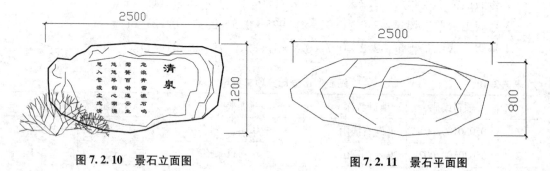

图7.2.10　景石立面图　　　　　　　图7.2.11　景石平面图

根据《园林绿化工程工程量计算规范》附录 C.1 的规定，点风景石按设计图示石料质量计算，点风景石清单工程量为6.24t，见表7.2.12。

表 7.2.12   点风景石分部分项工程量清单

项目编码	项目名称	项目特征	计量单位	工程量
050301005001	点风景石	黄石，长 2.5m，高 1.2m，厚 0.8m，重 6.24t	t	6.240

6. 盆景置石

【例 7.2.6】某市绿道驿站节点设计一处单体太湖石盆景置石，湖石重 13.5t，详见图 7.2.12 和图 7.2.13。请完成盆景置石工程量清单编制。

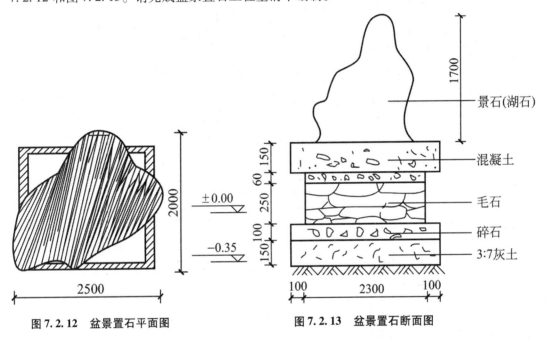

图 7.2.12   盆景置石平面图   图 7.2.13   盆景置石断面图

根据《园林绿化工程工程量计算规范》附录 C.1 的规定，盆景置石按设计图示尺寸数量以"座"计算。盆景置石清单工程量 1 座，见表 7.2.13。

表 7.2.13   盆景置石分部分项工程量清单

项目编码	项目名称	项目特征	计量单位	工程量
050301006001	盆景置石	湖石高 1.7m，150mm 厚混凝土底盘，60mm 混凝土垫层，250mm 毛石垫层，100mm 碎石垫层，150mm 3：7 灰土垫层	座	1

7.2.2.2 屋面与花架工程量清单编制

1. 草亭屋面

【例 7.2.7】某市绿道驿站节点设计一处草亭，详见图 7.2.14 和图 7.2.15。请完成草亭屋面工程量清单编制。

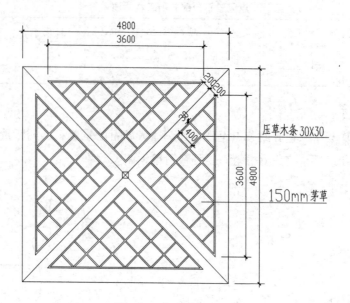

图 7.2.14 草亭顶平面

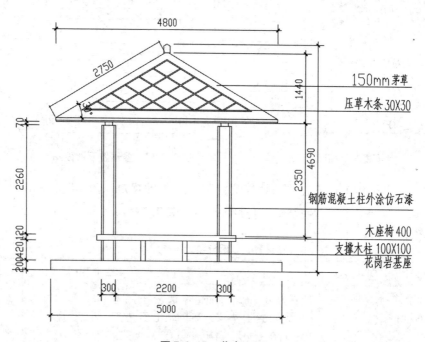

图 7.2.15 草亭立面

　　根据《园林绿化工程工程量计算规范》附录 C.3 的规定，草屋面按设计图示尺寸以斜面积计算。草亭屋面坡度30°，草亭屋面顶平面面积4.8×4.8＝23.04（m²），草亭斜屋面面积＝顶平面面积×延尺系数，屋面坡度系数见表7.2.14，查表得知延尺系数为1.1547，草亭斜屋面清单工程量为23.04×1.1547＝26.60（m²），见表7.2.15。

表 7.2.14　　　　　　　　　　　　屋面坡度系数

坡度	坡度角度	延尺系数 C
1	45°	1.4142
0.7	35°	1.2207
0.65	33°01′	1.1926
0.577	30°	1.1547

表 7.2.15　　　　　　　　　　草屋面分部分项工程量清单

项目编码	项目名称	项目特征	计量单位	工程量
050303001001	草屋面	屋面坡度 30°，150mm 茅草，30×30 木条压草	m²	26.60

2. 竹屋面

【例 7.2.8】某市绿道驿站节点设计一处竹亭，详见图 7.2.16 和图 7.2.17。请完成竹亭屋面工程量清单编制。

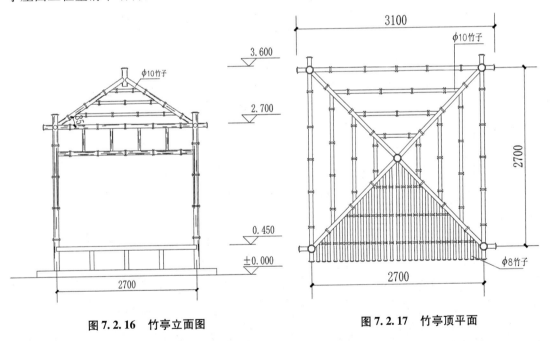

图 7.2.16　竹亭立面图　　　　　　　图 7.2.17　竹亭顶平面

根据《园林绿化工程工程量计算规范》附录 C.3 的规定，竹屋面按设计图示尺寸以实铺面积计算，不包括柱、梁。竹亭屋面坡度 35°，竹亭屋面顶平面面积 3.1×3.1 = 9.61（m²），竹亭斜屋面面积 = 顶平面面积×延尺系数，查表 7.2.14，得知延尺系数为 1.2207，竹亭斜屋面清单工程量为 9.61×1.2207 = 11.73（m²），见表 7.2.16。

表 7.2.16　　　　　　　　　　　　　　竹屋面分部分项工程量清单

项目编码	项目名称	项目特征	计量单位	工程量
050303002001	竹屋面	屋面坡度 35°，ϕ8cm 竹子	m²	11.73

3. 防腐木屋面

【例 7.2.9】某市绿道驿站节点设计一处柳桉防腐木亭，屋面坡度 33°01′，详见图 7.2.18 和图 7.2.19。请完成防腐木亭屋面工程量清单编制。

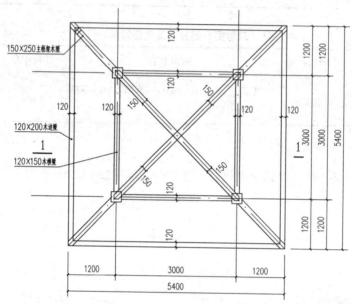

图 7.2.18　防腐木亭顶平面

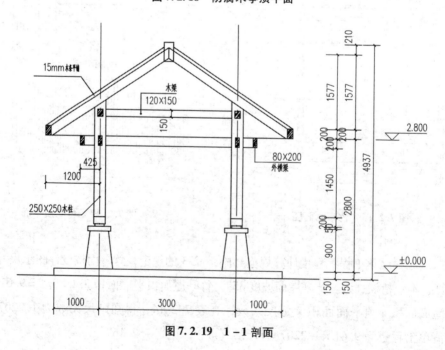

图 7.2.19　1-1 剖面

根据《园林绿化工程工程量计算规范》附录 C.3 的规定，防腐木屋面按设计图示尺寸以实铺面积计算。防腐木屋面坡度 33°01′，防腐木屋面顶平面面积 5.4 × 5.4 = 29.16（m²），防腐木斜屋面面积 = 顶平面面积 × 延尺系数，查表 7.2.14 得知延尺系数为 1.1926，防腐木斜屋面清单工程量为 29.16 × 1.1926 = 34.78（m²），见表 7.2.17。

表 7.2.17　　　　　　　　防腐木屋面分部分项工程量清单

项目编码	项目名称	项目特征	计量单位	工程量
050303009001	防腐木屋面	15mm 防腐柳桉木	m²	34.78

4. 木花架柱、梁

【例 7.2.10】某市绿道驿站节点设计一处菠萝格防腐木花架，木花架构件有 1960mm × 160mm × 160mm 木柱子、150mm × 80mm 木横梁、200mm × 100mm 木连梁、150mm × 70mm 木格条（33 根）。详见图 7.2.20 ~ 图 7.2.23。请完成木花架柱、梁工程量清单编制。

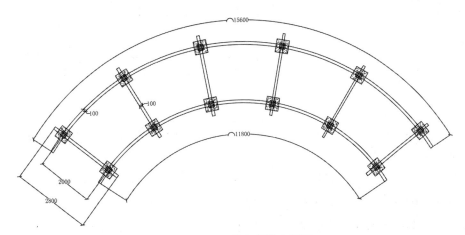

图 7.2.20　木花架梁柱布置图

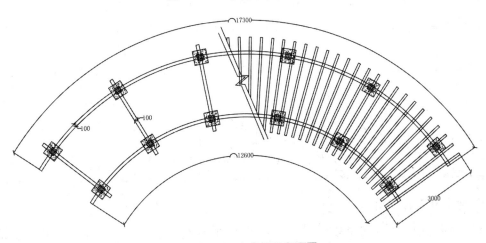

图 7.2.21　木花架顶平面图

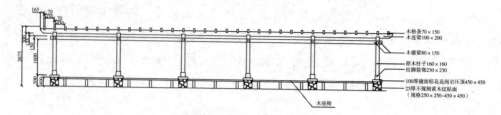

图 7.2.22　木花架正立面图

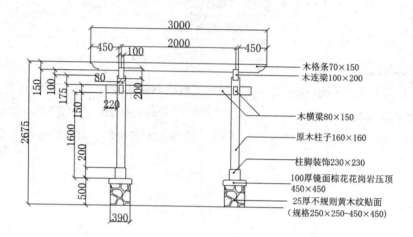

图 7.2.23　木花架正侧面图

根据《园林绿化工程工程量计算规范》附录 C.4 的规定，木花架柱、梁按设计图示截面积乘长度（包括榫长）以体积计算。

160mm×160mm 木柱子清单工程量：$12 \times 1.96 \times 0.16 \times 0.16 = 0.60$（m³）。

150mm×80mm 木横梁清单工程量：$0.15 \times 0.08 \times (2.8 \times 6 + 15.6 + 11.8) = 0.53$（m³）。

200mm×100mm 木连梁清单工程量：$0.2 \times 0.1 \times (17.3 + 12.6) = 0.60$（m³）。

150mm×70mm 木格条清单工程量：$33 \times 0.15 \times 0.07 \times 3 = 1.04$（m³）。

木花架清单工程量：$0.60 + 0.53 + 0.60 + 1.04 = 2.77$（m³），见表 7.2.18。

表 7.2.18　　　　　　　　　　木花架柱、梁分部分项工程量清单

项目编码	项目名称	项目特征	计量单位	工程量
050304004001	木花架柱、梁	菠萝格防腐木，160mm×160mm 木柱，150mm×80mm 木横梁，200mm×100mm 木连梁，150mm×70mm 木格条	m³	2.77

5. 金属花架柱、梁

【例 7.2.11】某市绿道驿站节点设计一处钢管花架，方钢柱埋地 90mm，详见图 7.2.24 ~ 图 7.2.27。请完成钢管花架柱、梁工程量清单编制。

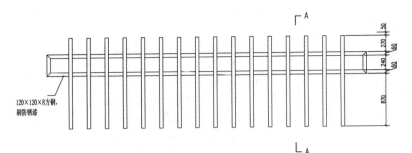

图 7.2.24　方钢花架平面图

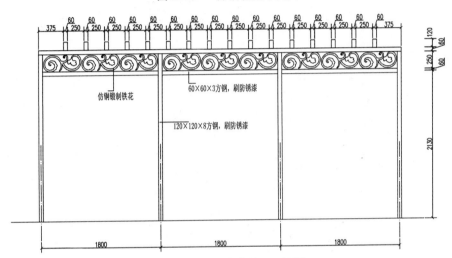

图 7.2.25　方钢花架正立面图

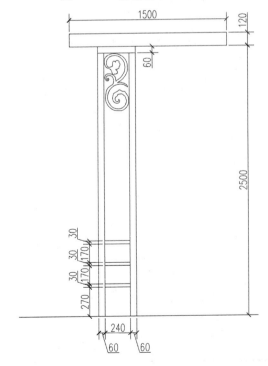

图 7.2.26　方钢花架侧立面图

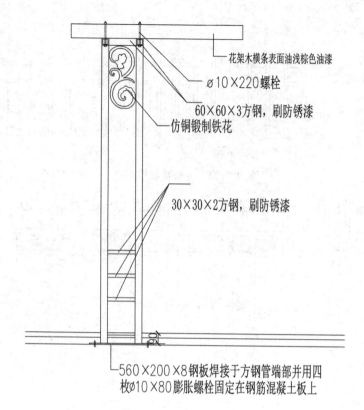

花架木横条表面油浅棕色油漆

ø10×220螺栓

60×60×3方钢，刷防锈漆
仿铜锻制铁花

30×30×2方钢，刷防锈漆

560×200×8钢板焊接于方钢管端部并用四
枚ø10×80膨胀螺栓固定在钢筋混凝土板上

图 7.2.27　A－A 剖面图

根据《园林绿化工程工程量计算规范》附录 C.4 的规定，金属花架柱、梁按设计图示尺寸以质量计算。

120mm×120mm×8mm 方钢花架柱高 2.5 + 0.09 - 0.06 = 2.53（m），共 8 根，总长 8×2.53 = 20.24（m）；60mm×60mm×3mm 方钢花架纵梁长（0.375×2 + 0.25×15 + 0.06×16）×2 = 10.92（m），60mm×60mm×3mm 方钢花架连接纵梁长（1.8 - 0.12）× 3×2 = 10.08（m），60mm×60mm×3mm 方钢花架横梁长 0.36×4 = 1.44（m）；30mm× 30mm×2mm 方钢花架梁长 4×3×0.24 = 2.88（m）。

方钢重量为方钢长度乘以方钢管理论重量，方钢管理论重量见表 7.2.19。

表 7.2.19　　　　　　　　　　　　　　　方钢管理论重量

规格（mm）	壁厚（mm）	理论重量（kg/m）
30×30	1.5	1.3130
	2.0	1.6900
60×60	2.8	5.0630
	3.0	5.3400
120×120	6.0	20.700

120mm×120mm×8mm 方钢重量（20.24×20.7）÷1000＝0.419（t），60mm×60mm× 3mm 方钢重量（10.92＋10.08＋1.44）×5.3400÷1000＝0.120（t），30mm×30mm×2mm 方钢重量 2.88×1.6900÷1000＝0.005（t），金属花架柱、梁清单工程量共计 0.419＋ 0.120＋0.005＝0.544（t），见表 7.2.20。

表 7.2.20　　　　　　　　　金属花架柱、梁分部分项工程量清单

项目编码	项目名称	项目特征	计量单位	工程量
050304003001	金属花架柱、梁	方钢，120mm×120mm×8mm 钢柱，60mm×60mm×3mm 钢梁，30mm×30mm×2mm 钢梁，外刷防锈漆	t	0.544

7.2.2.3　园林桌椅工程量清单编制

【例 7.2.12】某市绿道驿站节点设计一处成品石桌石凳，详见图 7.2.28 和图 7.2.29。请完成石桌石凳工程量清单编制。

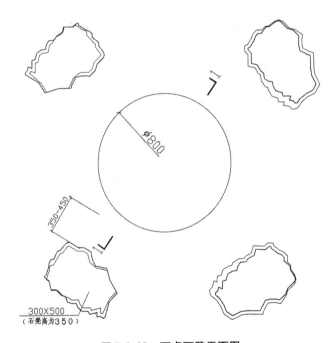

图 7.2.28　石桌石凳平面图

根据《园林绿化工程工程量计算规范》附录 C.5 的规定，石桌石凳按设计图示尺寸数量以"个"计算。石桌石凳清单工程量为 1 个（石桌石凳按整体考虑），见表 7.2.21。

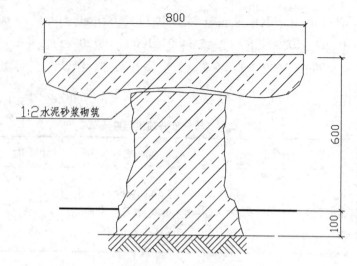

图 7.2.29   1-1 剖面图

表 7.2.21   石桌石凳分部分项工程量清单

项目编码	项目名称	项目特征	计量单位	工程量
050305006001	石桌石凳	成品石桌 φ800mm，成品石凳 300mm×500mm	个	1

7.2.2.4   杂项工程量清单编制

1. 石灯

【例 7.2.13】某市绿道驿站节点设计一处六角形花岗岩石灯，详见图 7.2.30。请完成石灯工程量清单编制。

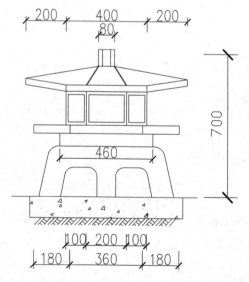

图 7.2.30   六角形石灯立面图

根据《园林绿化工程工程量计算规范》附录 C.7 的规定，石灯按设计图示尺寸数量以"个"计算。石灯清单工程量为 1 个，见表 7.2.22。

表 7.2.22　　　　　　　　　　　石灯分部分项工程量清单

项目编码	项目名称	项目特征	计量单位	工程量
050307001001	石灯	花岗岩石灯，灯高 700mm	个	1

2. 石球

【例 7.2.14】某市绿道驿站节点设计一处 $\phi800$mm 芝麻灰花岗岩石球，详见图 7.2.31。请完成石球工程量清单编制。

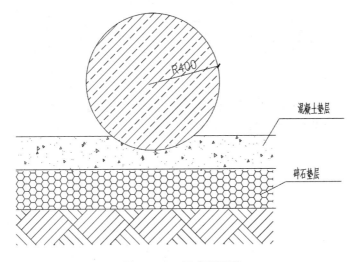

图 7.2.31　石球断面图

根据《园林绿化工程工程量计算规范》附录 C.7 的规定，石球按设计图示尺寸数量以"个"计算。石球清单工程量为 1 个，见表 7.2.23。

表 7.2.23　　　　　　　　　　　石球分部分项工程量清单

项目编码	项目名称	项目特征	计量单位	工程量
050307002001	石球	芝麻灰花岗岩石球，球径 800mm	个	1

3. 塑仿石音箱

【例 7.2.15】某市绿道设计布置 50 处 28cm × 25cm × 40cm 仿石音箱（成品），意向图见图 7.2.32。请完成仿石音箱工程量清单编制。

根据《园林绿化工程工程量计算规范》附录 C.7 的规定，塑仿石音箱按设计图示尺寸数量以"个"计算。塑仿石音箱清单工程量为 50 个，见表 7.2.24。

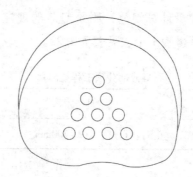

图 7.2.32　仿石音箱意向图

表 7.2.24　　　　　　　　　　　塑仿石音箱分部分项工程量清单

项目编码	项目名称	项目特征	计量单位	工程量
050307003001	塑仿石音箱	28cm×25cm×40cm 仿石音箱，成品	个	50

4. 铁艺栏杆

【例 7.2.16】某市公园设计一处铁艺栏杆，铸铁平均含量 30kg/m² ，详见图 7.2.33 和图 7.2.34。请完成铁艺栏杆工程量清单编制。

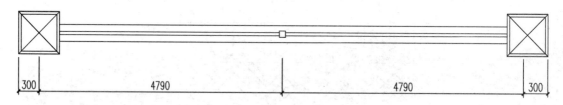

图 7.2.33　铁艺栏杆平面图

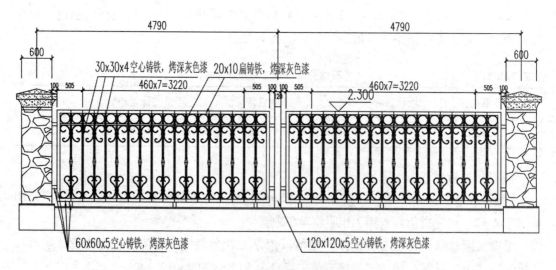

图 7.2.34　铁艺栏杆立面图

根据《园林绿化工程工程量计算规范》附录 C.7 的规定，铁艺栏杆按设计图示尺寸以长度计算。铁艺栏杆清单工程量为 $4.79 \times 2 - 0.3 \times 2 = 8.98$（m），见表 7.2.25。

表 7.2.25　　　　　　　　　　　　铁艺栏杆分部分项工程量清单

项目编码	项目名称	项目特征	计量单位	工程量
050307006001	铁艺栏杆	栏杆高度 2.3m，每平方米铸铁含量 30kg	m	8.98

5. 花盆

【例 7.2.17】某市绿道驿站入口布置 2 个 ϕ1000mm 的石花盆，详见图 7.2.35。请完成石花盆工程量清单编制。

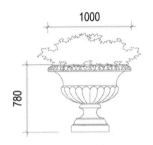

图 7.2.35　石花盆立面图

根据《园林绿化工程工程量计算规范》附录 C.7 的规定，花盆按设计图示尺寸数量以"个"计算。花盆清单工程量为 2 个，见表 7.2.26。

表 7.2.26　　　　　　　　　　　　花盆分部分项工程量清单

项目编码	项目名称	项目特征	计量单位	工程量
050307014001	花盆	石花盆，ϕ1000mm	个	2

6. 景墙

【例 7.2.18】某市绿道节点设计一处景墙，采用 20mm 厚米黄色文化石贴面，详见图 7.2.36 ~ 图 7.2.38。请完成景墙工程量清单编制。

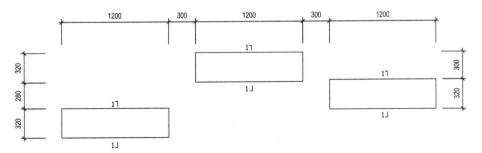

图 7.2.36　景墙平面图

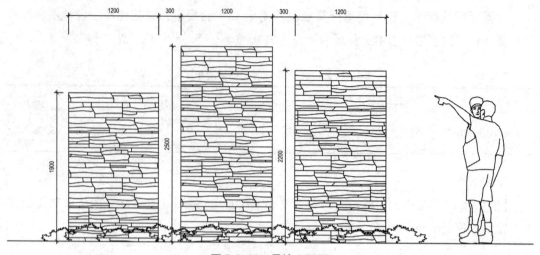

图 7.2.37 景墙立面图

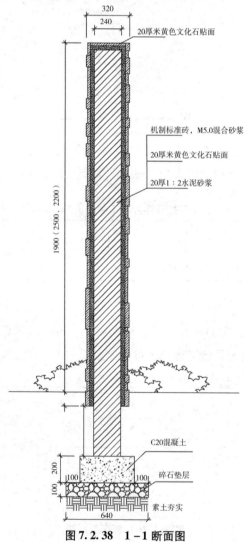

图 7.2.38 1—1 断面图

根据《园林绿化工程工程量计算规范》附录 C.7 的规定，景墙清单工程量计算规则有 2 条，一是按设计图示尺寸以体积计算，二是按设计图示尺寸以数量计算。本项目景墙为三段，可以采用第二种计算方法，按设计图示尺寸以数量计算，清单工程量为 3 段，见表 7.2.27。

表 7.2.27　景墙分部分项工程量清单

项目编码	项目名称	项目特征	计量单位	工程量
050307010001	景墙	100mm 厚碎石垫层，200mm C20 混凝土垫层，标准砖墙，20mm 厚米黄色文化石贴面	段	3

即问即答（即问即答解析见二维码）：

1. 根据《园林绿化工程工程量计算规范》附录 C 的规定，堆砌石假山按（　　　）计算。

　A. 质量　　　　　　　　　B. 体积　　　　　　　　　C. 面积

2. 根据《园林绿化工程工程量计算规范》附录 C 的规定，草屋面按设计图示尺寸以（　　　）计算。

　A. 实铺面积　　　　　　　B. 水平投影面积　　　　　C. 斜面积

7.3　园林景观工程计价

7.3.1　园林景观工程工程预算定额使用说明

《××省园林绿化及仿古建筑工程预算定额》（2018 版）计价说明规定：

（1）定额包括堆砌假山、屋面、花架、园林桌椅及杂项，如遇缺项，可套用定额第四至六章相应定额子目，其人工乘以系数 1.15。

（2）堆砌假山包括湖石、黄石假山堆砌，塑假石山，斧劈石堆砌，石峰、石笋堆砌及布置景石等。定额项目是按人工操作、机械吊装考虑的，包括施工现场的相石、叠山、支撑、勾缝、养护等全部操作过程，但不包括采购山石前的选石。在室内叠塑假山或作盆景式假山时，其定额人工乘以系数 1.15。

（3）堆砌假山（除砖骨架塑假石山外）定额项目均未包括基础，基础部分套用基础工程相应定额。

（4）塑假山未考虑模型制作费用。

（5）钢骨架塑假山的钢骨架制作及安装项目未包括防锈刷油及表面喷漆，如设计要求防锈刷油及表面喷漆应另行计算。

（6）将若干湖石或黄石辅以条石或钢筋混凝土预制板，用水泥砂浆、细石混凝土和铁件堆砌起来，形成石峰造型的人造假山，不适用于本定额，但在此人造假山上堆砌的假山，安放的石峰、石笋可套用本定额，其垂直运输费另行计算。

（7）布置景石是指天然独块的景石布置。

（8）园林桌椅均按成品安装编制；园林石桌石凳以一桌四凳为一套，长条形石凳一套包括凳面、凳脚。

（9）垃圾箱、石灯、仿石音箱等均按成品安装编制。

（10）塑松（杉）树皮、塑竹节竹片、塑壁画面、塑木纹、塑树头等子目，仅考虑面层或表层的装饰抹灰和抹灰底层，基层材料均未包括在内。

（11）塑黄竹、松棍每条长度不足1.5m者，其人工乘以系数1.5，如骨料不同，可作换算。

（12）花坛混凝土栏杆、金属栏杆、金属围网等均按成品安装考虑。

（13）水磨石景窗如有装饰线或设计要求弧形或圆形者，其人工乘以系数1.3，其他不变。

（14）花式博古架预制构件按白水泥考虑，如需要增加颜色，颜料用量按石子浆水泥用量的8%计算。

（15）钢管、型钢花架柱梁所用金属材料为黑色金属，如为其他有色金属应扣除防锈漆材料，人工不变。黑色金属如需镀锌，镀锌费另计。

7.3.2　园林景观工程定额工程量计算规则

《××省园林绿化及仿古建筑工程预算定额》（2018版）工程量计算规则规定：

（1）假山工程量按实际堆砌的假山石料以"t"计算，假山中铁件用量设计与定额不同时，按设计调整。

堆砌假山工程量(t) = 进料验收的数量 - 进料剩余数量

当没有进料验收的数量时，叠成后的假山可按下述方法计算：

①假山体积计算：

$$V_{体} = A_{矩} \times H_{大}$$

式中：$A_{矩}$ 为假山不规则平面轮廓的水平投影最大外接矩形面积；$H_{大}$ 为假山石着地点至最高顶点的垂直距离；$V_{体}$ 为叠成后的假山计算体积。

②假山重量计算：

$$W_{重} = 2.6 \times V_{体} \times K_n$$

式中：$W_{重}$ 为假山石重量（t）；2.6 为石料比重（t/m³），石料比重不同时按实调整；K_n 为系数。当 $H_{大} \leqslant 1m$ 时，K_n 取 0.77；当 $1m < H_{大} \leqslant 2m$ 时，K_n 取 0.72；当 $2m < H_{大} \leqslant 3m$ 时，K_n 取 0.65；当 $3m < H_{大} \leqslant 4m$ 时，K_n 取 0.60。

③各种单体孤峰及散点石，有进料数量时，按实际计算；无进料数量时，按其单体石料体积（取单体长、宽、高各自的平均值乘积）乘以石料比重计算。

（2）塑假石山的工程量按其外围表面积以"m²"计算。

（3）屋面按设计图示尺寸以"m²"计算。

（4）木花架按设计图示尺寸以"m³"计算。

（5）钢管、型钢、花架柱、梁均以"t"计算。

（6）石灯、仿石音箱均以"个"计算。

（7）塑松（杉）树皮、塑竹节竹片、塑壁画面、塑木纹按设计图示尺寸以展开面积计算。

（8）塑松棍、皮，塑黄竹按设计图示尺寸以"延长米"计算。

（9）塑树桩以"个"计算。

（10）墙柱面镶贴玻璃钢竹节片按设计图示尺寸以展开面积计算。

（11）木制花坛按设计图示尺寸以展开面积计算。

（12）水磨石景窗框、预制混凝土栏杆、金属花色栏杆、PVC 花坛护栏按设计图示尺寸以"延长米"计算。

（13）柔性水池以"m²"计算。

7.3.3　园林景观工程计价示例

7.3.3.1　假山工程清单计价

1. 砖骨架塑假山清单计价（视频见二维码）

根据《园林绿化工程工程量计算规范》附录 C.1 的规定，塑假山的工程包括骨架制作、假山胎模制作、塑假山、山皮料安装、刷防护材料等 5 项内容。

根据定额工程量计算规则，塑假石山的工程量按其外围表面积以"m²"计算，定额工程量为 $0.6 \times 0.5 + 1.4 \times 0.6 \times 2 + 1.4 \times 0.5 \times 2 = 3.38$（m²）$= 0.338$（10m²）。套用定额子目 3 – 21，定额子目节选如表 7.3.1 所示。

表 7.3.1　　　　　　　　　　　**定额子目节选**

工作内容：放样划线、挖土方、浇运混凝土垫层、砌骨架、堆砌成型、制纹理　　　计量单位：10m²

定额编号		3－21	3－22	3－23	3－24
项目		砖骨架塑假山			
		高度（m）			
		2.5 以内	6 以内	10 以内	10 以上
基价（元）		1731.70	2150.66	2487.19	3375.24
其中	人工费（元）	1084.46	1431.41	1654.29	2371.14
	材料费（元）	634.78	705.69	807.61	869.35
	机械费（元）	12.46	13.56	25.29	134.75

砖骨架塑假山清单计价结果见表 7.3.2 和表 7.3.3。

表 7.3.2　　　　　　　　　　**砖骨架塑假山综合单价分析表**

项目编码	项目名称	计量单位	数量	综合单价（元）						合价（元）
				人工费	材料费	机械费	管理费	利润	小计	
050301003001	塑假山	m²	3.38	108.45	63.48	1.25	20.30	12.14	205.62	694.99
3－21	砖骨架塑假山，高度2.5m以内	10m²	0.338	1084.46	634.78	12.46	203.04	121.43	2056.17	694.99

表 7.3.3　　　　　　　　**砖骨架塑假山分部分项工程量清单及计价表**

项目编码	项目名称	项目特征	计量单位	工程量	综合单价（元）	合价（元）	其中	
							人工费	机械费
050301003001	塑假山	高1.4m，砖骨架	m²	3.38	205.62	694.99	366.55	4.21

2. 钢骨架塑假山清单计价

（1）钢网塑假山。根据定额工程量计算规则，塑假石山的工程量按其外围表面积以"m²"计算。1 号假山定额工程量为（1.2×1.1+1.2×2.3×2+1.1×2.3×2）×2.0＝23.80（m²）＝2.38（10m²）。2 号假山定额工程量为：（10.2×3.9+10.2×5.2×2+3.9×5.2×2）×2.0＝372.84（m²）＝37.284（10m²）。3 号假山定额工程量为：（1.6×1.3+1.6×1.2×2+1.3×1.2×2）×2.0＝18.08（m²）＝1.808（10m²）。套用定额子目 3－25，定额子目节选如表 7.3.4 所示。

（2）钢骨架制作安装。根据定额工程量计算规则，钢骨架制作安装按设计钢骨架用量以吨计算。1 号假山钢骨架 0.20 吨，2 号假山钢骨架 2.90 吨，3 号假山钢骨架 0.15 吨。套用定额子目 3－26。

表 7.3.4　　　　　　　　　　　　　　定额子目节选

工作内容：放样划线、挖土方、焊接骨架、挂钢网、堆砌成型、制纹理

定额编号	3 - 25	3 - 26
项目	钢骨架钢网塑假山	
	钢网塑假山	钢骨架制作安装
	10m²	t
基价（元）	2521.45	7415.55
其中　人工费（元）	1768.50	2111.27
材料费（元）	603.80	4630.77
机械费（元）	149.15	673.51

钢骨架塑假山清单计价结果见表 7.3.5 和表 7.3.6。

表 7.3.5　　　　　　　　　　　　钢骨架塑假山综合单价分析表

序号	项目编码	项目名称	计量单位	数量	综合单价（元）						合价（元）
					人工费	材料费	机械费	管理费	利润	小计	
1	050301003001	塑假山	m²	23.80	194.59	99.29	20.57	39.83	23.82	378.11	8998.94
	3 - 25	钢网塑假山	10m²	2.38	1768.50	603.80	149.15	354.96	212.28	3088.69	7351.08
	3 - 26	钢骨架制作安装	t	0.2	2111.27	4630.77	673.51	515.46	308.28	8239.29	1647.86
2	050301003002	塑假山	m²	372.84	193.27	96.40	20.15	39.51	23.63	372.96	139052.69
	3 - 25	钢网塑假山	10m²	37.284	1768.50	603.80	149.15	354.96	212.28	3088.69	115158.75
	3 - 26	钢骨架制作安装	t	2.9	2111.27	4630.77	673.51	515.46	308.28	8239.29	23893.93
3	050301003003	塑假山	m²	18.08	194.37	98.80	20.50	39.72	23.79	377.23	6820.25
	3 - 25	钢网塑假山	10m²	1.808	1768.50	603.80	149.15	354.96	212.28	3088.69	5584.35
	3 - 26	钢骨架制作安装	t	0.15	2111.27	4630.77	673.51	515.46	308.28	8239.29	1235.89

表 7.3.6　　　　　　　　　　钢骨架塑假山分部分项工程量清单及计价表

序号	项目编码	项目名称	项目特征	计量单位	工程量	综合单价（元）	合价（元）	其中	
								人工费	机械费
1	050301003001	塑假山	高 2.3m，钢骨架用量 0.20 吨	m²	23.80	378.11	8998.94	4631.24	489.57
2	050301003002	塑假山	高 5.2m，钢骨架用量 2.90 吨	m²	372.84	372.96	139052.69	72058.79	7512.73
3	050301003003	塑假山	高 1.2m，钢骨架用量 0.15 吨	m²	18.08	377.23	6820.25	3514.21	370.64

3. 湖石假山清单计价

根据《园林绿化工程工程量计算规范》附录 C.1 的规定，堆砌石假山的工程包括选料，起重机搭、拆，堆砌、修整等 3 项内容。

根据定额工程量计算规则，假山工程量按实际堆砌的假山石料"t"计算，定额工程量计算规则与清单工程量计算规则相同。

1 号假山定额工程量为 1.848t，2 号假山定额工程量为 1.281t，3 号假山定额工程量为 0.725t，4 号假山定额工程量为 0.931t。1 号湖石假山、2 号湖石假山、3 号湖石假山套用定额子目 3-1，4 号湖石假山套用定额子目 3-2，定额子目节选如表 7.3.7 所示。

表 7.3.7 定额子目节选

工作内容：放样、选石、运石；调、制、运混凝土（砂浆），堆砌、塞垫嵌缝、清理、养护

计量单位：t

定额编号		3-1	3-2
项目		湖石假山	
		高度（m 以内）	
		1	2
基价（元）		349.16	389.63
其中	人工费（元）	96.53	101.39
	材料费（元）	197.66	224.84
	机械费（元）	54.97	63.40

湖石假山清单计价结果见表 7.3.8 和表 7.3.9。

表 7.3.8 湖石假山综合单价分析表

序号	项目编码	项目名称	计量单位	数量	综合单价（元）						合价（元）
					人工费	材料费	机械费	管理费	利润	小计	
1	050301002001	堆砌石假山	t	1.848	96.53	197.66	54.97	28.04	16.77	393.97	728.06
	3-1	湖石假山，高度 1m 以内	t	1.848	96.53	197.66	54.97	28.04	16.77	393.97	728.06
2	050301002002	堆砌石假山	t	1.281	96.53	197.66	54.97	28.04	16.77	393.97	504.68
	3-1	湖石假山，高度 1m 以内	t	1.281	96.53	197.66	54.97	28.04	16.77	393.97	504.68
3	050301002003	堆砌石假山	t	0.725	96.53	197.66	54.97	28.04	16.77	393.97	285.63
	3-1	湖石假山，高度 1m 以内	t	0.725	96.53	197.66	54.97	28.04	16.77	393.97	285.63
4	050301002004	堆砌石假山	t	0.931	101.39	224.84	63.40	30.50	18.24	438.37	408.13
	3-2	湖石假山，高度 2m 以内	t	0.931	101.39	224.84	63.40	30.50	18.24	438.37	408.13

表 7.3.9　　　　　　　　　　　　湖石假山分部分项工程量清单及计价表

序号	项目编码	项目名称	项目特征	计量单位	工程量	综合单价（元）	合价（元）	人工费	机械费
								其中	
1	050301002001	堆砌石假山	高 0.7m，湖石	t	1.848	393.97	728.06	178.39	101.58
2	050301002002	堆砌石假山	高 0.9m，湖石	t	1.281	393.97	504.68	123.65	70.42
3	050301002003	堆砌石假山	高 0.5m，湖石	t	0.725	393.97	285.63	69.98	39.85
4	050301002004	堆砌石假山	高 1.68m，湖石	t	0.931	438.37	408.13	94.39	59.03

4. 石笋清单计价

根据《园林绿化工程工程量计算规范》附录 C.1 的规定，石笋工作内容包括选石料、石笋安装等两项内容。

根据定额工程量计算规则，石笋工程量按"根"计算。套用定额子目 3 - 36，定额子目节选如表 7.3.10 所示。

表 7.3.10　　　　　　　　　　　　定额子目节选

工作内容：放样、选石、运石、调制运砂浆、堆砌、塞垫嵌缝、清理、养护　　　　　　　计量单位：根

定额编号		3 - 36	3 - 37	3 - 38
项目		石笋安装		
		高度（m 以内）		
		2	3	4
基价（元）		364.81	906.46	1687.74
其中	人工费（元）	115.97	173.88	318.87
	材料费（元）	245.54	727.82	1360.07
	机械费（元）	3.30	4.76	8.80

石笋清单计价结果见表 7.3.11 和表 7.3.12。

表 7.3.11　　　　　　　　　　　　石笋综合单价分析表

序号	项目编码	项目名称	计量单位	数量	人工费	材料费	机械费	管理费	利润	小计	合价（元）
							综合单价（元）				
1	050301004001	石笋	支	1	115.97	245.54	3.30	22.08	13.20	400.09	400.09
	3 - 36	石笋安装，高度 2m 以内	根	1	115.97	245.54	3.30	22.08	13.20	400.09	400.09
2	050301004002	石笋	支	1	115.97	245.54	3.30	22.08	13.20	400.09	400.09
	3 - 36	石笋安装，高度 2m 以内	根	1	115.97	245.54	3.30	22.08	13.20	400.09	400.09

序号	项目编码	项目名称	计量单位	数量	综合单价（元）						合价（元）
					人工费	材料费	机械费	管理费	利润	小计	
3	050301004003	石笋	支	1	115.97	245.54	3.30	22.08	13.20	400.09	400.09
	3-36	石笋安装，高度2m以内	根	1	115.97	245.54	3.30	22.08	13.20	400.09	400.09

表7.3.12　　　　　　　　　石笋分部分项工程量清单及计价表

序号	项目编码	项目名称	项目特征	计量单位	工程量	综合单价（元）	合价（元）	其中	
								人工费	机械费
1	050301004001	石笋	高1.2m	支	1	400.09	400.09	115.97	3.30
2	050301004002	石笋	高1.5m	支	1	400.09	400.09	115.97	3.30
3	050301004003	石笋	高0.7m	支	1	400.09	400.09	115.97	3.30

5. 点风景石清单计价

根据《园林绿化工程工程量计算规范》附录C.1的规定，点风景石工作内容包括选石料、起重架搭拆、点石等三项内容。

根据定额工程量计算规则，布置景石工程量按"t"计算。套用定额子目3-40，定额子目节选如表7.3.13所示。设计采用黄石，定额采用湖石，定额子目需换算，黄石除税价68.97元/t。

表7.3.13　　　　　　　　　定额子目节选

工作内容：放样、选石、运石、调运混凝土（砂浆）、堆砌、塞垫嵌缝、清理、养护　　计量单位：t

定额编号				3-39	3-40
项目				布置景石	
				单件重量（t）	
				5以内	5以上
基价（元）				307.40	320.67
其中		人工费（元）		75.33	71.55
		材料费（元）		189.19	200.46
		机械费（元）		42.88	48.66
	名称	单位	单价（元）	消耗量	
人工	二类人工	工日	135.00	0.558	0.530
材料	湖石	t	155.00	1.000	1.000
	水泥砂浆1:2.5	m³	252.49	0.050	0.050
	铁件	kg	3.71	5.000	8.000
	其他材料费	元	1.00	3.02	3.16
机械	汽车式起重机5t	台班	366.47	0.117	—
	汽车式起重机12t	台班	748.60	—	0.065

点风景石清单计价结果见表 7.3.14 和表 7.3.15。

表 7.3.14 点风景石综合单价分析表

项目编码	项目名称	计量单位	数量	综合单价（元）						合价（元）
				人工费	材料费	机械费	管理费	利润	小计	
050301005001	点风景石	t	6.240	71.55	114.43	48.66	22.25	13.31	270.20	1686.04
3－40	布置景石，单件重量5t以上	t	6.24	71.55	114.43	48.66	22.25	13.31	270.20	1686.04

表 7.3.15 点风景石分部分项工程量清单及计价表

项目编码	项目名称	项目特征	计量单位	工程量	综合单价（元）	合价（元）	其中	
							人工费	机械费
050301005001	点风景石	黄石，长2.5m，高1.2m，厚0.8m，重6.24t	t	6.240	270.20	1686.04	446.47	303.64

6. 盆景置石清单计价

根据《园林绿化工程工程量计算规范》附录 C.1 的规定，盆景置石工作内容包括底盘制作、安装，盆景山石安装、砌筑等两项内容。

（1）布置景石：根据定额工程量计算规则，布置景石工程量按"t"计算。套用定额子目 3－40，定额子目节选如表 7.3.13 所示。

（2）混凝土底盘：根据定额工程量计算规则，混凝土构件的混凝土工程量按设计图示尺寸以"m^3"计算。混凝土底盘定额工程量：$2.5 \times 2 \times 0.15 = 0.75$（$m^3$）$= 0.075$（$10m^3$），套用定额子目 10－39，定额子目节选如表 7.3.16 所示。

表 7.3.16 定额子目节选

工作内容：混凝土搅拌、水平运输、浇捣、养护等　　　　　　　　　　计量单位：10m³

定额编号		10－39	10－40	10－41
项目		压顶	台阶	地沟
基价（元）		5486.99	4408.72	4313.33
其中	人工费（元）	2012.18	1049.76	994.01
	材料费（元）	3277.34	3167.99	3128.35
	机械费（元）	197.47	190.97	190.97

（3）混凝土垫层：根据定额工程量计算规则，混凝土构件的混凝土工程量按图示尺寸以"m^3"计算。混凝土底盘定额工程量：$2.3 \times 1.8 \times 0.06 = 0.25$（$m^3$）$= 0.025$（$10m^3$），套用定额子目 10－1，定额子目节选如表 7.3.17 所示。

表 7.3.17 　　　　　　　　　　　　　**定额子目节选**

工作内容：混凝土搅拌、水平运输、浇捣、养护等

计量单位：10m³

定额编号	10－1	10－2	10－3	10－4
项目	素混凝土垫层	杯形、独立、带形基础		
		毛石混凝土	无筋混凝土	钢筋混凝土
基价（元）	3818.89	3547.00	3920.68	3756.26
其中 人工费（元）	861.44	662.72	861.44	707.81
其中 材料费（元）	2850.88	2800.93	2952.67	2947.24
其中 机械费（元）	106.57	83.35	106.57	101.21

（4）毛石垫层：根据定额工程量计算规则，垫层工程量按设计图示尺寸以"m³"计算。毛石垫层定额工程量：$2.3 \times 1.8 \times 0.25 = 1.04$（m³）$= 0.104$（10m³），套用定额子目 4－119，定额子目节选如表 7.3.18 所示。根据定额的说明，本章定额如遇缺项，可套用本定额第四至六章相应定额子目，其人工乘以系数 1.15。

表 7.3.18 　　　　　　　　　　　　　**定额子目节选**

工作内容：筛灰、闷灰、浇水、拌和、铺设、找平、夯实、混凝土搅拌、振捣、养护

计量单位：10m³

定额编号	4－118	4－119
项目	块石	
	干铺	灌浆
基价（元）	2079.32	2756.16
其中 人工费（元）	433.49	700.79
其中 材料费（元）	1634.62	1991.17
其中 机械费（元）	11.21	73.20

（5）碎石垫层：根据定额工程量计算规则，垫层工程量按设计图示尺寸以"m³"计算。碎石垫层定额工程量：$2.5 \times 2 \times 0.1 = 0.5$（m³）$= 0.05$（10m³），套用定额子目 4－117，定额子目节选如表 7.3.19 所示。根据定额的说明，本章定额如遇缺项，可套用本定额第四至六章相应定额子目，其人工乘以系数 1.15。

（6）3∶7 灰土垫层：根据定额工程量计算规则，垫层工程量按设计图示尺寸以"m³"计算。3∶7 灰土垫层定额工程量：$2.5 \times 2 \times 0.15 = 0.75$（m³）$= 0.075$（10m³），套用定额子目 4－109，定额子目节选如表 7.3.20 所示。根据定额的说明，人工乘以系数 1.15。

表 7.3.19　　　　　　　　　　　**定额子目节选**

工作内容：筛灰、闷灰、浇水、拌和、铺设、找平、夯实、混凝土搅拌、振捣、养护

计量单位：10m³

定额编号		4－116	4－117
项目		碎石	
		干铺	灌浆
基价（元）		2223.79	3028.45
其中	人工费（元）	368.42	599.67
	材料费（元）	1844.16	2329.24
	机械费（元）	11.21	99.54

表 7.3.20　　　　　　　　　　　**定额子目节选**

工作内容：筛灰、闷灰、浇水、拌和、铺设、找平、夯实、混凝土搅拌、振捣、养护

计量单位：10m³

定额编号		4－109	4－110	4－111
项目		3：7 灰土	砂	石屑
基价（元）		1570.71	1902.68	960.47
其中	人工费（元）	441.32	353.97	353.97
	材料费（元）	1117.06	1546.33	604.12
	机械费（元）	12.33	2.38	2.38

盆景置石清单计价结果见表 7.3.21 和表 7.3.22。

表 7.3.21　　　　　　　　　　　**盆景置石综合单价分析表**

项目编码	项目名称	计量单位	数量	综合单价（元）						合价（元）
				人工费	材料费	机械费	管理费	利润	小计	
050301006001	盆景置石	座	1	1294.73	3430.61	687.90	366.99	219.48	5999.70	5999.70
3－40	布置景石，单件重量5t以上	t	13.5	71.55	200.46	48.66	22.25	13.31	356.23	4809.08
10－39	压顶	10m³	0.075	2012.18	3277.34	197.47	409.01	244.61	6140.60	460.55
10－1	素混凝土垫层	10m³	0.025	861.44	2850.88	106.57	179.18	107.16	4105.23	102.63
4－119 换	块石　灌浆	10m³	0.104	805.91	1991.17	73.20	162.72	97.32	3130.32	325.55
4－117 换	碎石　灌浆	10m³	0.05	689.62	2329.24	99.54	146.07	87.36	3351.83	167.59
4－109 换	3：7 灰土	10m³	0.075	507.52	1117.06	12.33	96.22	57.55	1790.68	134.30

表7.3.22 盆景置石分部分项工程量清单及计价表

项目编码	项目名称	项目特征	计量单位	工程量	综合单价（元）	合价（元）	其中	
							人工费	机械费
050301006001	盆景置石	湖石高1.7m，150mm厚混凝土底盘，60mm混凝土垫层，250mm毛石垫层，100mm碎石垫层，150mm 3：7灰土垫层	座	1	5999.70	5999.70	1294.73	687.90

7.3.3.2 屋面与花架工程清单计价

1. 草屋面

根据《园林绿化工程工程量计算规范》附录C.3的规定，草屋面工程包括整理选料、屋面铺设、刷防护材料等3项内容。

根据定额工程量计算规则，草屋面按设计图示尺寸以"m^2"计算，定额工程量为$23.04 \times 1.1547 = 26.60$（m^2）$= 2.66$（10m^2）。套用定额子目3 – 41，定额子目节选如表7.3.23所示。

表7.3.23 定额子目节选

工作内容：选料、运料、编织、钉压条　　　　　　　　　　　　　　　计量单位：10m^2

定额编号		3 – 41
项目		草屋面
		麦草150mm厚
基价（元）		720.52
其中	人工费（元）	391.50
	材料费（元）	329.02
	机械费（元）	—

草屋面清单计价结果见表7.3.24和表7.3.25。

表7.3.24 草屋面综合单价分析表

项目编码	项目名称	计量单位	数量	综合单价（元）						合价（元）
				人工费	材料费	机械费	管理费	利润	小计	
050303001001	草屋面	m^2	26.60	39.15	32.90	0.00	7.25	4.33	83.63	2224.56
3 – 41	草屋面	10m^2	2.66	391.50	329.02	0.00	72.47	43.34	836.33	2224.63

表7.3.25　　　　　　　　　　草屋面分部分项工程量清单及计价表

| 项目编码 | 项目名称 | 项目特征 | 计量单位 | 工程量 | 综合单价（元） | 合价（元） | 其中 | |
							人工费	机械费
050303001001	草屋面	屋面坡度30°，150mm茅草，30×30木条压草	m^2	26.60	83.63	2224.98	1041.39	0.00

2. 竹屋面

根据《园林绿化工程工程量计算规范》附录C.3的规定，竹屋面工程包括整理选料、屋面铺设、刷防护材料等3项内容。

根据定额工程量计算规则，竹屋面按设计图示尺寸以"m^2"计算，定额工程量为$9.61 \times 1.2207 = 11.73$（$m^2$）$= 1.173$（$10m^2$）。套用定额子目3-43，定额子目节选如表7.3.26所示。

表7.3.26　　　　　　　　　　　　定额子目节选

工作内容：选料、放样、画线、砍疙子、截料、开榫、就位、安装校正　　　　　　计量单位：$10m^2$

定额编号	3-42	3-43	3-44
项目	竹屋面		
	檐口竹筒直径（cm）		
	5~8	8~10	10以上
基价（元）	843.47	710.09	635.07
其中　人工费（元）	175.50	175.50	148.50
材料费（元）	666.32	532.94	484.92
机械费（元）	1.65	1.65	1.65

竹屋面清单计价结果见表7.3.27和表7.3.28。

表7.3.27　　　　　　　　　　　竹屋面综合单价分析表

| 项目编码 | 项目名称 | 计量单位 | 数量 | 综合单价（元） | | | | | | 合价（元） |
				人工费	材料费	机械费	管理费	利润	小计	
050303002001	竹屋面	m^2	11.73	17.55	53.29	0.17	3.28	1.96	76.25	894.43
3-43	竹屋面	$10m^2$	1.173	175.50	532.94	1.65	32.79	19.61	762.49	894.40

表7.3.28　　　　　　　　　　竹屋面分部分项工程量清单及计价表

| 项目编码 | 项目名称 | 项目特征 | 计量单位 | 工程量 | 综合单价（元） | 合价（元） | 其中 | |
							人工费	机械费
050303002001	竹屋面	屋面坡度35°，ϕ8cm竹子	m^2	11.73	76.25	894.43	205.88	1.99

3. 防腐木屋面

根据《园林绿化工程工程量计算规范》附录 C.3 的规定，木（防腐木）屋面工程包括制作、运输、安装等 3 项内容。

根据定额工程量计算规则，防腐木屋面按设计图示尺寸以"m^2"计算，定额工程量为 $29.16 \times 1.1926 = 34.78$（$m^2$）$= 3.478$（$10m^2$）。套用定额子目 3-52，定额子目节选如表 7.3.29 所示。定额采用硬木，设计采用柳桉防腐木，定额子目需换算，15mm 柳桉防腐木除税价为 75 元/m^2。

表 7.3.29 定额子目节选

工作内容：整理、选料、放样、平铺、搭接　　　　　　　　　　　　计量单位：$10m^2$

定额编号				3-52	3-53
项目				木（防腐木）屋面	
				平铺	搭接
基价（元）				1269.02	1524.25
其中	人工费（元）			490.05	564.57
	材料费（元）			752.02	956.57
	机械费（元）			26.95	3.11
	名称	单位	单价（元）	消耗量	
人工	二类人工	工日	135.00	3.630	4.182
材料	屋面板	m^2	60.34	11.300	14.690
	镀锌螺钉，综合	10 个	1.72	40.800	40.800
机械	木工圆锯机 500mm	台班	27.50	0.980	0.113

竹屋面清单计价结果见表 7.3.30 和表 7.3.31。

表 7.3.30 防腐木屋面综合单价分析表

项目编码	项目名称	计量单位	数量	综合单价（元）						合价（元）
				人工费	材料费	机械费	管理费	利润	小计	
050303009001	防腐木屋面	m^2	34.78	49.01	91.77	2.70	9.57	5.72	158.78	5522.37
3-52 换	防腐木屋面平铺	$10m^2$	3.478	490.05	917.68	26.95	95.70	57.23	1587.61	5521.70

表 7.3.31 防腐木屋面分部分项工程量清单及计价表

项目编码	项目名称	项目特征	计量单位	工程量	综合单价（元）	合价（元）	其中	
							人工费	机械费
050303009001	防腐木屋面	15mm 防腐柳桉木	m^2	34.78	158.78	5522.37	1704.57	93.91

4. 木花架柱、梁

根据《园林绿化工程工程量计算规范》附录 C.4 的规定，木花架柱、梁工程包括构件制作、运输、安装，刷防护材料、油漆两项内容。

根据定额工程量计算规则，木花架按设计图示尺寸以"m^3"计算，定额工程量同清单工程量，定额工程量为 $2.77m^3$。木格条周长（15＋7）×2＝44（cm），套用定额子目 3－55，定额子目节选如表 7.3.32 所示。定额采用杉木，设计采用菠萝格防腐木，定额子目需换算，菠萝格防腐木除税价为 8000 元/m^3。

表 7.3.32　　　　　　　　　　定额子目节选

工作内容：放样、选料、运料、修面、画线、起线、凿眼、锯榫、汇榫、吊装、校正、钉花架椽等

计量单位：m^3

定额编号			3－54	3－55
项目			木花架	
			花架椽断面周长（cm）	
			25 以内	25 以上
基价（元）			3545.44	3004.29
其中	人工费（元）		1525.23	1064.21
	材料费（元）		1982.84	1903.22
	机械费（元）		37.37	36.86
名称		单位	单价（元）	消耗量
人工	二类人工	工日	135.00	11.298	7.883
材料	杉板枋材	m^3	1625.00	1.210	1.161
	圆钉	kg	4.74	3.500	3.500
机械	木工圆锯机 500mm	台班	27.50	0.160	0.134
	木工压刨床，单面 600mm	台班	31.42	0.637	0.630
	木工打眼机 16mm	台班	8.38	0.398	0.402
	木工开榫机 160mm	台班	43.73	0.220	0.229

木花架柱、梁清单计价结果见表 7.3.33 和表 7.3.34。

表 7.3.33　　　　　　　　　　木花架柱、梁综合单价分析表

项目编码	项目名称	计量单位	数量	综合单价（元）						合价（元）
				人工费	材料费	机械费	管理费	利润	小计	
050304004001	木花架柱、梁	m^3	2.77	1064.21	9304.60	36.86	203.81	121.89	10731.36	29725.87
3－55 换	木花架，花架椽断面周长 25 以上	m^3	2.77	1064.21	9304.60	36.86	203.81	121.89	10731.36	29725.87

表7.3.34   木花架柱、梁分部分项工程量清单及计价表

项目编码	项目名称	项目特征	计量单位	工程量	综合单价（元）	合价（元）	其中	
							人工费	机械费
050304004001	木花架柱、梁	菠萝格防腐木，160mm×160mm 木柱，150mm×80mm 木横梁，200mm×100mm 木连梁，150mm×70mm 木格条	m³	2.77	10731.36	29725.87	2947.86	102.10

5. 金属花架柱、梁

根据《园林绿化工程工程量计算规范》附录 C.4 的规定，金属花架柱、梁工程包括制作、运输、安装，油漆等 3 项内容。

（1）钢管花架柱制作：根据定额工程量计算规则，钢管花架柱按设计图示尺寸以"t"计算，钢柱定额工程量（20.24×20.7）÷1000=0.419（t）。套用定额子目 3-56，定额子目节选如表 7.3.35 所示。

表7.3.35   定额子目节选

工作内容：1. 制作：放样、画线、截料、平直、钻孔、刨边、倒棱、拼装、焊接、成品矫正，刷防锈漆一遍

          2. 安装：构件加固、翻身、就位、拼装、校正、焊接或螺栓固定   计量单位：t

定额编号		3-56	3-57	3-58	3-59
项目		钢管花架柱		钢管花架梁	
		制作	安装	制作	安装
基价（元）		6823.57	631.56	6671.27	979.48
其中	人工费（元）	1145.75	255.69	1022.90	271.49
	材料费（元）	5135.06	85.07	5105.61	62.81
	机械费（元）	542.76	290.80	542.76	645.18

（2）钢管花架柱安装：根据定额工程量计算规则，钢管花架柱按设计图示尺寸以"t"计算，钢柱定额工程量（20.24×20.7）÷1000=0.419（t）。套用定额子目 3-57，定额子目节选如表 7.3.35 所示。

（3）钢管花架梁制作：根据定额工程量计算规则，钢管花架梁按设计图示尺寸以"t"计算，钢梁定额工程量 0.120+0.005=0.125（t）。套用定额子目 3-58，定额子目节选如表 7.3.35 所示。

（4）钢管花架梁安装：根据定额工程量计算规则，钢管花架梁按设计图示尺寸以"t"计算，钢梁定额工程量 0.120+0.005=0.125（t）。套用定额子目 3-59，定额子目节选如表 7.3.35 所示。

金属花架柱、梁清单计价结果见表 7.3.36 和表 7.3.37。

表 7.3.36　金属花架柱、梁综合单价分析表

项目编码	项目名称	计量单位	数量	综合单价（元）						合价（元）
				人工费	材料费	机械费	管理费	利润	小计	
050304003001	金属花架柱、梁	t	0.544	1376.84	5208.25	914.99	424.22	253.71	8178.00	4448.83
3 – 56	钢管花架柱 制作	t	0.419	1145.75	5135.06	542.76	312.54	186.92	7323.03	3068.35
3 – 57	钢管花架柱 安装	t	0.419	255.69	85.07	290.80	101.16	60.50	793.21	332.36
3 – 58	钢管花架梁 制作	t	0.125	1022.90	5105.61	542.76	289.80	173.32	7134.39	891.80
3 – 59	钢管花架梁 安装	t	0.125	271.49	62.81	645.18	169.68	101.48	1250.63	156.33

表 7.3.37　金属花架柱、梁分部分项工程量清单及计价表

项目编码	项目名称	项目特征	计量单位	工程量	综合单价（元）	合价（元）	其中	
							人工费	机械费
050304003001	金属花架柱、梁	方钢，120mm×120mm×8mm 钢柱，60mm×60mm×3mm 钢梁，30mm×30mm×2mm 钢梁，外刷防锈漆	t	0.544	8178.00	4448.83	749.00	497.75

7.3.3.3　园林桌椅工程清单计价

根据《园林绿化工程工程量计算规范》附录 C.5 的规定，石桌石凳工程包括土方挖运、桌凳制作、桌凳运输、桌凳安装、砂浆制作运输等 5 项内容。

根据定额工程量计算规则，石桌石凳按设计图示以数量"组"计算，定额一组按一桌四凳考虑，石桌石凳定额工程量为 1 组。套用定额子目 3 – 65，定额子目节选如表 7.3.38 所示。

表 7.3.38　定额子目节选

工作内容：挖基坑、铺碎石垫层、混凝土浇捣、调运砂浆，石桌和石凳场内运输、安装、校正、修面

计量单位：10 组

定额编号		3 – 64	3 – 65
项目		石桌、石凳安装	
		石桌边长或直径	
		700 以内	900 以内
基价（元）		14366.17	15451.78
其中	人工费（元）	626.54	665.69
	材料费（元）	13704.47	14736.16
	机械费（元）	35.16	49.93

石桌石凳清单计价结果见表 7.3.39 和表 7.3.40。

表 7.3.39 石桌石凳综合单价分析表

项目编码	项目名称	计量单位	数量	综合单价（元）						合价（元）
				人工费	材料费	机械费	管理费	利润	小计	
050305006001	石桌石凳	个	1	66.57	1473.62	4.99	13.25	7.92	1566.35	1566.35
3－65	石桌、石凳安装，石桌边长 900mm 以内	10 组	0.1	665.69	14736.16	49.93	132.46	79.22	15663.46	1566.35

表 7.3.40 石桌石凳分部分项工程量清单及计价表

项目编码	项目名称	项目特征	计量单位	工程量	综合单价（元）	合价（元）	其中	
							人工费	机械费
050305006001	石桌石凳	成品石桌 ϕ800mm，成品石凳 300mm×500mm	个	1	1566.35	1566.35	66.57	4.99

7.3.3.4 杂项工程清单计价

1. 石灯清单计价

根据《园林绿化工程工程量计算规范》附录 C.7 的规定，石灯工程包括制作和安装两项内容。

根据定额工程量计算规则，石灯设按计图示以数量"个"计算，定额工程量为 1 个。石灯尺寸为 800mm×800mm×700mm，套用定额子目 3－72，定额子目节选如表 7.3.41 所示。

表 7.3.41 定额子目节选

工作内容：挖基坑、铺碎石垫层、混凝土基础浇捣、调运砂浆、石灯场内运输、安装、校正、修面

计量单位：10 个

定额编号		3－69	3－70	3－71	3－72
项目		石灯安装			
		规格（mm）			
		250×250×450 以内	300×300×550 以内	400×400×650 以内	400×400×650 以上
基价（元）		6701.33	7730.07	12168.10	13262.76
其中	人工费（元）	350.46	388.13	445.91	542.84
	材料费（元）	6341.16	7328.90	11705.38	12698.47
	机械费（元）	9.71	13.04	16.81	21.45

石灯清单计价结果见表 7.3.42 和表 7.3.43。

表 7.3.42　　　　　　　　　　　　石灯综合单价分析表

| 项目编码 | 项目名称 | 计量单位 | 数量 | 综合单价（元） | | | | | | 合价（元） |
				人工费	材料费	机械费	管理费	利润	小计	
050307001001	石灯	个	1	54.28	1269.85	2.15	10.45	6.25	1342.97	1342.97
3-72	石灯安装，规格 400×400×600 以上	10 个	0.1	542.84	12698.47	21.45	104.45	62.47	13429.68	1342.97

表 7.3.43　　　　　　　　　　石灯分部分项工程量清单及计价表

| 项目编码 | 项目名称 | 项目特征 | 计量单位 | 工程量 | 综合单价（元） | 合价（元） | 其中 | |
							人工费	机械费
050307001001	石灯	花岗岩石灯，灯高 700mm	个	1	1342.97	1342.97	54.28	2.15

2. 石球清单计价

根据《园林绿化工程工程量计算规范》附录 C.7 的规定，石球工程包括制作和安装两项内容。

根据定额工程量计算规则，石球设按计图示以数量"个"计算，定额工程量为 1 个。石球球径 800mm，套用定额子目 3-75，定额子目节选如表 7.3.44 所示。

表 7.3.44　　　　　　　　　　　　　　　定额子目节选

工作内容：挖基坑、铺碎石垫层、混凝土基础浇捣、调运砂浆、石球场内运输、安装、校正

计量单位：10 个

定额编号		3-73	3-74	3-75	3-76
项目		石球安装			
		球径（mm 以内）			
		500	600	800	1000
基价（元）		5779.93	7308.31	16620.43	20206.60
其中	人工费（元）	387.86	445.77	542.84	713.88
	材料费（元）	5382.36	6849.50	16060.78	19471.27
	机械费（元）	9.71	13.04	16.81	21.45

石球清单计价结果见表 7.3.45 和表 7.3.46。

表 7.3.45　　　　　　　　　　石球综合单价分析表

项目编码	项目名称	计量单位	数量	综合单价（元）						合价（元）
				人工费	材料费	机械费	管理费	利润	小计	
050307002001	石球	个	1	54.28	1606.08	1.68	10.36	6.20	1678.60	1678.60
3－75	石球安装，球径800mm以内	10个	0.1	542.84	16060.78	16.81	103.59	61.95	16785.97	1678.60

表 7.3.46　　　　　　　　石球分部分项工程量清单及计价表

项目编码	项目名称	项目特征	计量单位	工程量	综合单价（元）	合价（元）	其中	
							人工费	机械费
050307002001	石球	芝麻灰花岗岩石球，球径800mm	个	1	1678.60	1678.60	54.28	1.68

3. 塑仿石音箱清单计价

根据《园林绿化工程工程量计算规范》附录 C.7 的规定，塑仿石音箱工程包括胎模制作、安装，铁丝网制作、安装，砂浆制作、运输，喷水泥漆，埋置仿石音箱等 5 项内容。本项目塑仿石音箱按成品购入考虑。

根据定额工程量计算规则，仿石音箱按计图示以数量"个"计算，定额工程量为 50 个。仿石音箱规格为 28cm × 25cm × 40cm，套用定额子目 3－79，定额子目节选如表 7.3.47 所示。

表 7.3.47　　　　　　　　　　　　定额子目节选

工作内容：挖基坑、铺碎石垫层、调运砂浆、仿石音箱场内运输、安装　　　　　　　　计量单位：10 个

定额编号		3－77	3－78	3－79	3－40
项目		仿石音箱安装			
		规格（cm 以内）			
		20×20×30 以内	25×25×35 以内	30×30×45 以内	30×30×45 以上
基价（元）		5598.37	6605.12	7613.89	12066.88
其中	人工费（元）	251.51	287.69	313.20	378.81
	材料费（元）	5343.38	6312.06	7292.99	11674.14
	机械费（元）	3.48	5.37	7.70	13.93

塑仿石音箱清单计价结果见表 7.3.48 和表 7.3.49。

表 7.3.48　　　　　　　　　　　塑仿石音箱综合单价分析表

项目编码	项目名称	计量单位	数量	综合单价（元）						合价（元）
				人工费	材料费	机械费	管理费	利润	小计	
050307003001	塑仿石音箱	个	50	31.32	729.30	0.77	5.94	3.55	770.88	38544.06
3－79	仿石音箱安装，规格30cm×30cm×45cm以内	10个	5	313.20	7292.99	7.70	59.40	35.52	7708.81	38544.06

表 7.3.49　　　　　　　　　塑仿石音箱分部分项工程量清单及计价表

项目编码	项目名称	项目特征	计量单位	工程量	综合单价（元）	合价（元）	其中	
							人工费	机械费
050307003001	塑仿石音箱	28cm×25cm×40cm仿石音箱，成品	个	50	770.88	38544.06	1566.00	38.50

4. 铁艺栏杆清单计价

根据《园林绿化工程工程量计算规范》附录 C.7 的规定，铁艺栏杆工程包括铁艺栏杆安装、刷防护材料两项内容。

根据定额工程量计算规则，铁艺栏杆按计图示尺寸以"m"计算，定额工程量为 $4.79 \times 2 - 0.3 \times 2 = 8.98$（m）$= 0.898$（10m）。套用定额子目 3－102，定额子目节选如表 7.3.50 所示。

表 7.3.50　　　　　　　　　　　　　定额子目节选

工作内容：选料、运料、修面、画线、起线、安装、校正　　　　　　　　　　计量单位：10m

定额编号		3－102	3－103	3－104	3－105
项目		花式栏杆安装	PVC 花坛护栏		
		金属	高度（cm 以内）		
			35	55	70
基价（元）		2240.40	834.42	1130.26	1465.46
其中	人工费（元）	198.72	198.72	238.68	286.20
	材料费（元）	1985.12	613.50	869.38	1157.06
	机械费（元）	56.56	22.20	22.20	22.20

铁艺栏杆清单计价结果见表 7.3.51 和表 7.3.52。

表 7.3.51 铁艺栏杆综合单价分析表

项目编码	项目名称	计量单位	数量	综合单价（元）						合价（元）
				人工费	材料费	机械费	管理费	利润	小计	
050307006001	铁艺栏杆	m	8.98	19.87	198.51	5.66	4.73	2.83	231.59	2079.69
3-102	花式栏杆安装，金属	10m	0.898	198.72	1985.12	56.56	47.25	28.26	2315.91	2079.69

表 7.3.52 铁艺栏杆分部分项工程量清单及计价表

项目编码	项目名称	项目特征	计量单位	工程量	综合单价（元）	合价（元）	其中	
							人工费	机械费
050307006001	铁艺栏杆	栏杆高度 2.3m，每平方米铸铁含量 30kg	m	8.98	231.59	2079.69	178.43	50.83

5. 花盆清单计价

根据《园林绿化工程工程量计算规范》附录 C.7 的规定，花盆工程包括制作、运输、安放等 3 项内容。

根据定额工程量计算规则，花盆按设计图示数量以"个"计算，定额工程量为 2 个。本项目石花盆是带脚石花盆，套用定额子目 3-124，定额子目节选如表 7.3.53 所示。

表 7.3.53 定额子目节选

工作内容：挖基坑、铺碎石垫层、混凝土基础浇捣、调运砂浆、场内运输、安装、校正、修面

计量单位：10 个

定额编号		3-121	3-122	3-123	3-124
项目		石花盆安装		带脚石花盆安装	
		直径（mm 以内）			
		900	1200	900	1200
基价（元）		18404.50	20769.25	23644.64	28121.38
其中	人工费（元）	818.51	1175.85	1189.62	1712.88
	材料费（元）	17559.46	19558.31	22422.35	26361.31
	机械费（元）	26.53	35.09	32.67	47.19

花盆清单计价结果见表 7.3.54 和表 7.3.55。

表 7.3.54　　　　　　　　　　　　　花盆综合单价分析表

项目编码	项目名称	计量单位	数量	综合单价（元）						合价（元）
				人工费	材料费	机械费	管理费	利润	小计	
050307014001	花盆	个	2	171.29	2636.13	4.72	32.58	19.48	2864.20	5728.40
3 - 124	带脚石花盆安装，直径1200mm以内	10 个	0.2	1712.88	26361.31	47.19	325.79	194.84	28642.01	5728.40

表 7.3.55　　　　　　　　　　　　花盆分部分项工程量清单及计价表

项目编码	项目名称	项目特征	计量单位	工程量	综合单价（元）	合价（元）	其中	
							人工费	机械费
050307014001	花盆	石花盆，ϕ1000mm	个	2	2864.20	5728.40	342.58	9.44

6. 景墙清单计价

根据《园林绿化工程工程量计算规范》附录 C.7 的规定，景墙工程包括土（石）方挖运垫层、基础铺设、墙体砌筑、面层铺贴等 4 项内容。

（1）挖土方：根据定额工程量计算规则，挖土方工程按实际开挖尺寸以"m³"计算，$V = (B + 2C + K \times H) \times H \times L$，其中 B 为沟槽的底宽，C 为工作面，K 为放坡系数，H 为挖土深度，L 为沟槽长度。

土石方工程施工中如需加工作面，应按施工组织设计规定计算，若无规定时，可按下列规定计算：混凝土基础或混凝土基础垫层，需支模板时，每边增加工作面30cm；砌筑毛石基础，每边增加工作面15cm；使用卷材或防水砂浆做垂直防潮层时，每边增加工作面80 cm；支挡土板时，按图示槽底宽尺寸每边各加10cm计算。

沟槽需放坡时，放坡系数应根据施工组织设计的规定计算，如施工组织设计未规定时，可按表7.3.56规定计算。

表 7.3.56　　　　　　　　　　　　　人工土方放坡系数

土壤类别	放坡系数	放坡起点深度（m）
一、二类土	1：0.5	1.20
三类土	1：0.33	1.50
四类土	1：0.25	2.00

沟槽挖土深度自沟槽底至设计室外地坪，如原地面平均标高低于设计室外地坪30cm以上时，挖土深度算至原地面。

景墙沟槽底宽 B 为 0.64m，垫层采用混凝土，需每边增加工作面 0.3m，因混凝土垫层下面还有碎石垫层，并且碎石垫层已宽出混凝土垫层 0.1m，所以 C 实际取值为 0.2m；

沟槽挖土深度 H 为 0.8m，不需要放坡；景墙有三段，每段长 1.2m，三段总长 $L = 3 \times 1.2 = 3.6$（m）。挖土方定额工程量为 $(0.64 + 2 \times 0.2) \times 0.8 \times 3.6 = 3.00$（$m^3$）$= 0.3$（$10m^3$）。套用定额子目 4 – 1，定额子目节选如表 7.3.57 所示。

表 7.3.57   定额子目节选

工作内容：挖土、抛土于槽边 1m 以外或装筐、修整底边   计量单位：$10m^3$

定额编号		4 – 1	4 – 2	4 – 3	4 – 4
项目		一、二类土			
		干土深度（m 以内）			
		1	2	3	4
基价（元）		138.38	152.63	175.50	213.75
其中	人工费（元）	138.38	152.63	175.50	213.75
	材料费（元）	—	—	—	—
	机械费（元）	—	—	—	—

（2）碎石垫层：根据定额工程量计算规则，碎石垫层按设计图示尺寸以 "m^3" 计算。碎石垫层定额工程量为 $3 \times 1.2 \times 0.64 \times 0.1 = 0.23$（$m^3$）$= 0.023$（$10m^3$）。碎石作为构筑物基础垫层时，在没有特别说明的情况下，按灌浆考虑。套用定额子目 4 – 117，定额子目节选如表 7.3.58 所示。

表 7.3.58   定额子目节选

工作内容：筛灰、闷灰、浇水、拌和、铺设、找平、夯实、混凝土搅拌、振捣、养护

计量单位：$10m^3$

定额编号		4 – 116	4 – 117	4 – 118	4 – 119
项目		碎石		块石	
		干铺	灌浆	干铺	灌浆
基价（元）		2223.79	3028.45	2079.32	2765.16
其中	人工费（元）	368.42	599.67	433.49	700.79
	材料费（元）	1844.16	2329.24	1634.62	1991.17
	机械费（元）	11.21	99.54	11.21	73.20

（3）混凝土基础：根据定额工程量计算规则，混凝土基础按设计图示尺寸以 "m^3" 计算。混凝土基础定额工程量为 $3 \times 1.2 \times 0.44 \times 0.2 = 0.32$（$m^3$）$= 0.032$（$10m^3$）。套用定额子目 10 – 4，定额子目节选如表 7.3.59 所示。

表 7.3.59　　　　　　　　　　定额子目节选

工作内容：混凝土搅拌、水平运输、浇捣、养护等　　　　　　　　　　计量单位：10m³

定额编号		10 - 2	10 - 3	10 - 4
项目		杯形、独立、带形基础		
		毛石混凝土	无筋混凝土	钢筋混凝土
基价（元）		3547.00	3920.68	3756.26
其中	人工费（元）	662.72	861.44	707.81
	材料费（元）	2800.93	2952.67	2947.24
	机械费（元）	83.35	106.57	101.21

（4）砖基础：根据定额工程量计算规则，砖基础按设计图示尺寸以"m³"计算。砖基础定额工程量为 $3 \times 1.2 \times 0.24 \times 0.5 = 0.43$（m³）$= 0.043$（10m³）。套用定额子目 5 - 1，定额子目节选如表 7.3.60 所示。

表 7.3.60　　　　　　　　　　定额子目节选

工作内容：调运、铺砂浆、运砖、砌砖　　　　　　　　　　计量单位：10m³

定额编号		5 - 1	5 - 2	5 - 3
项目		砖基础	毛石（块石）基础	
		240×115×53	浆砌	干砌
基价（元）		3877.25	3558.13	2600.13
其中	人工费（元）	1241.46	1297.89	891.54
	材料费（元）	2576.90	2167.26	1697.74
	机械费（元）	58.89	92.98	10.85

（5）砖砌体：根据定额工程量计算规则，砖砌体按设计图示尺寸以"m³"计算。砖砌体定额工程量为 $3 \times 1.2 \times 0.24 \times (1.9 - 0.4 + 2.5 - 0.4 + 2.2 - 0.4) = 4.67$（m³）$= 0.467$（10m³）。景墙砖砌体按小型砌体考虑，套用定额子目 5 - 43，定额子目节选如表 7.3.61 所示。

表 7.3.61　　　　　　　　　　定额子目节选

工作内容：调制砂浆、砌砖、立门窗框、安放木砖、垫块　　　　　　　　　　计量单位：10m³

定额编号		5 - 43	5 - 44	5 - 45
项目		其他砌体		
		小型砌体	砖圆、半圆拱	地沟
基价（元）		4810.74	5590.06	3978.48
其中	人工费（元）	2082.78	2766.83	1323.54
	材料费（元）	2673.72	2679.73	2596.05
	机械费（元）	54.24	143.50	58.89

（6）文化石贴面：根据定额工程量计算规则，文化石贴面按设计图示尺寸以"m²"计算。文化石贴面定额工程量为 $3 \times 1.2 \times [(1.9 + 0.1 + 2.5 + 0.1 + 2.2 + 0.1) \times 2 + (0.24 + 0.2 \times 2)] = 51.98$（m²）$= 0.52$（100m²）。套用定额子目 6 - 101，定额子目节选如表 7.3.62 所示。

表 7.3.62　　　　　　　　　　定额子目节选

工作内容：清理基层、抹结合砂浆、锯板修边、贴面　　　　　　　　　　计量单位：100m²

定额编号		6 - 101	6 - 102	6 - 103
项目		文化石	凹凸毛石板	人造石
基价（元）		10843.47	10143.85	38247.32
其中	人工费（元）	3294.99	3158.75	5369.67
	材料费（元）	7511.29	6947.91	32840.46
	机械费（元）	37.19	37.19	37.19

景墙清单计价结果见表 7.3.63 和表 7.3.64。

表 7.3.63　　　　　　　　　　景墙综合单价分析表

项目编码	项目名称	计量单位	数量	综合单价（元）						合价（元）
				人工费	材料费	机械费	管理费	利润	小计	
050307010001	景墙	段	3	939.13	1804.40	17.58	177.09	105.91	3044.10	9132.29
4 - 1	一二类土，干土深度1m以内	10m³	0.3	138.38	0.00	0.00	25.61	15.32	179.31	53.79
4 - 117	碎石 灌浆	10m³	0.023	599.67	2329.24	99.54	129.42	77.40	3235.28	74.41
10 - 4	杯形、独立、带形基础钢筋混凝土	10m³	0.032	707.81	2947.24	101.21	149.75	89.56	3995.57	127.86
5 - 1	砖基础	10m³	0.043	1241.46	2576.90	58.89	240.69	143.95	4261.89	183.26
5 - 43	其他砌体小型砌体	10m³	0.467	2082.78	2673.72	54.24	395.56	236.57	5442.87	2541.82
6 - 101	文化石	100m²	0.52	3294.99	7511.29	37.19	616.79	368.87	11829.13	6151.15

表 7.3.64　　　　　　　　　景墙分部分项工程量清单及计价表

项目编码	项目名称	项目特征	计量单位	工程量	综合单价（元）	合价（元）	其中	
							人工费	机械费
050307010001	景墙	100mm 厚碎石垫层，200mm C20 混凝土垫层，标准砖墙，20mm 厚米黄色文化石贴面	段	3	3044.10	9132.29	2817.39	52.73

即问即答（即问即答解析见二维码）：

1. 塑假石山的工程量按其_____计算。

2. 钢管、型钢花架柱、梁按_____计算。

练习题（见二维码）：

项目实训（见二维码）：

自我测试（见二维码）：

第8章 园林工程设计概算

学习思维导图

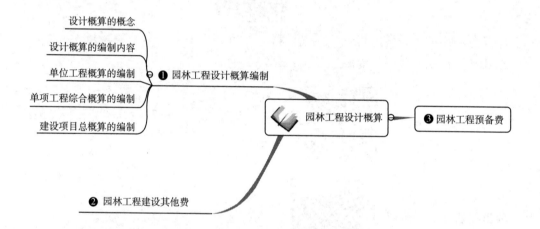

学习目标

知识目标	能力目标	相关知识
（1）掌握设计概算的概念 （2）掌握设计概算的编制内容	熟练编制单位工程概算费用	8.1 园林工程设计概算编制
（1）熟悉建设管理费的计算方法 （2）熟悉可行性研究费的计算方法 （3）熟悉勘察设计费的计算方法 （4）熟悉环境影响评价费的计算方法	（1）熟练计算建设管理费 （2）熟练计算勘察设计费	8.2 园林工程建设其他费用
掌握基本预备费的计算方法	熟练计算基本预备费	8.3 园林工程预备费

8.1　园林工程设计概算编制

8.1.1　设计概算概述

8.1.1.1　设计概算的概念

设计概算是以初步设计文件为依据，按照规定的程序、方法和依据，对建设项目总投资及其构成进行的概略计算。具体而言，设计概算是在投资估算的控制下根据初步设计或扩大初步设计的图纸及说明，利用国家或地区颁发的概算指标、概算定额、综合指标、预算定额、各项费用定额或取费标准（指标）、建设地区自然和技术经济条件以及设备和材料预算价格等资料，按照设计要求，对建设项目从筹建至竣工交付使用所需全部费用进行的预计。设计概算的成果文件称作设计概算书，也简称设计概算。设计概算书的编制工作相对简略，无须达到施工图预算的准确程度。采用两阶段设计的建设项目，初步设计阶段必须编制设计概算；采用三阶段设计的，扩大初步设计阶段必须编制修正概算。

设计概算的编制内容包括静态投资和动态投资两个层次。静态投资作为考核工程设计和施工图预算的依据；动态投资作为项目筹措、供应和控制资金使用的限额依据。

8.1.1.2　设计概算的作用

设计概算是工程造价在设计阶段的表现形式，但其并不具备价格属性。因为设计概算不是在市场竞争中形成的，而是设计单位根据有关依据计算出来的工程建设的预期费用，用于衡量建设投资是否超过估算并控制下一阶段费用支出。设计概算的主要作用是控制以后各个阶段的投资，具体表现为：

（1）设计概算是编制固定资产投资计划、确定和控制建设项目投资的依据。按照国家有关规定，政府投资项目编制年度固定资产投资计划，确定计划投资总额及其构成数额，要以批准的初步设计概算为依据。政府投资项目设计概算一经批准，将作为控制建设项目投资的最高限额。

（2）设计概算是控制施工图设计和施工图预算的依据。经批准的设计概算是政府投资建设工程项目的最高投资限额。设计单位必须按批准的初步设计和总概算进行施工图设计，施工图预算不得突破设计概算，设计概算批准后不得任意修改和调整；如需修改或调整时，须经原批准部门重新审批。

（3）设计概算是衡量设计方案技术经济合理性和选择最佳设计方案的依据。设计部门在初步设计阶段要选择最佳设计方案，设计概算是从经济角度衡量设计方案经济合理性的重要依据。

（4）设计概算是编制最高投标限价（招标控制价）的依据。以设计概算进行招投标的工程，招标单位以设计概算作为编制最高投标限价（招标控制价）的依据。

（5）设计概算是签订建设工程合同和贷款合同的依据。建设工程合同价款是以设计概算价为依据，且总承包合同不得超过设计总概算的投资额。银行贷款或各单项工作的拨款累计总额不能超过设计概算。

（6）设计概算是考核建设项目投资效果的依据。通过设计概算与竣工决算对比，可以分析和考核建设工程项目投资效果的好坏，同时还可以验证设计概算的准确性，有利于加强设计概算管理和建设项目的造价管理工作。

8.1.2　设计概算的编制内容

按照《建设项目设计概算编审规程》（CECA/GC2－2015）的相关规定，设计概算文件的编制应采用单位工程概算、单项工程综合概算、建设项目总概算三级概算编制形式。当建设项目为一个单项工程时，可采用单位工程概算、建设项目总概算两级概算编制形式。三级概算之间的相互关系和费用构成，如图 8.1.1 所示。

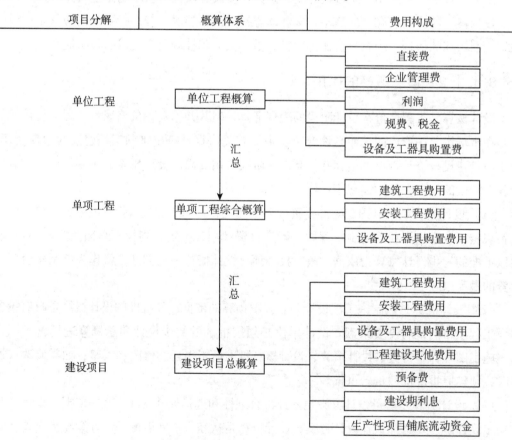

图 8.1.1　三级概算之间的相互关系和费用构成

（1）单位工程概算。单位工程是指具有独立设计文件，能够独立组织施工，但不能独立发挥生产能力或使用功能的工程项目，是单项工程的组成部分。单位工程概算是以初步设计文件为依据，按照规定的程序、方法和依据，计算单位工程费用的成果文件，是编制单项工程综合概算（或建设项目总概算）的依据，是单项工程综合概算的组成部分。

（2）单项工程概算。单项工程是指在一个建设项目中，具有独立的设计文件，建成后能够独立发挥生产能力或使用功能的工程项目，单项工程是建设项目的组成部分。单项工程概算是以初步设计文件为依据，在单位工程概算的基础上汇总单项工程费用的成果文件，由单项工程中的各单位工程概算汇总编制而成，是建设项目总概算的组成部分。单项工程综合概算的组成内容如图 8.1.2 所示。

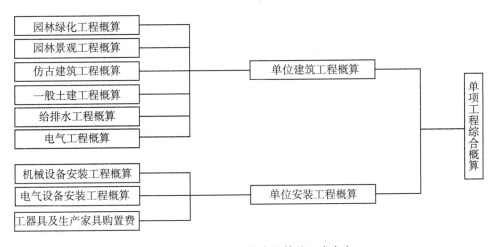

图 8.1.2　单项工程综合概算的组成内容

（3）建设项目总概算。建设项目总概算是以初步设计文件为依据，在单项工程综合概算的基础上计算建设项目概算总投资的成果文件，是由各单项工程综合概算、工程建设其他费用概算、预备费、建设期利息和铺底流动资金概算汇总编制而成的。

若干个单位工程概算汇总后成为单项工程概算，若干个单项工程概算和工程建设其他费用、预备费、建设期利息、铺底流动资金等概算文件汇总后成为建设项目总概算。单项工程概算和建设项目总概算仅是一种归纳、汇总性文件，因此，最基本的计算文件是单位工程概算书。若建设项目为一个独立单项工程，则单项工程综合概算书与建设项目总概算书可合并编制，并以总概算书的形式出具。

8.1.3　单位工程概算的编制

单位工程概算应根据单项工程中所属的每个单体按专业分别编制，一般分为园林绿化工程、园林景观工程、仿古建筑工程、安装工程、市政工程等专业工程。总体而言，单位工程概算包括单位建筑工程概算和单位设备及安装工程概算两类。

（1）单位建筑工程概算。单位建筑工程概算按照规定的表格形式进行编制，具体格式见表8.1.1。

表8.1.1 　　　　　　　　　　　**单位建筑工程概算费用计算表**

单位工程名称：　　　　　　　　　　　　　　　　　　　　　　　　第　页　共　页

序号	费用项目名称		计算公式	金额（元）
一	分部分项工程		$\sum$（分部分项工程量 × 综合单价）	
	其中	1. 人工费 + 机械费	$\sum$ 分部分项的（人工费 + 机械费）	
二	施工技术措施项目费		$\sum$（技术措施项目工程量 × 综合单价）	
	其中	2. 人工费 + 机械费	$\sum$ 技术措施项目的（人工费 + 机械费）	
三	综合费用		（1 + 2）×综合费率	
四	其他费用		3 + 4 + 5	
	其中	3. 标化工地预留费	（1 + 2）× 费率	
		4. 优质工程预留费	（一 + 二）× 费率	
		5. 概算扩大费用	（一 + 二 + 三）× 费率	
五	税前概算费用		一 + 二 + 三 + 四	
	其中	6. 不计税金额	按规定不计税的工程设备金额列入	
六	增值税		（五 − 6）× 税率	
七	建筑工程概算费用		五 + 六	

编制人：　　　　　审核人：　　　　　审定人：　　　　　编制日期：　年　月　日

（2）单位设备及安装工程概算编制方法。单位设备及安装工程概算包括单位设备及工器具购置费概算和单位设备安装工程费概算两大部分，如表8.1.2和表8.1.3所示。

表8.1.2 　　　　　　　　　　　**设备、工器具汇总**

单项工程名称：　　　　　　　　　　　　　　　　　　　　　　　　第　页　共　页

序号	设备、工器具名称及规格型号	单位	数量	单价（元）	合价（元）
			合计		

编制人：　　　　　审核人：　　　　　审定人：　　　　　编制日期：　年　月　日

表 8.1.3　　　　　　　　　　　　　设备及安装工程概算表

单位工程名称：　　　　　　　　　　　　　　　　　　　　　　　第　页　共　页

序号	定额编号	工程项目	单位	数量	单价（元）						合价（元）					
					设备和主材费	定额单价	定额单价（元）				设备和主材费	定额合价（元）				
						合计	其中					合计	其中			
							人工费	材料费	机械费				人工费	材料费	机械费	
合计																

注：定额单价为按定额消耗量及项目编制期取定的基准价计算的单价。

编制人：　　　　　审核人：　　　　　审定人：　　　　　编制日期：　年　月　日

8.1.4　单项工程综合概算的编制

单项工程综合概算是确定单项工程建设费用的综合性文件，是由该单项工程所属的各专业单位工程概算汇总而成的，是建设项目总概算的组成部分。单项工程综合概算表如表8.1.4 所示。综合概算一般应包括建筑工程费用、安装工程费用、设备及工器具购置费用。

表 8.1.4　　　　　　　　　　　　　单项工程综合概算表

工程名称：　　　　　　　　　　　　　　　　　　单位：万元　第　页　共　页

序号	概算编号	工程项目	主要工程量	建筑工程费用	设备购置费用	安装工程费用	合计	其中：引进部分		主要技术经济指标		
								美元	折合人民币	单位	数量	单位价值
一		主要工程										
1	×	×××										
2	×	×××										
二		辅助工程										
1	×	×××										
2	×	×××										
三		配套工程										
1	×	×××										
2	×	×××										
合计												

编制人：　　　　　审核人：　　　　　审定人：　　　　　编制日期：　年　月　日

8.1.5 建设项目总概算的编制

建设项目总概算是设计文件的重要组成部分，是预计整个建设项目从筹建到竣工交付使用所花费的全部费用文件，按照主管部门规定的统一表格进行编制而成的，如表 8.1.5 所示。

表 8.1.5   建设项目总概算费用组成

费用项目名称			
建设项目总概算投资	建设投资	第一部分：工程费用	建筑工程费用
			安装工程费用
			设备购置费用
		第二部分：工程建设其他费用	建设管理费
			建设用地费
			可行性研究费
			研究试验费
			勘察设计费
			环境影响评价费
			节能评估费
			场地准备及临时设施费
			引进技术和引进设备其他费
			工程保险费
			联合试运转费
			市政公用设施费
			专利及专有技术使用费
			生产准备及开办费
		第三部分：工程预备费	基本预备费
			价差预备费
	建设期贷款利息		
	铺底流动资金		

8.2　园林工程建设其他费用

园林工程建设其他费用涉及建设管理费、建设用地费、可行性研究费、研究试验费、勘察设计费、环境影响评价费、节能评估费、场地准备及临时设施费、引进技术和引进设备其他费、工程保险费、联合试运转费、专利及专有技术使用费、生产准备及开办费等 13 项费用，本节 13 项费用的计算标准参照《××省建设工程其他费用定额》（2018 版）。

8.2.1　建设管理费

建设管理费是指建设单位从项目建设意向成立、筹建之日起至竣工验收合格办理竣工财务决算为止发生的项目建设管理费用。建设管理费用标准见表 8.2.1。

表 8.2.1　建设管理费用标准

序号	费用项目	费用标准		备注
		费率（%）	工程费用（万元）	
1	项目建设管理费：是指项目建设单位从项目筹建之日起至办理竣工财务决算之日止发生的管理性质支出。包括：不在原单位发工资的工作人员工资及相关费用、办公费、办公场地租用费、差旅交通费、劳动保护费、工具用具使用费、固定资产使用费、招募生产工人费、技术图书资料费（含软件）、业务招待费、施工现场津贴、竣工验收费和其他管理性质开支	2.3	1000 以内	1. 项目建设管理费实行总额控制，采用差额分档累进制计算 2. 实行代建制管理的项目，一般不得同时列支代建管理费和项目建设管理费，确需同时发生的，两项费用之和不得高于本标准费用限额 3. 实行施工阶段全过程造价咨询的项目，项目建设管理费乘以系数 0.7 4. 采用 EPC 模式的项目，各项费用仍按本定额规定计算，不单独计列总承包管理费
		1.7	(1000, 5000]	
		1.4	(5000, 10000]	
		1.2	(10000, 50000]	
		0.9	(50000, 100000]	
		0.5	100000 以上	
2	建设管理其他费：是指建设项目自建设意向成立起至办理竣工财务决算之日发生的工程招标代理费、工程造价咨询服务费（含工程量清单编制、施工阶段全过程造价咨询、竣工财务决算编制）、工程款支付担保费、竣工验收时必须发生的各项检测费和验收费、前期测绘等在项目建设管理费中未包括的项目实施管理中发生的管理性质费用	1.8	1000 以内	1. 建设管理其他费采用差额分档累进制计算 2. 建设管理其他费已包含项目实施管理中必须发生的费用 3. 建设管理其他费含施工阶段全过程造价咨询费用，包括分阶段结算和竣工结算审核费用，政府投资项目不得再计列结算审核基本费和核减追加（绩效）费 4. 不实行施工阶段全过程造价咨询的项目，建设管理其他费乘以系数 0.75
		1.32	(1000, 5000]	
		0.96	(5000, 10000]	
		0.6	(10000, 50000]	
		0.48	(50000, 100000]	
		0.24	100000 以上	

序号	费用项目	费用标准		备注
		收费基价 （万元）	工程费用 （万元）	
3	工程监理费	13.2	500	1. 实行施工阶段全过程造价咨询的项目，相应工程监理费乘以系数0.92 2. 具体收费标准可根据工程费用在相对应的区间内用插入法计算
		24.1	1000	
		62.5	3000	
		96.6	5000	
		144.8	8000	
		174.9	10000	
		314.7	20000	
		566.6	40000	
		793.1	60000	
		1004.6	80000	
		1205.6	100000	
		2170.0	200000	
		3906.1	400000	
		5468.5	600000	
		6926.7	800000	
		8312.1	1000000	

8.2.2 建设用地费

建设用地分为净地出让项目和划拨供地项目。对于净地出让项目，实行市场调节，按网上招拍挂结果执行。对于划拨供地项目，按各项费用实际发生计取。

8.2.3 可行性研究费

可行性研究费是指项目建设前期工作中，编制项目建议书或预可行性研究报告、可行性研究报告所需的费用，按建设项目工程费用分档收费，标准见表8.2.2。

工程费用是指项目投资估算中的建设工程费用；建设项目的具体收费标准，根据估算投资中的工程费用在相对应的区间内用插入法计算；根据行业特点和行业内部不同类别工程的复杂程度，计算咨询费用时可分别乘以行业调整系数和工程复杂程度调整系数（见表8.2.3）；编制预可行性研究报告，参照编制项目建议书收费标准，可适当调整。

表 8.2.2　　　　　　　　　建设项目工程费用分档收费标准　　　　　　单位：万元

项目	按工程费用分档的可行性研究费						
	1000 万元以下	1000 ~ 3000 万元	3000 ~ 10000 万元	10000 ~ 50000 万元	50000 ~ 100000 万元	100000 ~ 500000 万元	500000 万元以上
编制项目建议书	0.9 ~ 2.3	2.3 ~ 5.5	5.5 ~ 12.9	12.9 ~ 34.0	34.0 ~ 50.6	50.6 ~ 92.0	92.0 ~ 115.0
编制可行性研究报告	1.8 ~ 4.6	4.6 ~ 14.7	14.7 ~ 25.8	25.8 ~ 69.0	69.0 ~ 101.2	101.2 ~ 184.0	184.0 ~ 230.0

注：表中数字下限为不含，上限为包含。

表 8.2.3　　　　　　　　　　　　　行业调整系数

行业	调整系数
石化、化工、钢铁	1.3
石油、天然气、水利、水电、交通（水运）、化纤	1.2
有色、黄金、纺织、轻工、邮电、广播电视、医药、煤炭、火电、机械	1.0
林业、商业、粮食、建筑	0.8
建材、交通（公路）、铁路、市政公用工程	0.7

8.2.4　研究试验费

研究试验费是指为建设项目提供或验证设计数据、资料等进行必要的研究试验及按照设计规定在建设过程中必须进行试验、验证的费用。

研究试验费按研究试验的内容和要求，由建设单位与科研单位在合同中约定。研究试验费不包括：

（1）应由科技三项费用开支的项目。

（2）应由建筑安装费用中列支的施工企业对建筑材料、构件和建筑物进行一般鉴定、检查所发生的费用及技术革新的研究试验费。

（3）应由勘察设计费或工程费用中开支的项目。

8.2.5　勘察设计费

勘察设计费是指勘察设计单位进行工程水文地质勘察、工程设计所发生的费用，包括工程勘察费和设计费,其中设计费包括初步设计费和施工图设计费。

设计费 = 工程设计收费基价 × 专业调整系数 × 工程复杂程度调整系数 × 附加调整系数

工程设计收费基价表、专业调整系数、工程复杂程度调整系数、附加调整系数见表8.2.4 ~ 表8.2.7。

表8.2.4 　　　　　　　　　　　工程设计收费基价　　　　　　　　　　单位:万元

序号	工程费用	收费基价
1	200	7.7
2	500	17.8
3	1000	33.0
4	3000	88.2
5	5000	139.3
6	8000	212.2
7	10000	259.1
8	20000	481.8
9	40000	896.6
10	60000	1287.9
11	80000	1666.1
12	100000	2034.4
13	200000	3783.2
14	400000	7035.2
15	600000	10112.9
16	800000	13082.7
17	1000000	15974.7
18	2000000	29706.6

注:工程费用 >2000000 万元,以工程费用乘以 1.36% 的收费率计算收费基价。具体收费标准可根据工程费用在相对应的区间内采用直线插入法计算。

表8.2.5 　　　　　　　　　　工程设计收费专业调整系数

序号	工程类型	专业调整系数
1	建筑、市政、电信工程	1.0
2	人防、园林绿化、广电工艺工程	1.1

表 8.2.6　　　　　　　　　　　　园林、绿化工程复杂程度调整系数

序号	工程设计条件	复杂系数
Ⅰ	1. 一般标准的道路绿化工程 2. 片林、风景林等工程	0.85
Ⅱ	1. 标准较高的道路绿化工程 2. 一般标准的风景区、公共建筑环境、企事业单位与居住区的绿化工程	1.0
Ⅲ	1. 高标准的城市重点道路绿化工程 2. 高标准的风景区、公共建筑环境、企事业单位与居住区的绿化工程 3. 公园、度假村、高尔夫球场、广场、街心花园、园林小品、屋顶花园、室内花园等绿化工程	1.15

表 8.2.7　　　　　　　　　　　　　　设计附加调整系数

附加系数调整条件	附加系数
古建筑、仿古建筑、保护性建筑	1.3 ~ 1.6

8.2.6　环境影响评价费

　　建设项目环境影响评价收费标准见表 8.2.8。表中数字下限为不含，上限为包含；工程费用为项目建议书或可行性研究报告中估算投资的建设工程费用；咨询服务标准根据投资估算额在对应区间内用插入法计算；按建设项目行业特点和所在区域的环境敏感程度，乘以调整系数（调整系数见表 8.2.9 和表 8.2.10），确定咨询服务收费基准价；编制环境影响报告表收费标准为不设评价专题基准价，每增加一个专题加收 50%；收费标准不包括遥感、遥测，风洞测试，污染气象观测，示踪试验，地探，物探，卫星图片解读，需要动用船、飞机等特殊监测费用。

表 8.2.8　　　　　　　　　建设项目环境影响评价收费标准　　　　　　　　单位：万元

项目	按工程费用分档的环境影响评价费					
	3000 万元以下	3000 ~ 20000 万元	20000 ~ 100000 万元	100000 ~ 500000 万元	500000 ~ 1000000 万元	1000000 万元以上
编制环境影响报告书（含大纲）	3.7 ~ 4.5	4.5 ~ 11.2	11.2 ~ 26.1	26.1 ~ 56.0	56.0 ~ 82.2	> 82.2
编制环境影响报告表	0.7 ~ 1.5	1.5 ~ 3.0	3.0 ~ 5.2	> 5.2		

表 8.2.9　　　　　　环境影响评价大纲、报告书编制收费行业调整系数

行业	调整系数
化工、冶金、有色、黄金、煤炭、矿业、纺织、化纤、轻工、医药、区域	1.2
石化、石油天然气、水利、水电、旅游	1.1
林业、畜牧、渔业、农业、交通、铁道、民航、管线运输、建材、市政、烟草、兵器	1.0
邮电、广播电视、航空、机械、船舶、航天、电子、勘探、社会服务、火电	0.8
粮食、建筑、信息产业、仓储	0.6

表 8.2.10　　　　环境影响评价大纲、报告书编制收费敏感程度调整系数

环境敏感度	调整系数
敏感	1.2
一般	1.0

8.2.7　节能评估费

节能评估费是指按照《固定资产投资项目节能评估和审查暂行办法》的规定，对固定资产投资项目（民用类项目和工业类项目）的能源利用是否科学合理进行分析评估，并编制节能评估报告书、节能评估表所需的费用。

8.2.8　场地准备及临时设施费

场地准备及临时设施费是指建设场地准备费和建设单位临时设施费，不包括已列入建筑安装工程费用中的施工单位临时设施费用。

场地准备及临时设施费=（建筑工程费用+安装工程费用）×所在地区费率×项目性质系数

场地准备及临时设施费地区费率见表 8.2.11。建设项目属新征集体土地的，乘以系数 1.2。

表 8.2.11　　　　　　　场地准备及临时设施费地区费率

地区	费率
市区	0.7%～0.8%
县城镇	0.8%～0.9%
非市区、县城镇	0.9%～1.1%

8.2.9　引进技术和引进设备其他费

引进技术和引进设备其他费是指引进技术和引进设备发生的未计入设备的费用，内容包括：引进项目图纸资料翻译复制费；出国人员费用；来华人员费用；银行担保及承诺费；引进设备材料的国外运输费、国外运输担保费、关税、增值税、外贸手续费、银行财务费、国内运杂费、引进设备材料国内检验费等。

引进项目图纸资料翻译复制费根据引进项目的具体情况计列或估列；出国人员费用依据合同或协议规定的出国人次、期限以及相应的费用标准计算；来华人员费用依据引进合同或协议有关条款及来华技术人员派遣计划进行计算，接待费用可按每人次费用指标计算；银行担保及承诺费按担保或承诺协议计取；引进设备材料的国外运输费、国外运输担保费、关税、增值税、外贸手续费、银行财务费、国内运杂费、引进设备材料国内检验费等按引进货价计算后计入相应的设备材料费中；单独引进软件不计关税只计增值税。

8.2.10　工程保险费

工程保险费是指建设项目在建设期间根据需要对建筑工程、安装工程、机器设备和人身安全进行投保而发生的保险费用，包括建筑安装工程一切险、引进设备财产保险和人身意外伤害险等，不包括已列入施工企业管理费中的施工管理用财产、车辆保险费。不同的建设项目可根据工程特点选择投保险种，根据投保合同计列保险费用，编制投资估算和概算时可按工程费用的比例计算。

8.2.11　联合试运转费

联合试运转费不包括应由设备安装工程费用支出的调试及试车费用，以及在试运转中暴露出来的因施工原因或设备缺陷等发生的处理费用。一般建设项目可（暂）按工程费用的 0.3% ~ 1% 计列。

8.2.12　专利及专有技术使用费

专利及专有技术使用费按专利使用许可协议和专有技术使用合同的规定计列。专有技术的界定应以省、部级鉴定批准为依据。项目投资中只计需在建设期支付的专利及专有技术使用费，协议或合同规定在生产期支付的使用费应在生产成本中核算。一次性支付的商标权、商誉及特许经营权按协议或合同规定计算，协议或合同规定在生产期支付的商标权或特许经营权在生产成本中核算。

8.2.13　生产准备及开办费

生产准备及开办费是指建设项目为保证正常生产（或营业、使用）而发生的人员培训费、提前进厂费以及投资使用必备的生产办公、生活家具及工器具等购置费用。一般建设项目可暂按工程费用的 1% ~ 1.2% 计列。

即问即答（即问即答解析见二维码）：

1. 项目建设管理费实行总额控制，采用_____计算。
2. 工程设计费的具体收费标准可根据工程费用在相对应的区间内采用_____计算。

8.3　园林工程预备费

园林工程预备费包括基本预备费和价差预备费。

基本预备费是指在初步设计及概算内不可预见的工程费用，包括实行按施工图预算加系数包干的预算包干费用。基本预备费以单项工程费和工程建设其他费用之和乘以预备费费率进行计算。预备费费率按工程繁简程度在 3% ~5% 范围内计取。

价差预备费属于工程造价的动态因素，应在总预备费中单独列出，具体计算方法详见2.5 节。

练习题（见二维码）：

自我测试（见二维码）：

参考文献

［1］住房和城乡建设部标准定额研究所，四川省建设工程造价管理总站. 建设工程工程量清单计价规范（GB50500－2013）［S］. 北京：中国计划出版社，2013.

［2］江苏省建设工程造价管理总站，住房和城乡建设部标准定额研究所. 园林绿化工程工程量计算规范（GB50858－2013）［S］. 北京：中国计划出版社，2013.

［3］浙江省建设工程造价管理总站. 浙江省园林绿化及仿古建筑工程预算定额（2018版）［S］. 北京：中国计划出版社，2018.

［4］浙江省建设工程造价管理总站. 浙江省建设工程计价规则（2018版）［S］. 北京：中国计划出版社，2018.

［5］浙江省发展和改革委员会. 浙江省建设工程其他费用定额（2018版）［S］. 北京：中国计划出版社，2020.

［6］柯洪. 建设工程计价［M］. 北京：中国计划出版社，2019.

［7］温日琨. 园林工程计量与计价［M］. 北京：中国林业出版社，2020.

［8］张红金. 园林工程［M］. 北京：中国计划出版社，2015.